변경된 작업형 공개문제 풀이

설비보전기사

설비보전시험연구회 엮음

일진사

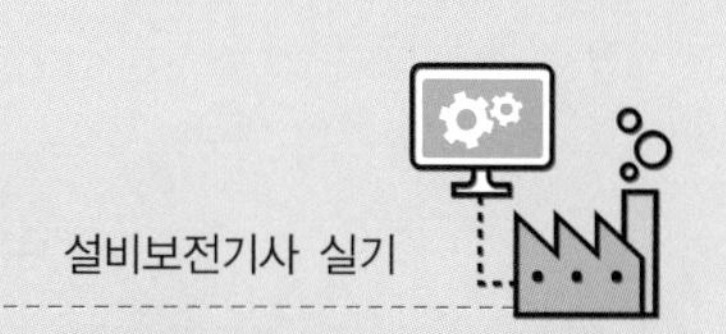

머리말

이 책은 설비보전기사 실기시험을 대비하는 수험생들이 효과적으로 이해하고 작업할 수 있도록 한국산업인력공단의 출제기준 및 공개과제에 따라 전기 공기압 회로 설계 및 구성 작업, 전기 유압 회로 설계 및 구성 작업, 동영상 필답형 예상문제로 구성하였다.

1. 전기 공기압 회로 설계 및 구성 작업과 전기 유압 회로 설계 및 구성 작업

① 기본 회로도의 전기 회로도 중 오류 부분을 수정할 때 기호의 색상을 달리하여 다음과 같이 제시함으로써 수험생들이 쉽게 이해하여 수정할 수 있도록 하였다.

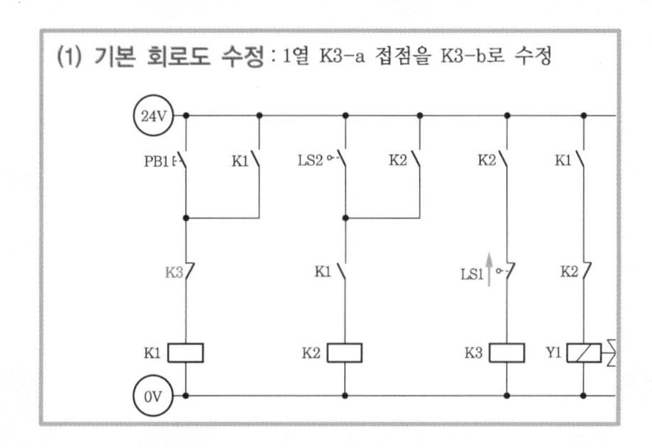

(1) 기본 회로도 수정 : 1열 K3-a 접점을 K3-b로 수정

② 응용 조건 회로 설계를 할 때 기본 회로도를 최소로 변경, 구성하도록 하였으며 변경된 부분을 기호의 색상을 달리하여 쉽게 확인할 수 있도록 하였다.

③ 기본 회로도와 응용 회로도의 액추에이터 작동을 시각적으로 볼 수 있도록 QR코드를 통해 각각의 회로 동영상을 제시하였다.

④ 설계 및 구성 작업 중 잘못할 수 있는 것들을 유의사항으로 정리하였다.

2. 동영상 필답형 예상문제

① 각 문항들을 설비의 구성 부분에 따라 분류하여 수록하였다.

② 각 문항들을 컬러의 정지된 화면으로 제시하여 독해 능력을 높였다.

③ 정확한 정답과 해설을 실어 수험자들이 쉽게 알아볼 수 있도록 하였다.

끝으로 이 책으로 공부하는 수험생 여러분들이 설비보전기사에 합격하여 우리나라의 기술 발전에 이바지하기를 바라며, 이 책을 완성하기까지 큰 도움을 주신 ㈜ 청파 EMT 김진선 대표와 도서출판 **일진사** 직원 여러분께 감사드린다.

저자 씀

설비보전기사 출제기준(실기)

직무분야	기계	중직무분야	기계장비 설비·설치	자격종목	설비보전기사	적용기간	2022.1.1. ~ 2024.12.31.

- 직무내용 : 생산시스템이나 설비(장치)의 설비보전에 관한 전문적인 지식을 가지고, 생산설비 등을 최적의 상태로 효율적으로 유지하기 위해 일상점검 및 정기점검을 통한 설비진단을 하고 고장부위를 정비하거나 유지, 보수, 관리 및 운용 등을 수행하는 직무이다.
- 수행준거 : 1. 설비(장치)를 이해하고 보전 장비를 사용하여 체결용, 축·관계, 베어링, 전동장치에 대한 기계요소를 보전할 수 있다.
  2. 설비진단 장비를 활용하여 진동 및 소음 측정을 할 수 있다.
  3. 윤활관리 지식을 활용하여 윤활유에 대한 오염 및 열화 현상을 이해하고 급유법과 윤활유 선정을 할 수 있다.
  4. 유공압, 전기 회로를 이해하고 설계 및 구성하여 동작시킬 수 있다.

실기검정방법	작업형	시험시간	3시간 정도 (동영상 : 1시간, 작업형 : 2시간)

실기과목명	주요항목	세부항목	세세항목
설비보전 실무	1. 설비보전 (동영상)	(1) 기계요소 보전하기	① 체결용 기계요소를 진단하고 예방보전 및 사후보전을 할 수 있어야 한다. ② 축용 기계요소를 진단하고 예방보전 및 사후보전을 할 수 있어야 한다. ③ 베어링 요소를 진단하고 예방보전 및 사후보전을 할 수 있어야 한다. ④ 전동용 장치를 진단하고 예방보전 및 사후보전을 할 수 있어야 한다. ⑤ 관용 기계요소를 진단하고 예방보전 및 사후보전을 할 수 있어야 한다. ⑥ 유공압 및 유체기계를 진단하고 예방보전 및 사후보전을 할 수 있어야 한다.
		(2) 설비 진단하기	① 회전기계에 진동 시스템을 구축하여 고유진동을 측정할 수 있어야 한다. ② 각종 산업기계의 간이진단 및 정밀진단을 통하여, 진동을 측정하고 이를 분석하여 원인과 대책을 수립하고 예방보전할 수 있어야 한다. ③ 각종 산업기계의 간이진단 및 정밀진단을 통하여, 소음을 측정하고 이를 분석하여 원인과 대책을 수립하고 예방보전할 수 있어야 한다.

실기과목명	주요항목	세부항목	세세항목
		(3) 윤활 관리하기	① 윤활유 검사기를 이용하여, 윤활유의 오염도를 측정하여 오염의 원인을 파악하고, 오염방지를 할 수 있어야 한다 ② 윤활유 검사기를 이용하여, 윤활유의 열화를 측정하여 열화의 원인을 파악하고, 열화지연을 할 수 있어야 한다 ③ 윤활유 급유장치를 이용하여, 각종 산업기계에 사용되는 윤활유를 공급할 수 있어야 한다. ④ 윤활유의 각종 물리적 성질 및 화학적 성질을 이해하고, 산업기기의 특성에 맞는 윤활유를 선정할 수 있어야 한다.
	2. 설비보전(작업)	(1) 설비구성 작업하기	① 전기 공압 회로도를 수정할 수 있으며, 부가조건을 이용하여 회로를 재구성하여, 사후보전 및 개량보전을 할 수 있어야 한다. ② 전기 유압 회로도를 수정할 수 있으며, 부가조건을 이용하여 회로를 재구성하여, 사후보전 및 개량보전을 할 수 있어야 한다.
		(2) 유공압 회로 도면 파악하기	① 유공압 회로도를 파악하기 위하여 유공압 회로도의 부호를 해독할 수 있다. ② 유공압 회로도에 따라 정확한 유공압 부품의 규격을 파악할 수 있다. ③ 유공압 회로도를 이용하여 세부 점검 목록을 확인 후 정확한 고장 원인과 비정상 작동 등을 파악할 수 있다.
		(3) 유공압 장치 조립하기	① 작업표준서에 따라 유공압 장치 부품의 지정된 위치를 파악하고 정확히 조립할 수 있다. ② 유공압 장치를 조립하기 위하여 규격에 적합한 조립 공구와 장비를 사용할 수 있다. ③ 유공압 장치 조립 작업의 안전을 위하여 유공압 장치 조립 시 안전 사항을 준수할 수 있다.
		(4) 유공압 장치 기능 확인하기	① 유공압 장치의 기능을 확인하기 위하여 조립된 유공압 장치를 검사하고 조립도와 비교할 수 있다. ② 조립된 유공압 장치를 구동하기 위하여 동작 상태를 확인하고 이상 발생 시 수정하여 조립할 수 있다. ③ 유공압 장치의 기능을 확인하기 위하여 측정한 데이터를 기록하고 관리할 수 있다.

차례

PART 1 전기 공유압 개론

PART 2 전기 공기압 회로 설계 및 구성 작업

PART 3 전기 유압 회로 설계 및 구성 작업

PART 4 동영상 필답형 예상문제

설비보전기사 실기

PART 1 전기 공유압 개론

1 공유압 기기

1-1 공압 장치

1 공압 장치의 구성

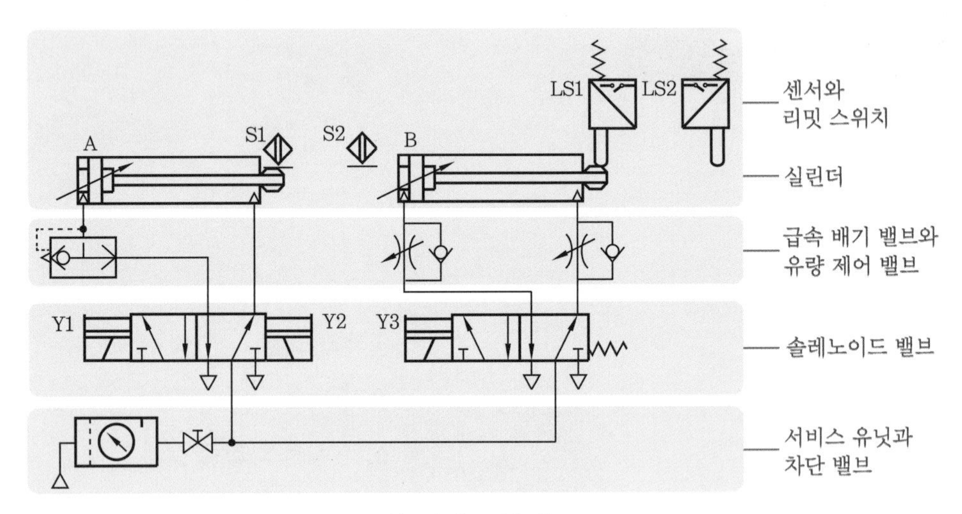

공압 장치 구성 회로도

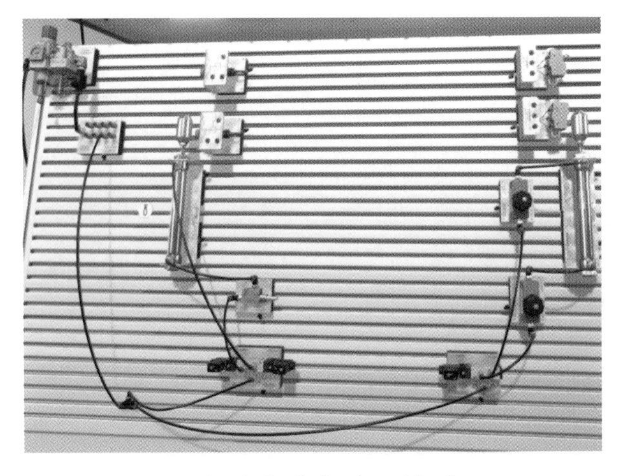

공압 장치 배치 및 구성 예

2 서비스 유닛

① 압력 조정은 압력 조정기 위에 있는 손잡이를 위로 올리면 딸깍하는 소리가 난다.
② 공기압 공급 압력이 5 kgf/cm^2(500 kPa)보다 높으면 손잡이를 시계 반대 방향으로, 낮으면 시계 방향으로 돌린다.
③ 압력 조정이 끝나면 손잡이를 아래로 밀어 고정시켜야 한다.

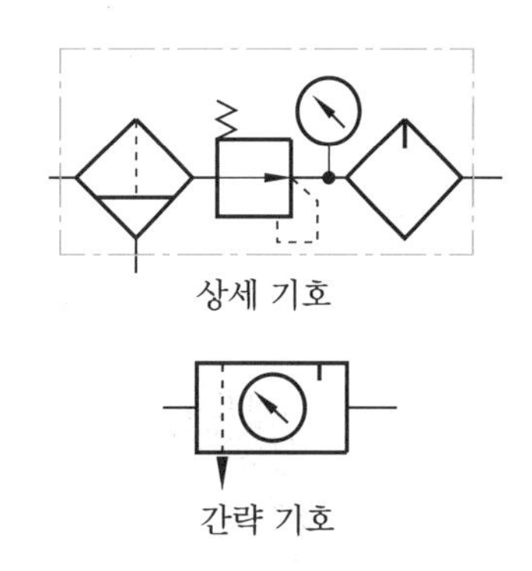

서비스 유닛의 외형과 기호

3 유량 제어 밸브

(1) 유량 제어 밸브 설치

① 공압 제어에서 복동 실린더의 속도 제어는 미터 아웃, 즉 배기 교축 방식으로만 제어한다.
② 유량 제어 밸브를 설치할 때에는 반드시 체크 밸브의 방향을 다음 그림의 기호와 같이 하여 유량 제어 밸브를 수직으로 설치해야 한다.

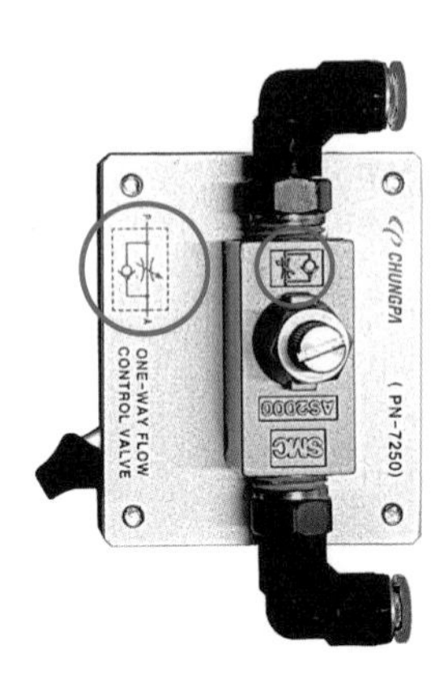

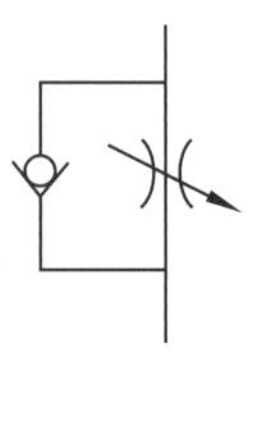

유량 제어 밸브의 외형과 기호

(2) 급속 배기 밸브 설치

① 실린더의 급속 귀환은 급속 배기 밸브를 사용한다.

② 유량 제어 밸브와 급속 배기 밸브는 다음 그림과 같이 배관한다.

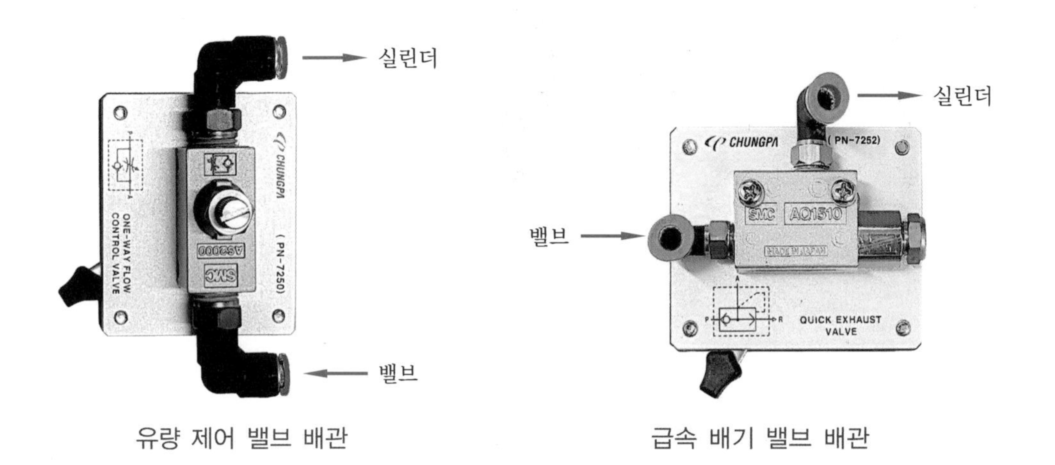

유량 제어 밸브 배관　　　　급속 배기 밸브 배관

4 방향 제어 밸브

① 공압 제어에서 솔레노이드 밸브는 5/2 WAY 밸브를 사용하며 단동 솔레노이드와 복동 솔레노이드 밸브가 있다.

② 단동 솔레노이드 밸브와 복동 솔레노이드 밸브의 설치와 공압 배관 방법은 동일하다.

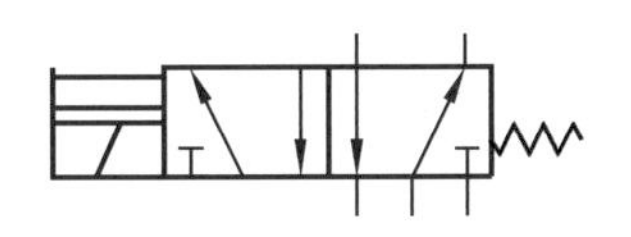

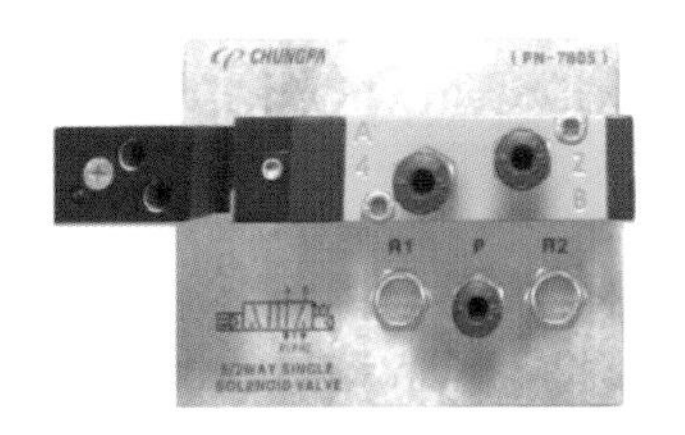

5/2 WAY 단동 솔레노이드 방향 제어 밸브의 외형과 기호

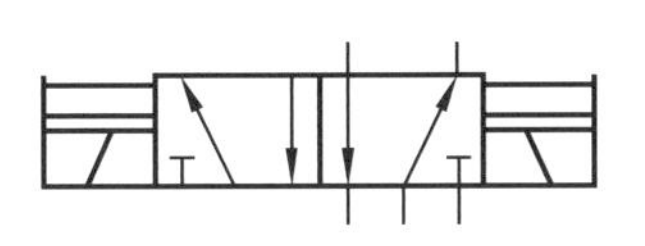

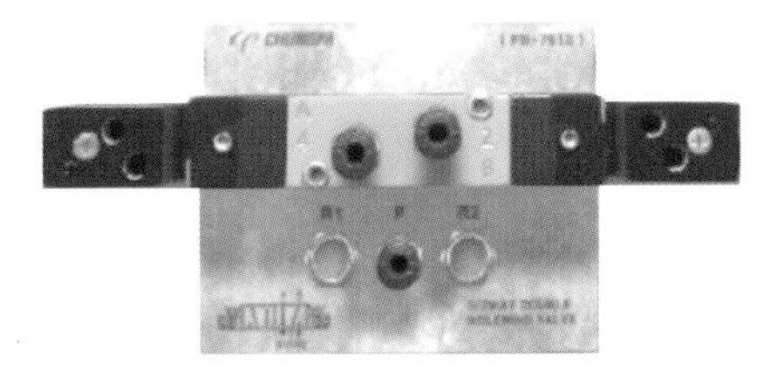

5/2 WAY 복동 솔레노이드 방향 제어 밸브의 외형과 기호

5 공압 실린더

① 공압 실린더는 복동 실린더만 사용된다.

② 공압 복동 실린더는 일반형과 쿠션형이 있으며, 혼용해서 사용된다.

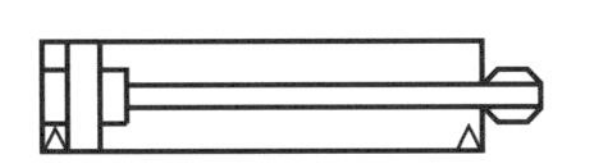

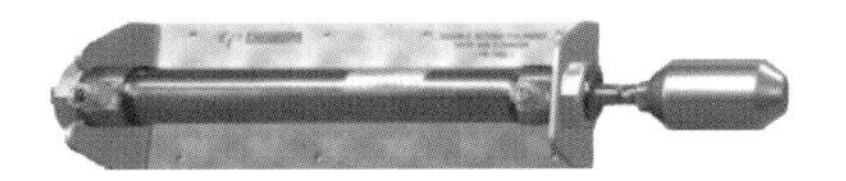

일반형 복동 실린더의 기호와 외형

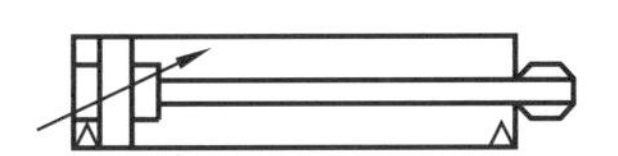

쿠션형 복동 실린더의 기호와 외형

1-2 유압 장치

1 유압 장치의 구성

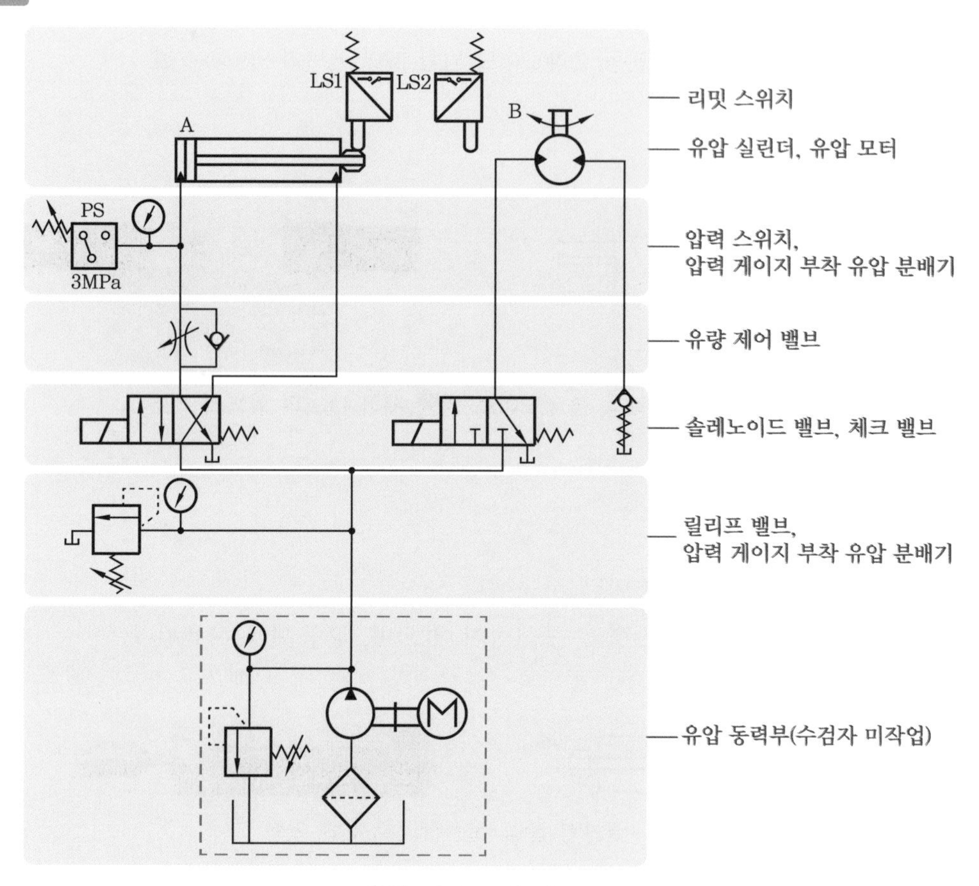

유압 장치 구성 회로도

유압 장치 배치 및 구성 예

2 유압 제어 밸브

(1) 압력 제어 밸브

① 릴리프 밸브 : 유압 시스템의 최고 압력을 설정하는 밸브로 서지압 방지와 브레이크 회로 등에 사용된다.

릴리프 밸브의 외형과 기호

② 감압 밸브 : 유압 시스템 중 일부 압력을 릴리프 밸브의 설정압보다 감압하여 주는 밸브

감압 밸브의 외형과 기호

③ 카운터 밸런스 밸브 : 자중에 의한 자유낙하 방지용으로 실린더 로드측에 배압을 주는 밸브

카운터 밸런스 밸브의 외형과 기호

④ 압력 스위치 : 밸브가 아닌 스위치이나 유압력으로 조작되는 것이므로 압력 제어 밸브로 불린다.

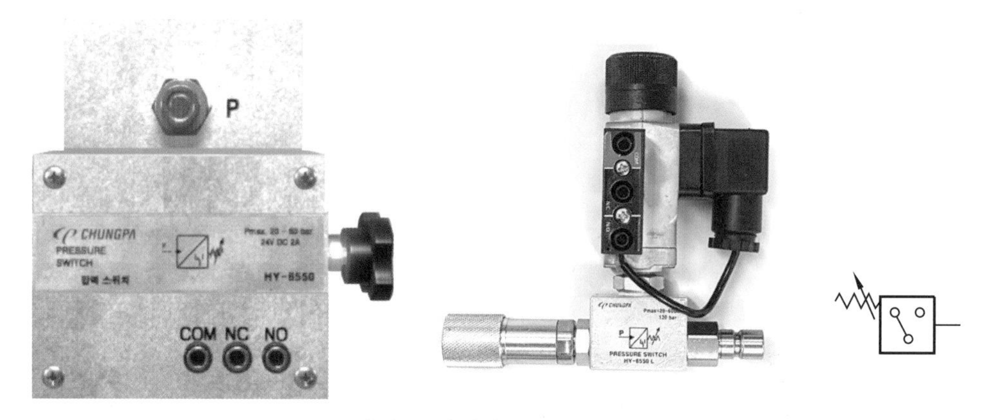

압력 스위치의 외형과 기호

(2) 유량 제어 밸브

① 양방향 유량 제어 밸브

㈎ 방향성이 없다.

㈏ 밸브 압력 공급측, 즉 P 포트에 삽입한다.

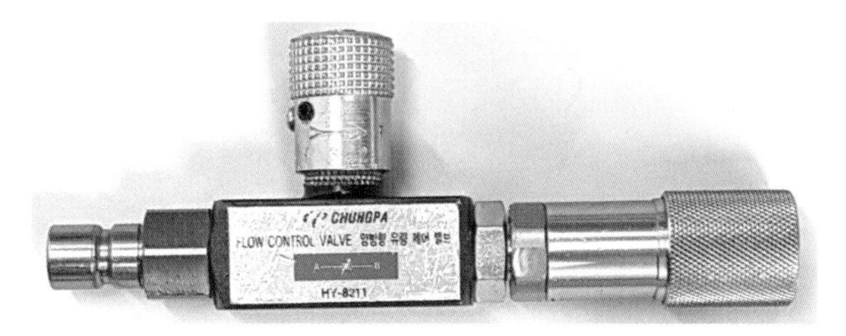

양방향 유량 제어 밸브의 외형과 기호

② 한방향 유량 제어 밸브

(가) 방향성이 있다.

(나) 미터 인, 미터 아웃 두 회로에 다 적용한다.

(다) 미터 인은 실린더에 미터 아웃은 밸브에 설치한다.

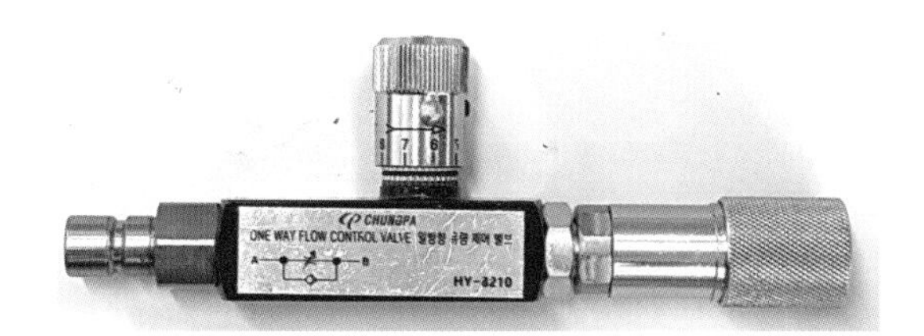

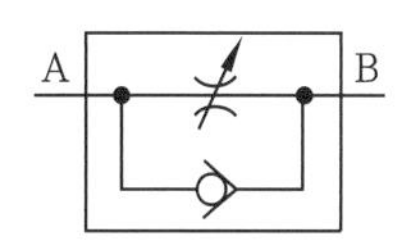

한방향 유량 제어 밸브의 외형과 기호

(3) 방향 제어 밸브

① 2/2 WAY NO 단동 솔레노 이드 밸브

(가) P 포트와 A 포트가 양방향이다.

(나) 2/2 WAY NC 단동 솔레노이드 밸브와 외형이 같으므로 밸브의 기호를 잘 보고 선택해야 한다.

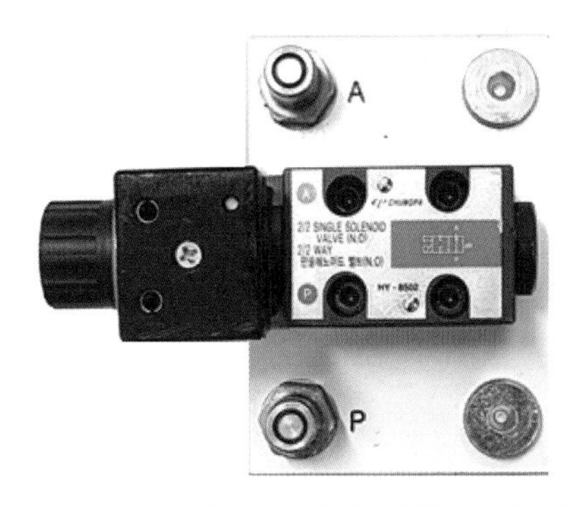

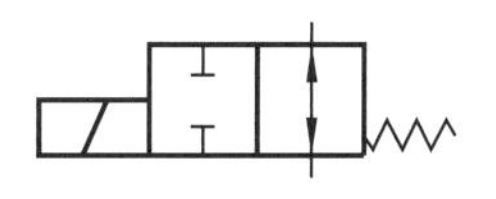

2/2 WAY NO 단동 솔레노이드 밸브의 외형과 기호

② 2/2 WAY NC 단동 솔레노이드 밸브 : 사용법은 2/2 WAY NO 단동 솔레노이드 밸브와 같다.

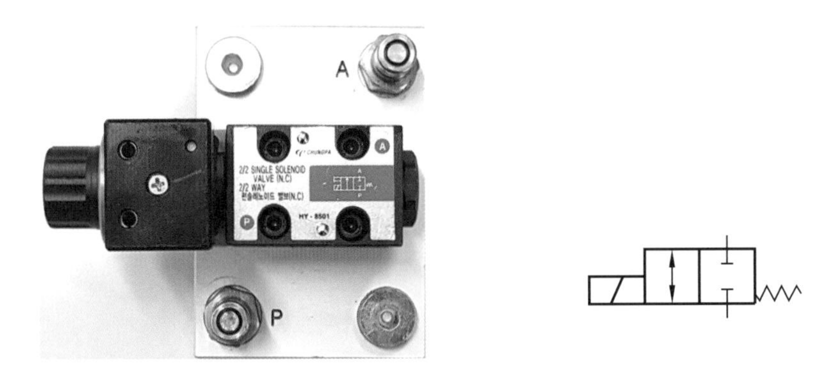

2/2 WAY NC 단동 솔레노이드 밸브의 외형과 기호

③ 3/2 WAY 단동 솔레노이드 밸브

㈎ 모터의 한방향 제어 또는 파일럿 체크 밸브를 이용한 중간 정지 회로 등에 사용된다.

㈏ 4/2 WAY 단동 솔레노이드 밸브와 외형이 같으므로 밸브의 기호를 잘 보고 선택해야 한다.

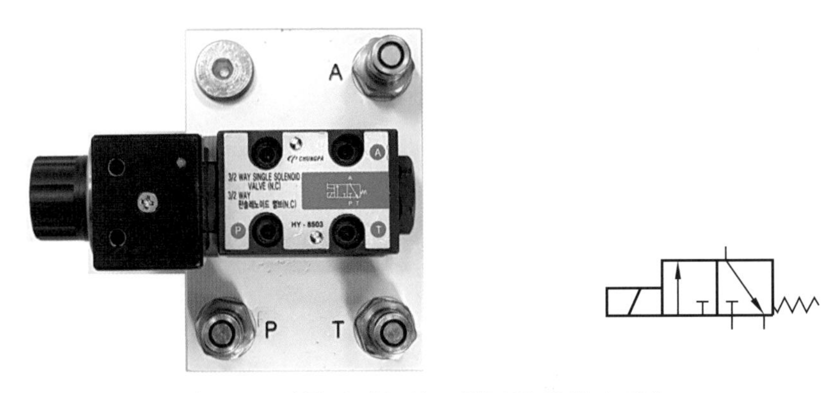

3/2 WAY 단동 솔레노이드 밸브의 외형과 기호

④ 4/2 WAY 단동 솔레노이드 밸브 : 3/2 WAY 단동 솔레노이드 밸브와 외형이 같으므로 밸브의 기호를 잘 보고 선택해야 한다.

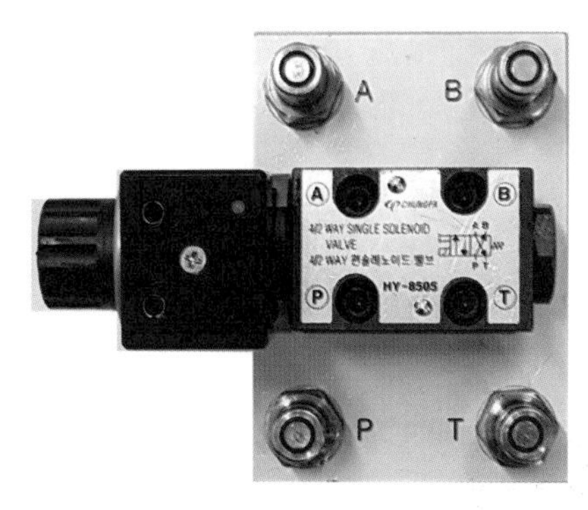

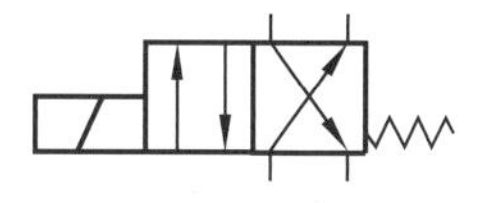

4/2 WAY 단동 솔레노이드 밸브의 외형과 기호

⑤ 4/2 WAY 복동 솔레노이드 밸브 : 4/3 WAY 복동 솔레노이드 밸브와 외형이 같으므로 밸브의 기호를 잘 보고 선택해야 한다.

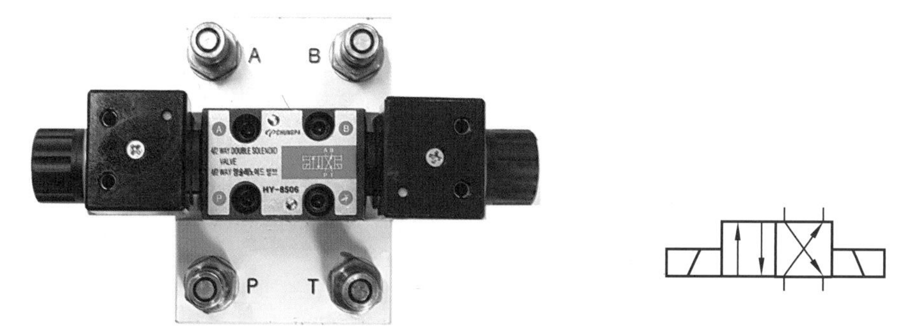

4/2 WAY 복동 솔레노이드 밸브의 외형과 기호

⑥ 4/3 WAY 복동 솔레노이드 밸브

(가) 올포트 블록(센터 클로즈)형 밸브이다.

(나) 4/2 WAY 복동 솔레노이드 밸브와 외형이 같으므로 밸브의 기호를 잘 보고 선택해야 한다.

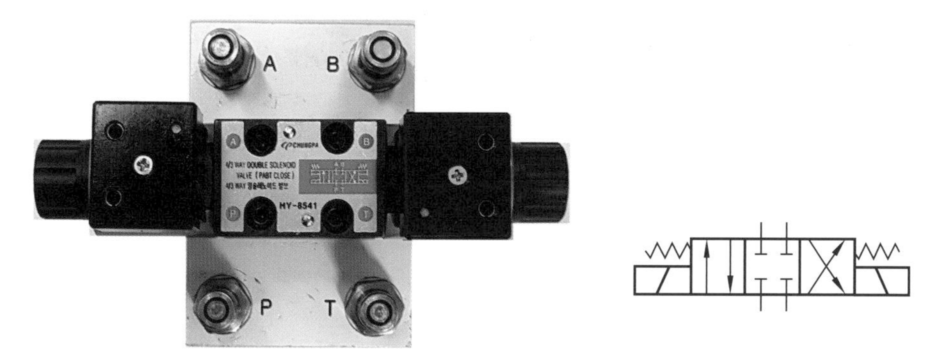

4/3 WAY 복동 솔레노이드 밸브의 외형과 기호

3 유압 액추에이터

(1) 유압 실린더

유압 실린더는 복동 실린더만 사용된다.

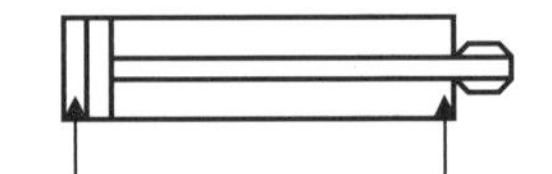

유압 실린더의 외형과 기호

(2) 유압 모터

유압 모터는 양방향을 사용한다.

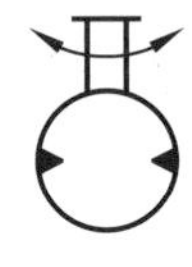

유압 모터의 외형과 기호

4 그 외의 부품

(1) 체크 밸브

체크 밸브는 방향에 유의하여 부착해야 한다.

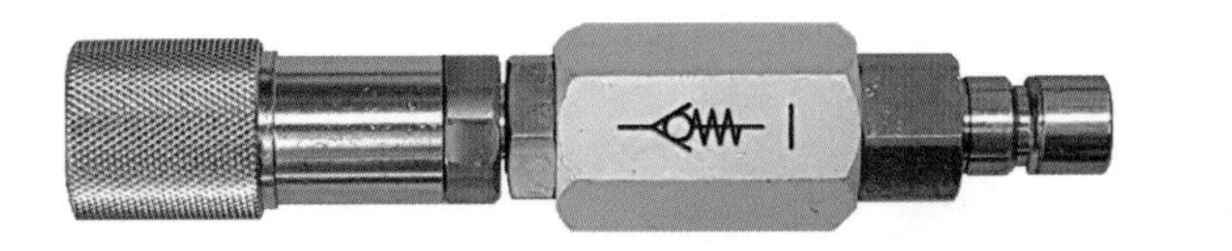

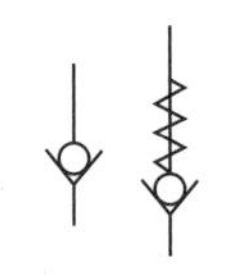

체크 밸브의 외형과 기호

(2) 파일럿 조작 체크 밸브

간접 작동 체크 밸브라고도 하며 액추에이터 중간 정지에 사용된다.

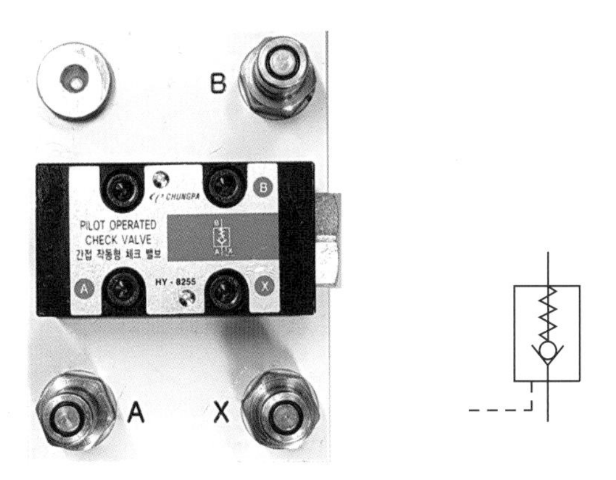

파일럿 조작 체크 밸브의 외형과 기호

(3) 압력 게이지 부착 유압 분배기

압력 게이지가 부착된 유압 분배기로 유압 공급원으로서의 역할을 한다.

압력 게이지 부착 유압 분배기의 외형

(4) T 커넥터

분기관 역할을 한다.

T 커넥터의 외형

(5) 잔압 뽑기

압력 제거기라고도 하며, 실린더나 밸브에 잔압이 발생되었을 때 사용한다.

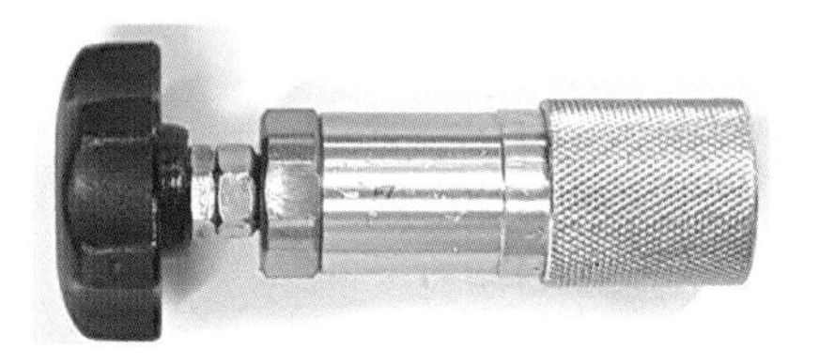

잔압 뽑기의 외형

(6) 유압 분배기

주로 작동유를 유압 탱크로 드레인시킬 포트 수가 부족할 때 사용하며, 일반적으로 사용할 필요가 없으나 제조사에 따라 사용해야 할 경우가 있다.

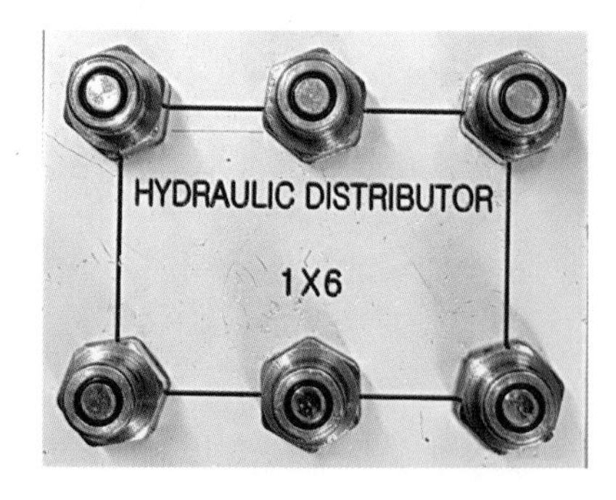

유압 분배기의 외형

2 공유압 회로

2-1 공압 회로

1 속도 제어 회로

(1) 미터 아웃(meter out) 회로

① 속도 제어 회로에는 미터 인, 미터 아웃 속도 제어 회로 등이 있으나 공압 복동 실린더에서는 미터 인을 채택하지 않고 미터 아웃 속도 제어 회로만 사용한다.

② 미터 아웃 회로에는 미터 아웃 전진 제어와 미터 아웃 후진 제어가 있다.

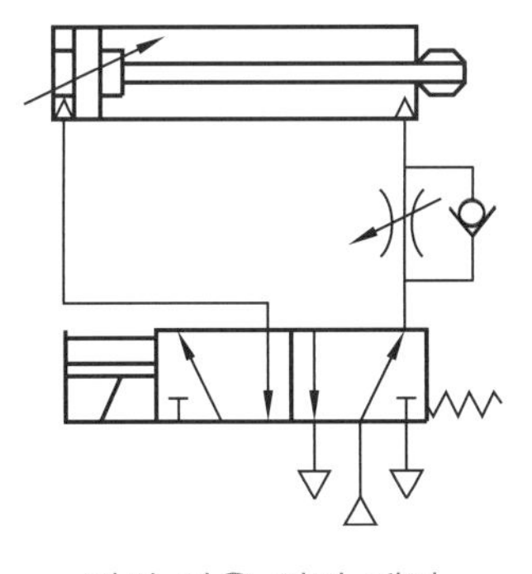
미터 아웃 전진 제어

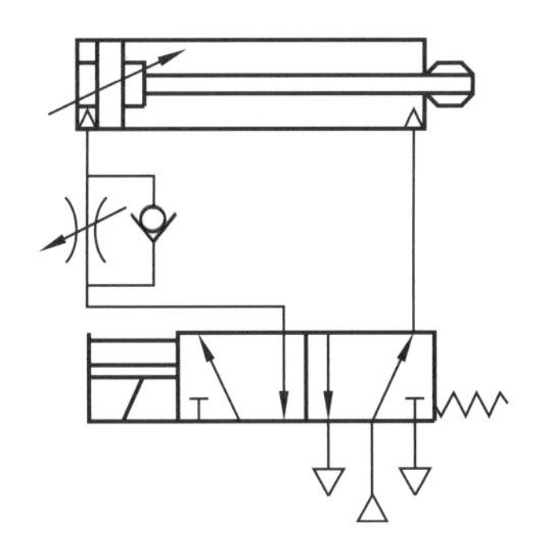
미터 아웃 후진 제어

(2) 급속 전진 및 후진 제어 회로

① 실린더의 전진이나 후진 운동 속도를 증가시키는 회로이다.

② 사용하는 밸브는 급속 배기 밸브이다.

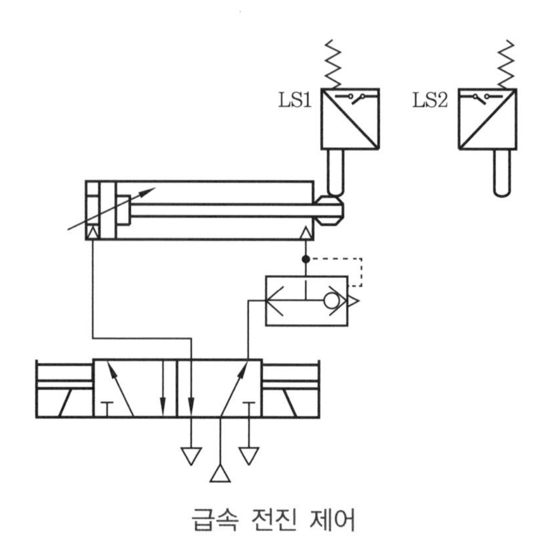

급속 전진 제어

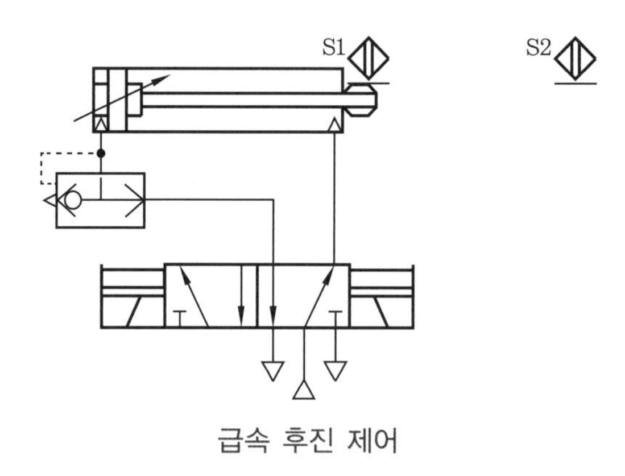

급속 후진 제어

(3) 유압 실린더의 전후진 또는 유압 모터 속도 동조 제어 회로

양방향 유량 제어 밸브를 사용하는 회로이며 이 밸브는 방향성이 없으므로 솔레노이드 밸브 P 포트에 삽입하여 배관하는 것이 좋다.

2-2 유압 회로

1 최대 압력 제한 회로

모든 유압 회로의 기본으로 압력 게이지 부착 유압 분배기와 릴리프 밸브를 사용하여 회로 내의 최대 압력을 4 MPa(40 kg/cm^2)로 설정하도록 한다.

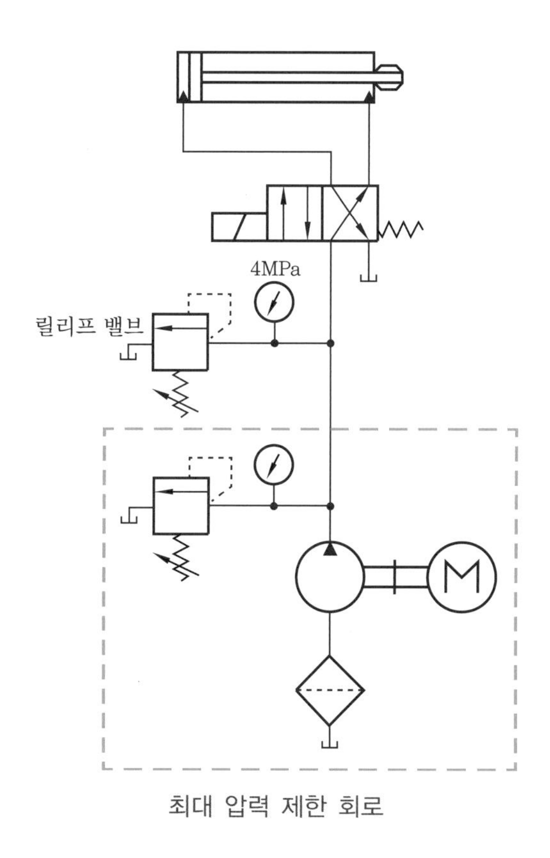

최대 압력 제한 회로

2 감압 회로

① 2개 이상의 액추에이터가 있는 유압 시스템에서 1개의 액추에이터가 유압 회로의 최대 압력보다 낮은 압력이 필요할 경우에 채택된다.

② 릴리프 밸브는 펌프 토출측 → 압력 게이지 → 릴리프 밸브 순으로 설치한 후 압력을 조정하지만, 감압 밸브는 릴리프 밸브로 최대 압력을 설정한 후 공급 압력측 → 감압 밸브 → 압력 게이지 순으로 설치한 후 압력을 조정한다.

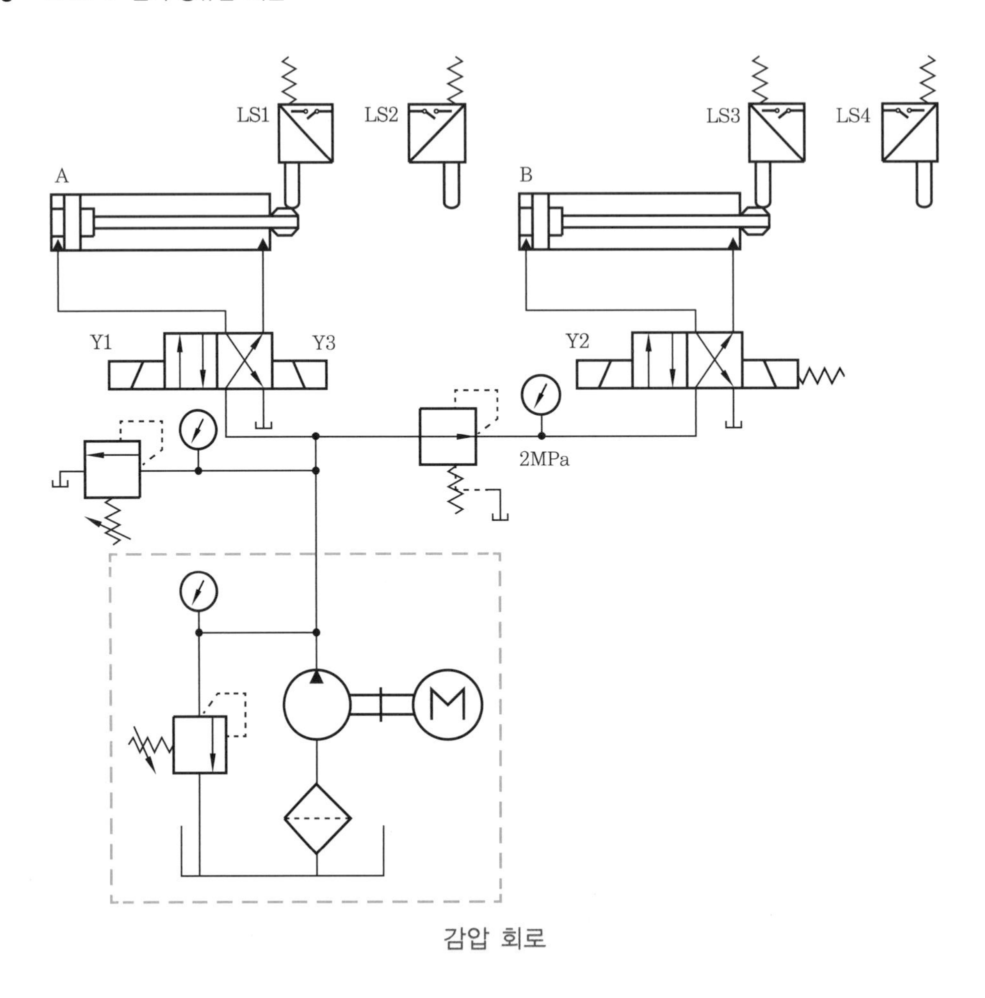

감압 회로

3 카운터 밸런스 회로

(1) 카운터 밸런스 밸브에 의한 회로

① 릴리프 밸브로 최고 압력 설정압 조정을 하지 않고, 압력 게이지와 카운터 밸런스 밸브만을 설치하여 설정압을 조정한 후 카운터 밸런스 밸브를 회로도의 위치로 이동하고 배관한다.

② 이때 카운터 밸런스 밸브의 A 포트와 유압 탱크를 유압 호스로 배관, 연결하여 드레인시킨다.

③ 카운터 밸런스 밸브를 설치한 후 릴리프 밸브를 설치하여 최고 압력 설정압 4 MPa로 조정한다.

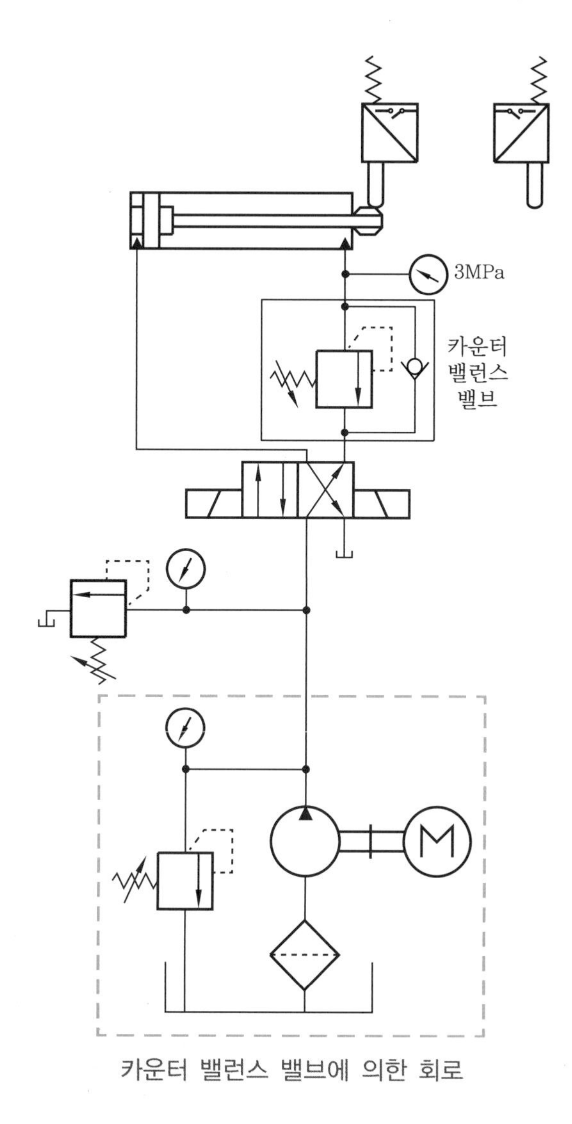

카운터 밸런스 밸브에 의한 회로

(2) 릴리프 밸브와 체크 밸브에 의한 회로

① 릴리프 밸브와 체크 밸브에 의한 카운터 밸런스 회로 구성에는 T 커넥터 1개, 압력 게이지 부착 유압 분배기 1개, 릴리프 밸브 1개, 체크 밸브 1개가 필요하다.

② 작업 방법에는 2가지가 있다.

㈎ 기본 동작 작업 후 릴리프 밸브를 3 MPa로 재조정한 다음 릴리프 밸브를 해체하여 회로도의 위치로 이동하고 배관한다. 이때 T 커넥터는 솔레노이드 밸브 B 포트에 삽입하고, 여기에 릴리프 밸브 T 포트와 체크 밸브를 삽입, 배관한다. 다음에 다른 제2의 릴리프 밸브를 설치, 배관한 후 4MPa로 조정한다.

(나) 기본 동작 작업 전 릴리프 밸브를 3 MPa로 재조정한 다음 해체하여 작업 보드에서 분리시켜 보관한다. 제2의 릴리프 밸브를 설치하여 4 MPa로 조정하고 기본 동작 작업을 위한 부품 선정, 설치, 배관 등을 하여 검사받은 후 응용 회로도와 같이 3 MPa로 조정된 릴리프 밸브 등을 설치하고 배관한다.

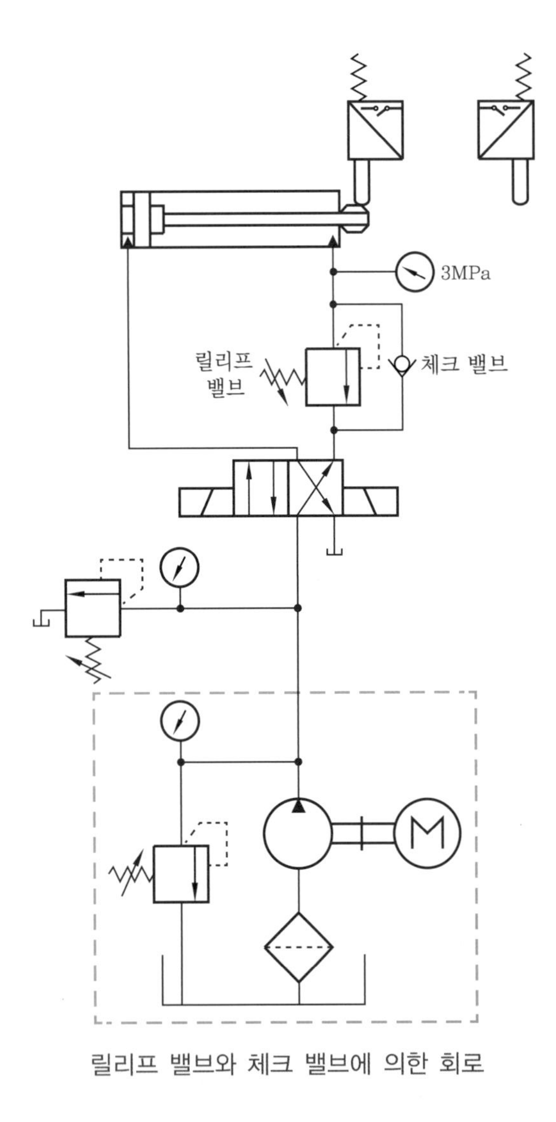

릴리프 밸브와 체크 밸브에 의한 회로

릴리프 밸브에 의한 카운터 밸런스 회로의 배관

4 압력 스위치에 의한 실린더 전후진 회로

① 실린더가 전진 완료 후, 전진측 압력이 3 MPa 이상이 되어야 실린더가 후진되는 회로이다.

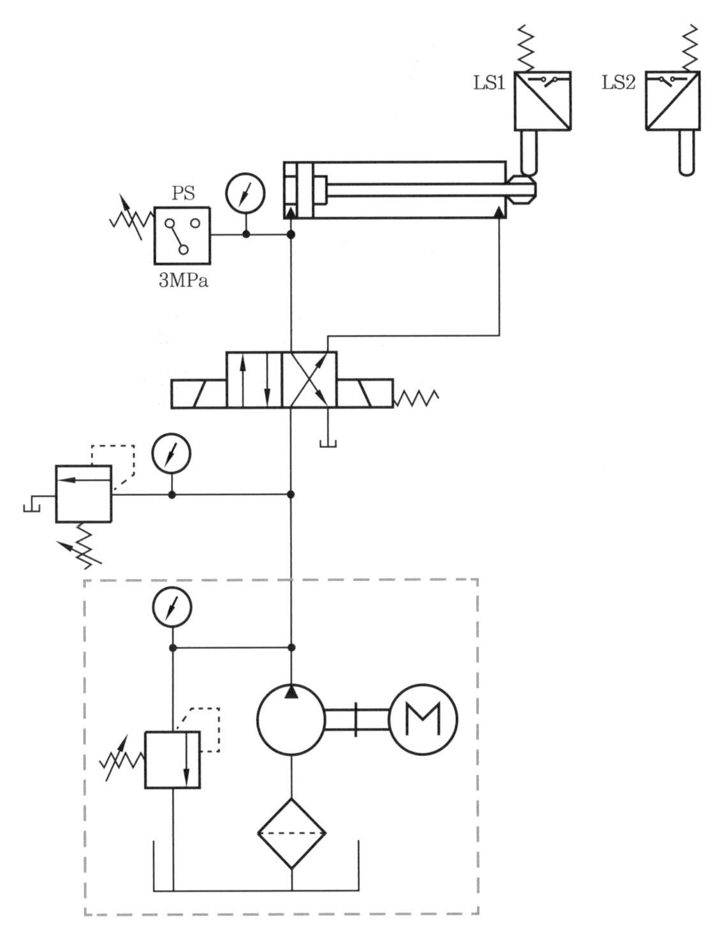

압력 스위치에 의한 실린더 전후진 회로

② 작업 방법 및 순서는 다음과 같다.

㈎ 기본 동작 작업 후 릴리프 밸브를 3 MPa로 수정하고, 압력 게이지에 압력 스위치를 다음 그림과 같이 설치한다.

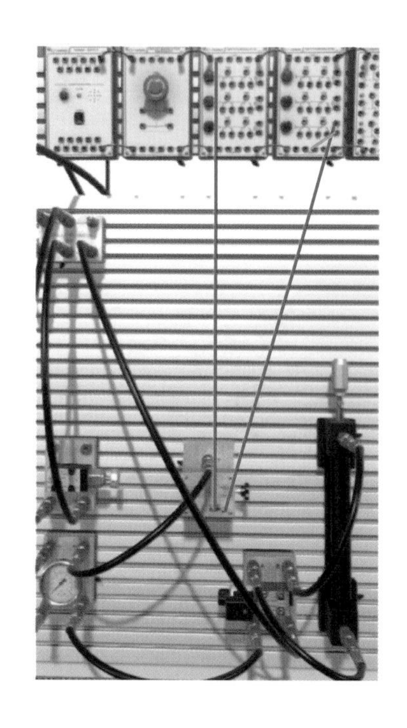

㈏ 유압 펌프 ON, 전원 공급기에 전원을 공급한 후 압력 스위치의 손잡이를 회전시킨다. 램프에 점등이 되지 않으면 시계 반대 방향으로 회전시켜 점등이 되도록 하고 점등된 곳과 소등된 곳의 위치에서의 중간 위치로 손잡이를 회전시킨다.

㈐ 릴리프 밸브를 40 MPa로 재설정하고, 응용 회로도와 같이 압력 스위치와 압력 게이지 부착 분배기 및 라인형 한방향 유량 제어 밸브를 설치, 배관한다.

㈑ 전기 배선은 다음 전기 회로도의 PS를 압력 스위치에 배선하면 된다.

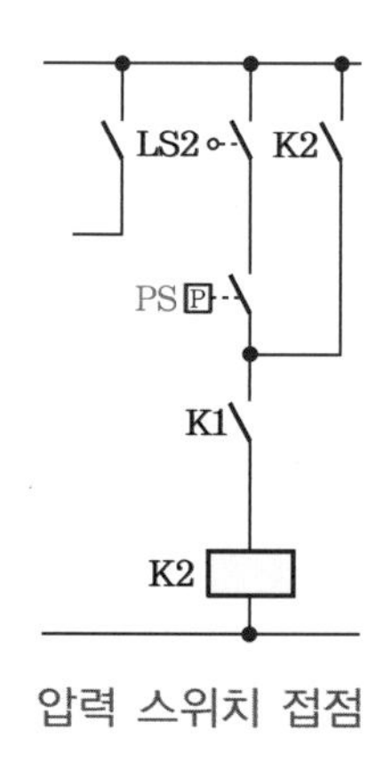

압력 스위치 접점

5 안전 회로

① 릴리프 밸브를 2개 설치, 배관하는 회로이다.

② 기본 제어 동작이 끝나면 제1의 릴리프 밸브를 3 MPa로 설정한 후 해체하여 응용 회로도와 같이 이동하고 T 커넥터를 실린더 피스톤 헤드측에 삽입한다.

③ 다음 제2의 릴리프 밸브를 설치하고 배관한 후 4 MPa로 재설정하면 된다.

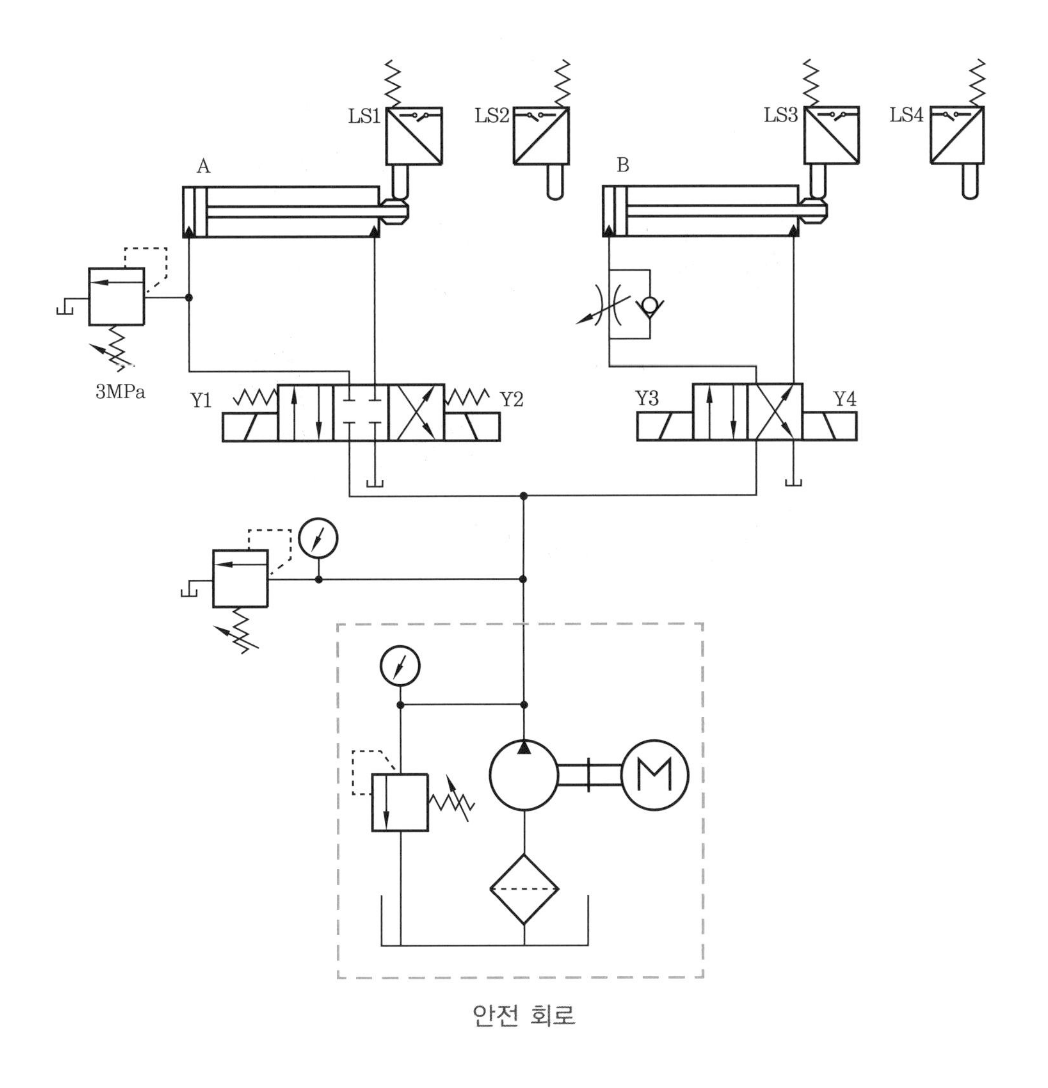

안전 회로

6 파일럿 조작 체크 밸브에 의한 중간 정지 회로

솔레노이드 밸브 A 포트에 T 커넥터를 설치한 후 실린더의 피스톤 헤드측과 파일럿 조작 체크 밸브의 X 포트(일부 포트 기호는 Z로 표시한 경우도 있음)를 호스로 배관한다.

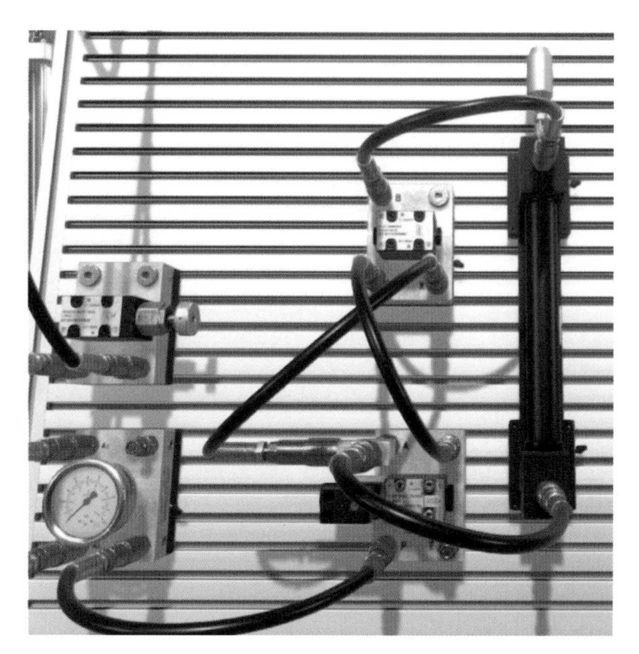

파일럿 조작 체크 밸브에 의한 중간 정지 회로

CHAPTER 3 전기 기초

3-1 전기 기기

1 접점

(1) a 접점

외력이 작용하지 않으면 접점이 항상 열려 있는 것으로 상시 열림형, 정상 상태 열림형(normally open, N/O형), 메이크 접점(make contact)이라고도 한다.

(2) b 접점

접점이 항상 닫혀 있어 통전되고 있다가 외력이 작용하면 열리는 것, 즉 통전이 차단되는 것으로 상시 닫힘형, 정상 상태 닫힘형(normally closed, N/C형), 브레이크 접점(break contact)이라고도 한다.

(3) c 접점

하나의 스위치에 a, b 접점을 동시에 가지고 있는 것으로 전환 접점(change over contact) 또는 절환 접점이라고도 한다. 이 접점은 전기적으로 독립되어 있지 않으므로 a 접점이나 b 접점을 동시에 사용하지 않고 두 접점 중 하나의 기능을 선택하여 사용한다.

접점 기호

2 전기 제어 기기

(1) 누름 버튼 스위치(push button switch)

가장 일반적으로 사용하고 있는 스위치로서 버튼을 누르면 전환 요소는 스프링의 힘에 대항하여 동작한다. a 접점, b 접점, c 접점이 있다.

① 버튼을 누르는 것에 의하여 개폐되는 스위치를 말한다.

② 직접 손가락에 의하여 조작되는 누름 버튼 기구와 이것으로부터 받은 힘에 의하여 전기 회로를 개폐하는 접점 기구로 구성되어 있다.

③ 누름 버튼 스위치 박스는 자동 복귀형 스위치 2개, 자기 유지형 스위치 1개로 구성되어 있다.

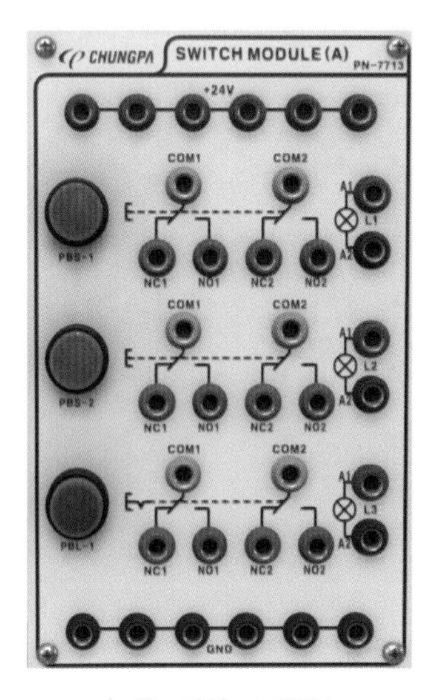

누름 버튼 스위치

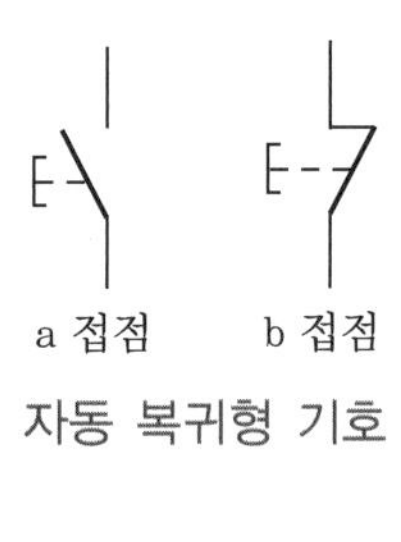

자동 복귀형 기호

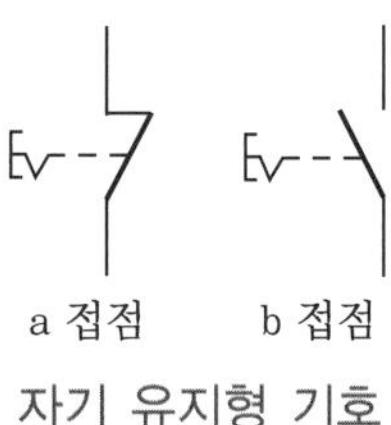

자기 유지형 기호

(2) 리밋 스위치(limit switch)

수동으로 조작하는 누름 버튼 스위치를 대신하여 기기의 운동 행정 중 정해진 위치에서 동작하는 제어용 검출 스위치로서 스냅 액션형의 ON, OFF 접점을 갖추고 있다.

리밋 스위치

리밋 스위치 기호 a 접점 b 접점

(3) 비접촉 스위치(비접촉 센서)

피검출체에 전혀 접촉하지 않고 검출하는 스위치이다.

① 유도형 근접 센서(inductive proximity sensor) : 금속만 감지하며, 일반적으로 센서의 검출거리는 센서의 검출면의 크기에 따른다.

② 용량형 근접 센서(capacitive proximity sensor) : 금속, 비금속 물체와 액체의 레벨 검출이 가능하며, 범용의 레벨 스위치에 비해 일반적으로 검출 감도가 높고, 미세한 정전 용량의 변화에 대해서도 반응을 한다.

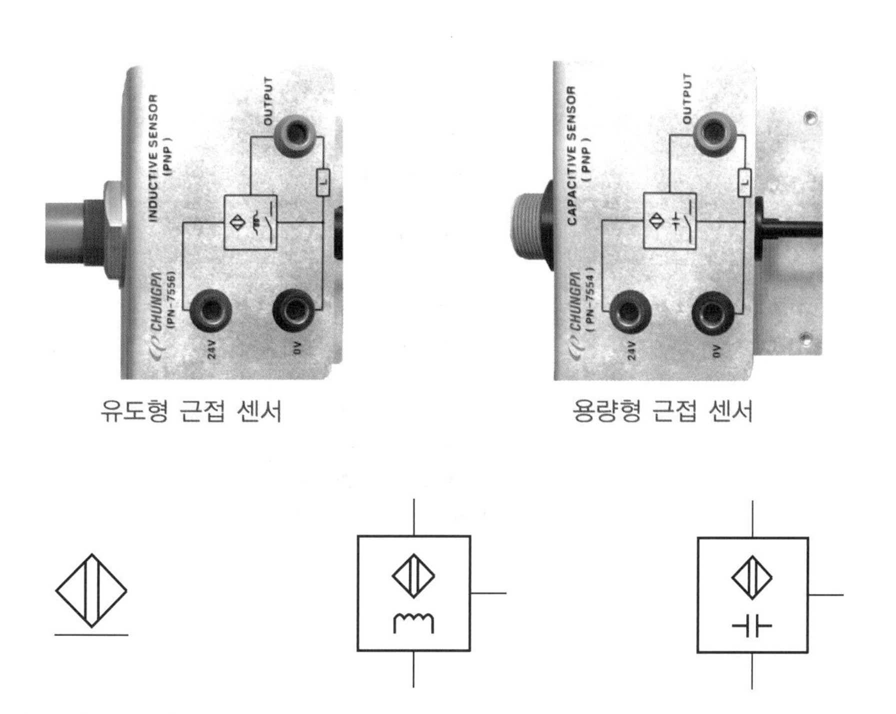

유도형 근접 센서 용량형 근접 센서

근접 센서 대표 기호 유도형 근접 센서 기호 용량형 근접 센서 기호

(4) 전자 릴레이(전자 계전기)

전자 릴레이는 제어 전류를 개폐하는 스위치의 조작을 전자석의 힘으로 하는 것으로, 전압이 코일에 공급되면 전류는 코일이 감겨 있는 데로 흘러 자장이 형성되고 전기자가 코일의 중심으로 당겨진다. 접점은 2a-2b 접점, 3a-1b 접점 등이 있으나 최근에는 4c 접점으로 구성되어 있다.

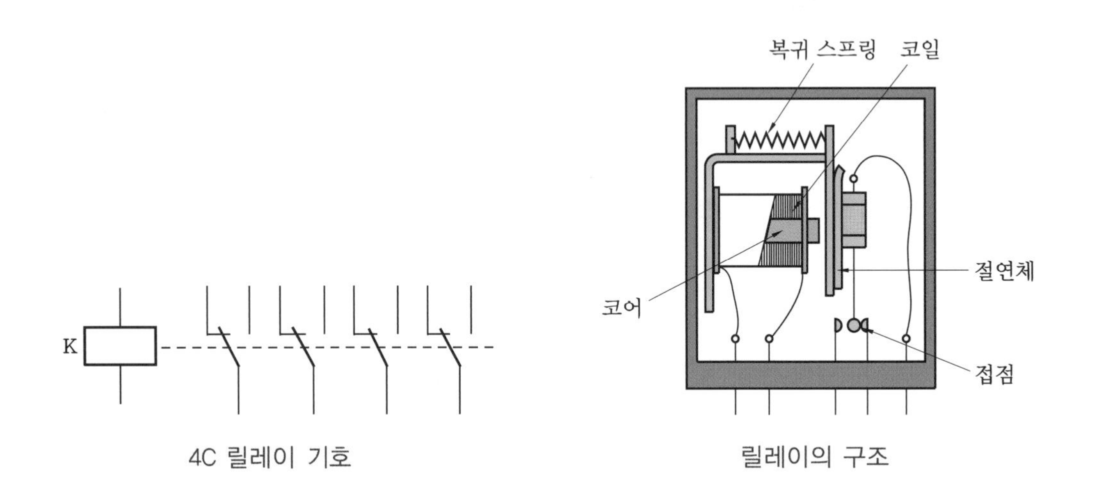

4C 릴레이 기호　　　　릴레이의 구조

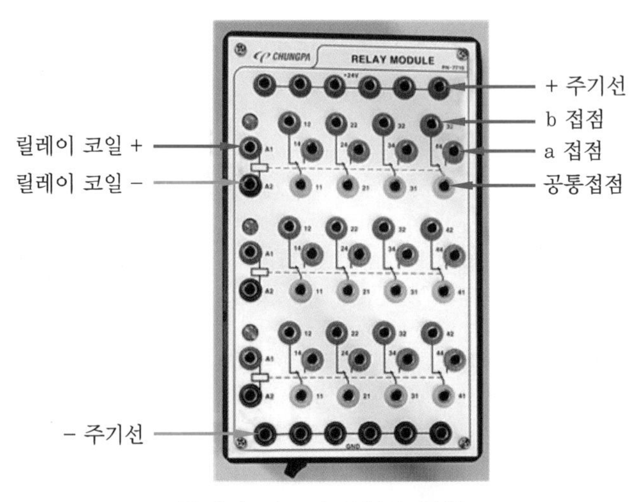

릴레이 키트의 외형과 명칭

(5) 타이머

릴레이의 일종으로 입력 신호를 받고 설정 시간이 경과된 후에 회로를 개폐하는 기기이다. 기호는 TR(time-lage relay)로 표시한다. 종류에는 전기 신호를 주게 되면 일정 시간 후에 출력 신호(접점)를 내는 여자 지연(delay ON type)과 전기 신호를 차단한 후 출력 신호(접점)를 내는 소자 지연(delay OFF type)이 있다.

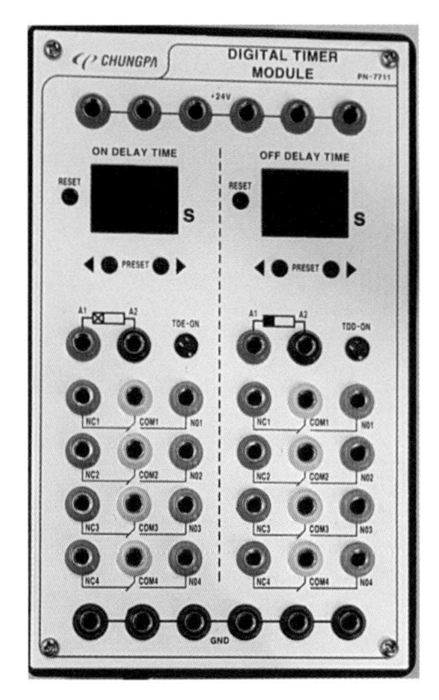

타이머 키트

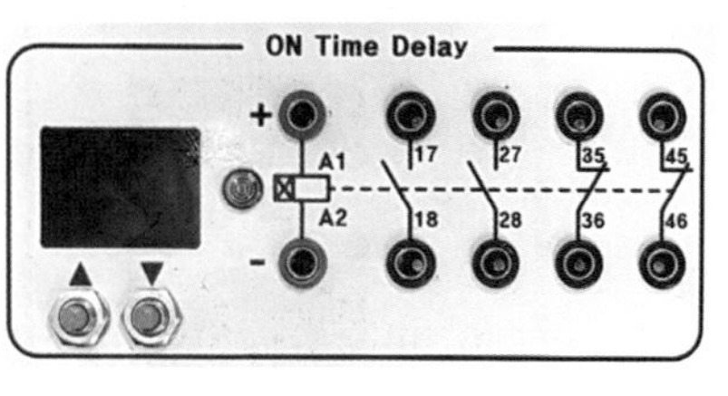

여자 지연 타이머

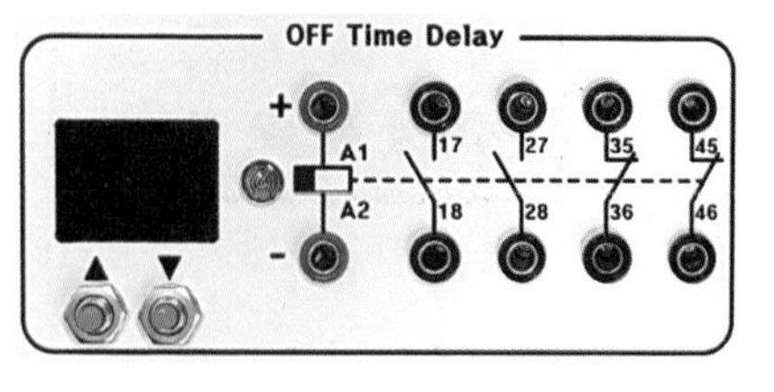

소자 지연 타이머

(6) 램프(lamp)

공유압 시스템의 운전 상태를 표시하기 위해 사용하는 것으로 다음 2가지 방법이 있다.

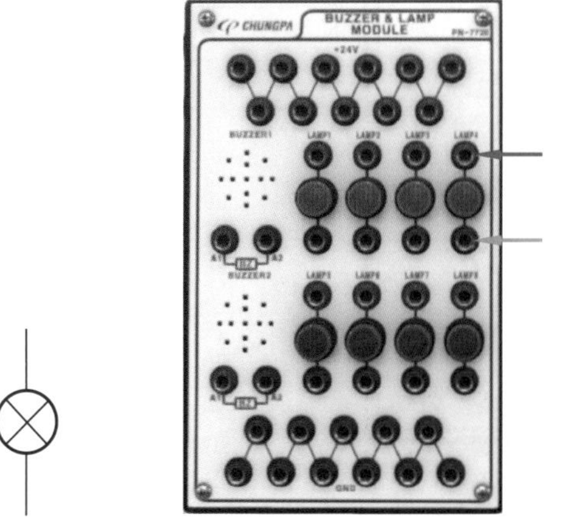

램프 기호　　램프 전용 키트 사용

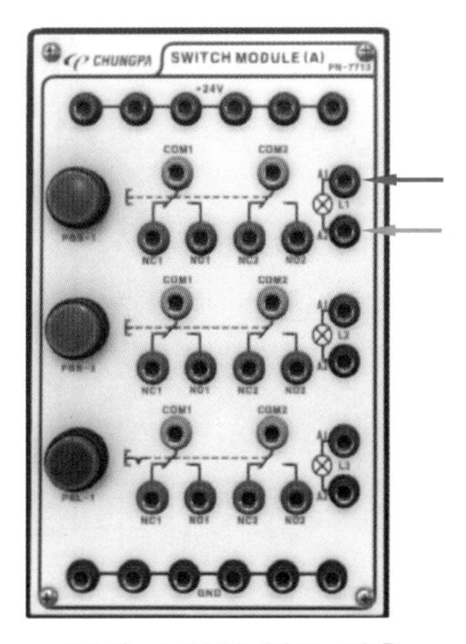

조광 스위치 램프 사용

(7) 카운터(counter)

물체의 위치나 상태를 감지하여 코일에 전류를 통과하면 전자석에 의해 휠을 1개씩 회전시켜 계수를 표시하는 기기이다.

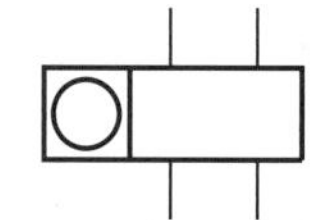

카운터 키트와 기호

(8) 비상 스위치(emergency switch)

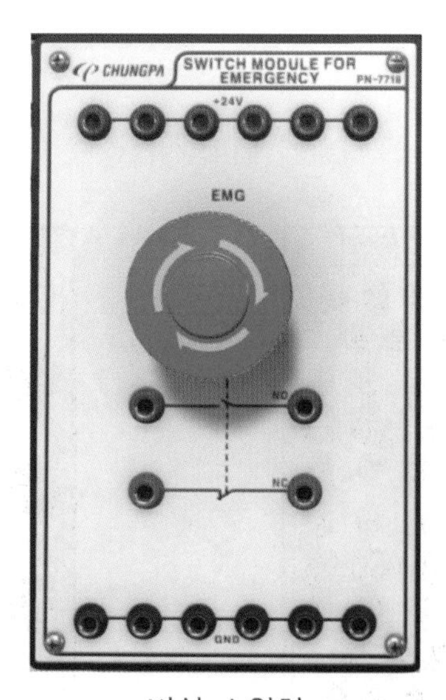

비상 스위치

4 전기 시퀀스 회로 설계

4-1 제어 회로의 구성 방법

① 제어 회로의 구성 방법에는 기본적으로 직관적 방법과 조직적 설계 방법이 있다.
② 직관적 방법은 경험을 바탕으로 설계하는 것이며
③ 조직적 설계 방법은 미리 정해진 규칙에 의하여 설계하는 방법이다.

4-2 직관적 방법에 의한 회로 구성

1 약식 기호 표현 방법(전진 +, 후진 −)

A+, B+, A−, B−

2 변위 단계 선도

① 변위 단계 선도는 작업 요소의 순차적 작동 상태를 나타낸다.
② 변위는 각 단계의 기능을 나타내고 단계는 해당 작업 요소의 상태 변화를 의미한다.
③ 실린더의 상태는 후진-전진 또는 0-1로 나타내며, 작업 요소의 명칭은 선도 왼쪽에 실린더 A, 실린더 B 등으로 기록한다.

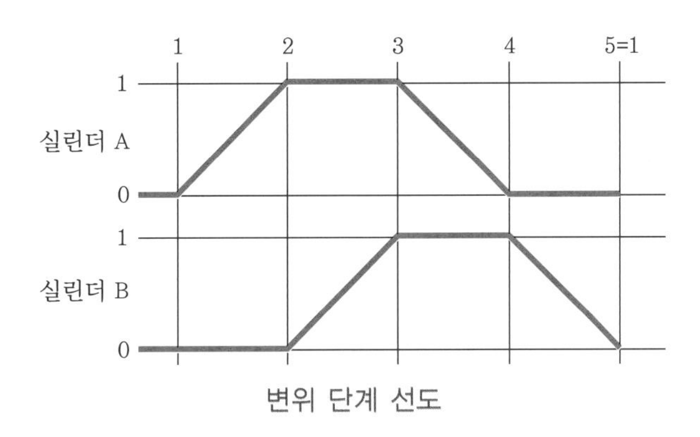

변위 단계 선도

3 직관적 방법에 의한 회로

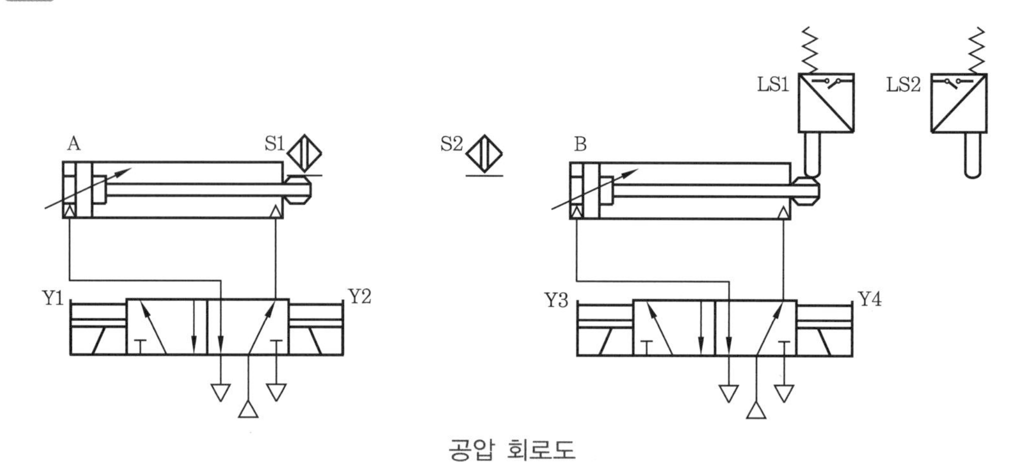

공압 회로도

(1) 전기 회로도

① 1단계 : 변위 단계 선도에서 PB1과 LS1은 AND 회로이며, 제어 회로에서 릴레이 코일 K1은 시작 누름 버튼 스위치 PB1에 의하여 여자되고 릴레이 K1 a 접점에 의하여 솔레노이드 밸브 Y1이 여자, 변환되어 복동 실린더 A는 전진하여 상승 운동을 하게 된다.

② 2단계 : 복동 실린더 A가 전진하여 센서 S2가 작동되면 릴레이 코일 K2가 여자된다. 따라서 릴레이 K2 a 접점에 의하여 솔레노이드 밸브의 Y3이 여자되어 복동 실린더 B는 전진 운동을 하게 된다.

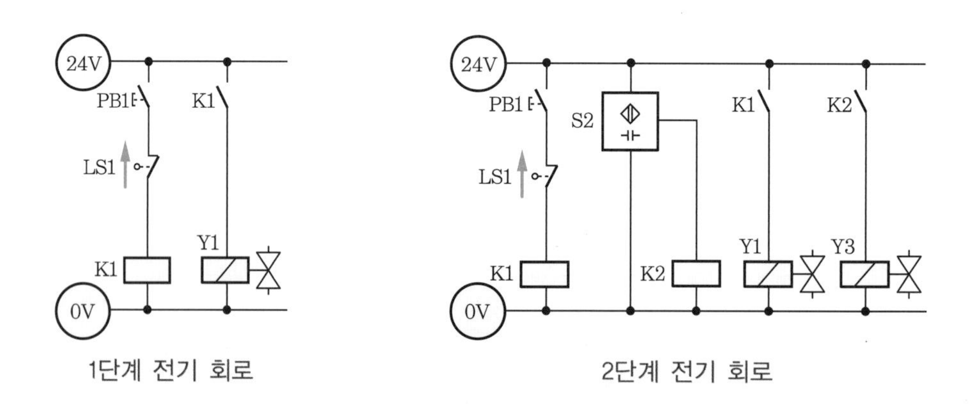

1단계 전기 회로 2단계 전기 회로

③ 3단계 : 복동 실린더 B가 전진하여 롤러 컨베이어로 상자를 밀어 내면서 최종 위치에서 리밋 스위치 LS2를 작동시키면 릴레이 코일 K3이 여자되고 따라서 릴레이 K3 a 접점에 의하여 솔레노이드 밸브의 Y2가 여자되어 복동 실린더 A는 후진하여 하강 운동을 하게 된다.

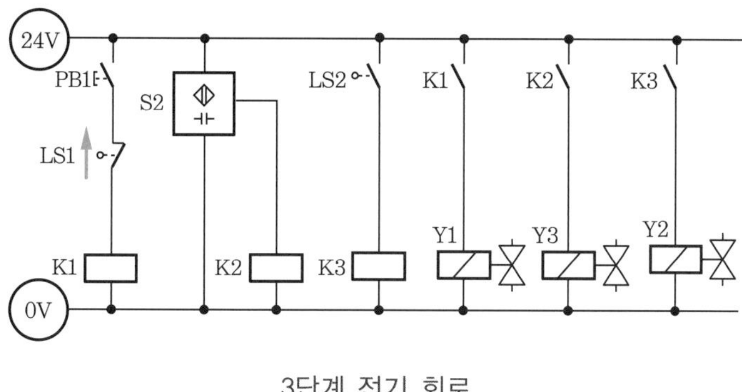

3단계 전기 회로

④ 4단계 : 복동 실린더 A가 후진하여 센서 S1을 작동시키면 릴레이 코일 K4가 여자되고 따라서 릴레이 K4 a 접점에 의하여 솔레노이드 밸브의 Y4가 여자되어 복동 실린더 B는 후진한다. 누름 버튼 스위치 PB1을 작동시키면 새로운 사이클이 시작된다.

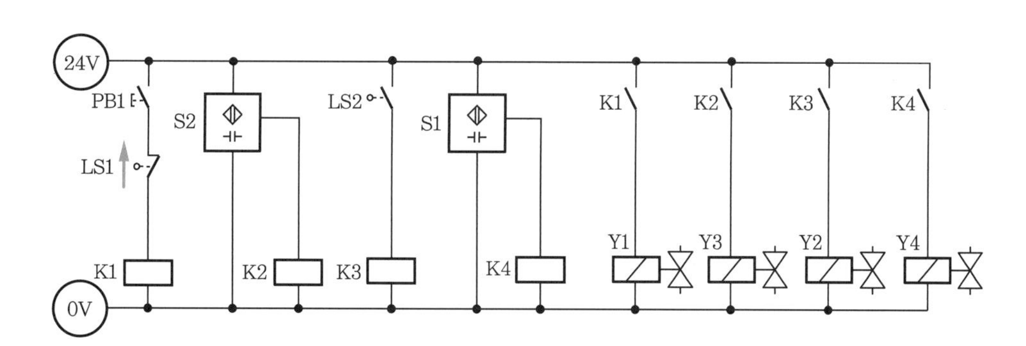

4단계 전기 회로

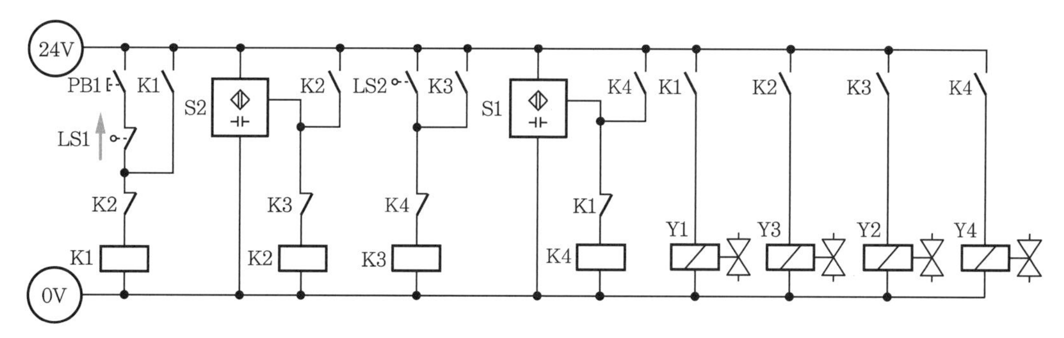

자기 유지를 이용한 완성 회로도

4-3 스테퍼(stepper) 회로 설계

1 A+, A−, B+, B− 스테퍼 회로 설계

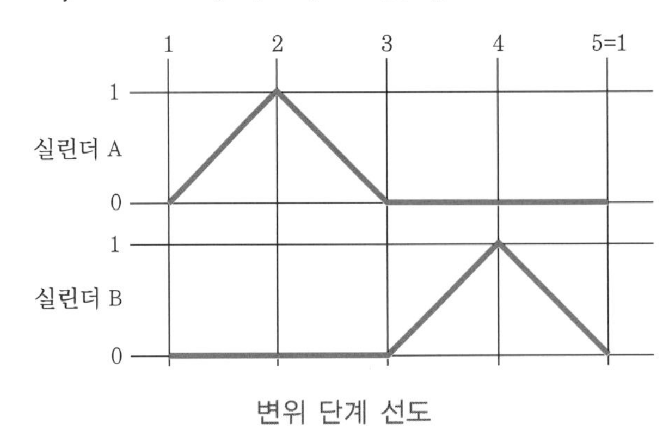

변위 단계 선도

(1) 복동 솔레노이드 밸브일 경우의 스테퍼 방식 전기 회로도

복동 솔레노이드 밸브를 사용한 스테퍼 방식은 전 단계가 작동해야만 다음 단계가 작동되도록 하는 회로 설계 방법으로 다음과 같은 특징이 있다.

- 이전 단계의 신호를 확인한 후 다음 단계가 작동한다. 즉, 오동작이 방지되어 완전한 시퀀스 작동이 이루어진다.
- 다음 단계의 릴레이가 여자되면 바로 앞 단계의 릴레이는 소자된다. 즉, 상대 동작 금지(inter lock) 회로를 구성하므로 신호 간섭 현상이 없게 된다.
- 처음 작업을 시작할 때는 리셋 스위치를 눌러서 K_{last} 릴레이 접점을 여자한 후에 시작 스위치로 작동이 가능하게 된다. 즉, 주 스위치를 단락하고 다시 통전시킨 후에도 시작 스위치로는 작동되지 않기 때문에 안전성이 크다.

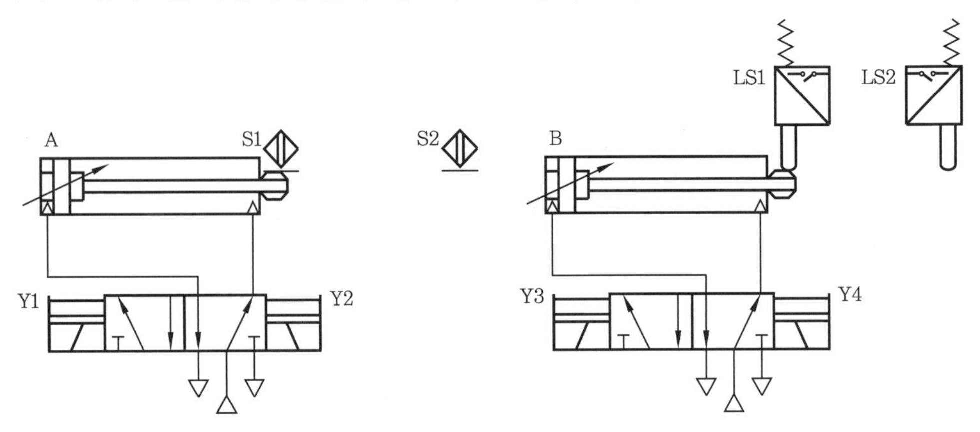

공압 회로도

① 각 단계의 릴레이가 ON되는 조건의 공식

㈎ 첫 릴레이 K_1이 ON되는 조건식

$$K_1 = [(\text{start} \cdot \text{조건}) \cdot K_{last} + K_1] \cdot \overline{K_2}$$

㈏ 첫째와 최종 릴레이를 제외한 일반 릴레이가 ON되는 조건식

$$K_n = [(\text{조건}) \cdot K_{n-1} + K_n] \cdot \overline{K_{n+1}}$$

㈐ 최종 릴레이가 ON되는 조건식

$$K_{last} = [(\text{조건}) \cdot K_{last-1} + K_{last} + \text{Reset}] \cdot \overline{K_1}$$

② 공식 적용 예

여기서 K_n은 a 접점의 릴레이 접점, $\overline{K_n}$은 b 접점의 릴레이 접점, "·"는 직렬연결, "+"는 병렬연결을 표시한다. 또 공식 중에서 (조건)은 바로 앞 단계의 도달 센서를 말하는데, 첫 릴레이가 ON되는 조건식의 (조건)은 최종 도달 센서를 말한다.

변위 단계 선도를 고려하여 A+, A−, B+, B− 시퀀스의 릴레이 제어 회로의 조건식은 다음과 같다.

$$K_1 = [(\text{PB1} \cdot \text{2S1}) \cdot K_4 + K_1] \cdot \overline{K_2}$$

$$K_2 = [(\text{1S2}) \cdot K_1 + K_2] \cdot \overline{K_3}$$

$$K_3 = [(\text{1S1}) \cdot K_2 + K_3] \cdot \overline{K_4}$$

$$K_4 = [(\text{2S2}) \cdot K_3 + K_4 + \text{Reset}] \cdot \overline{K_1}$$

이 식에서 일반 릴레이는 K_2와 K_3이고 최종 릴레이는 K_4이다.

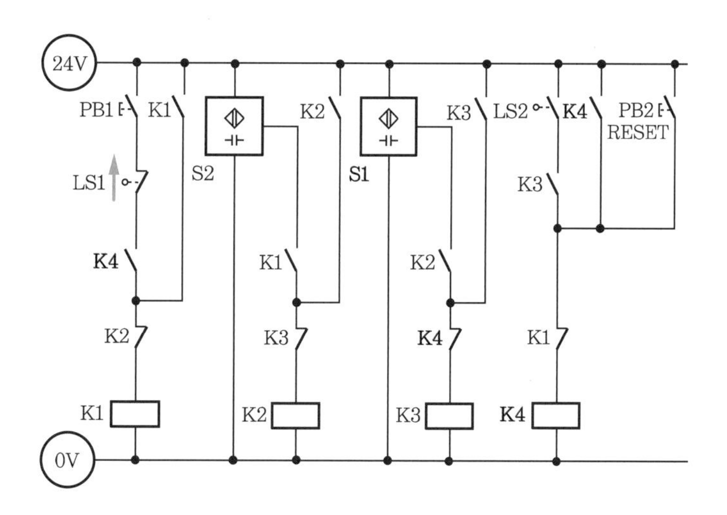

스테퍼 방식에 의한 제어 회로도

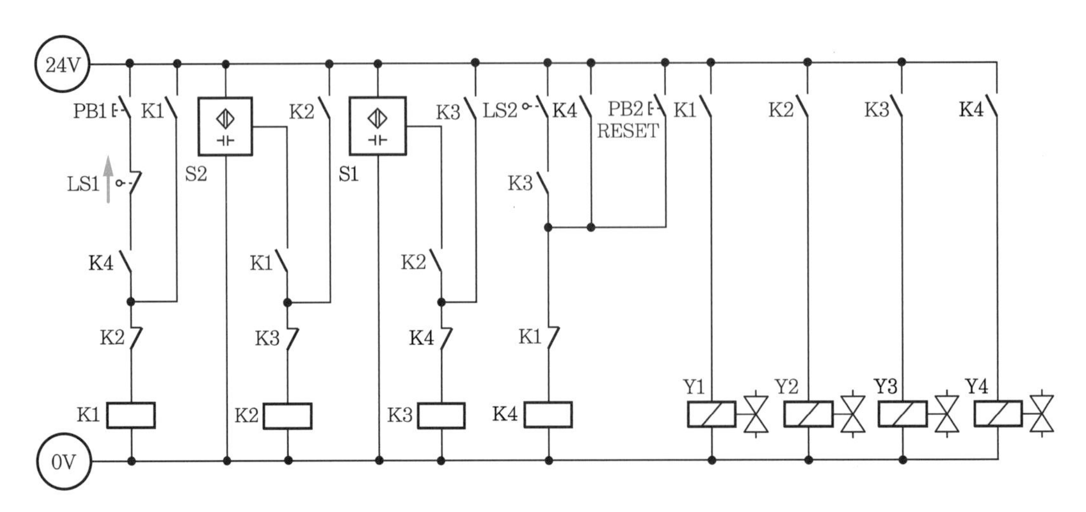

스테퍼 방식으로 완성된 릴레이 제어 회로도

(2) 단동 솔레노이드 밸브일 경우의 스테퍼 방식 전기 회로도

단동 솔레노이드 밸브를 사용하면 방향 전환이 솔레노이드와 스프링에 의해 이루어진다. 4단계의 시퀀스이지만 2개의 솔레노이드 밸브에 의해 동작되며, 솔레노이드에 신호가 없어지면 스프링에 의해 복귀되는 위치로 밸브가 설치된다. 단동 솔레노이드에 의한 회로 설계는 다음과 같은 특징이 있다.

- 모든 릴레이가 순차적으로 자기 유지 회로에 의해 여자되어 간다.
- 최종 릴레이는 자기 유지가 필요 없으며 최종 릴레이가 여자되면 모든 릴레이가 소자된다.
- 최종 릴레이 외에는 자기 유지가 꼭 필요하다.
- 리셋 스위치가 없어서 문제가 발생할 수도 있다.

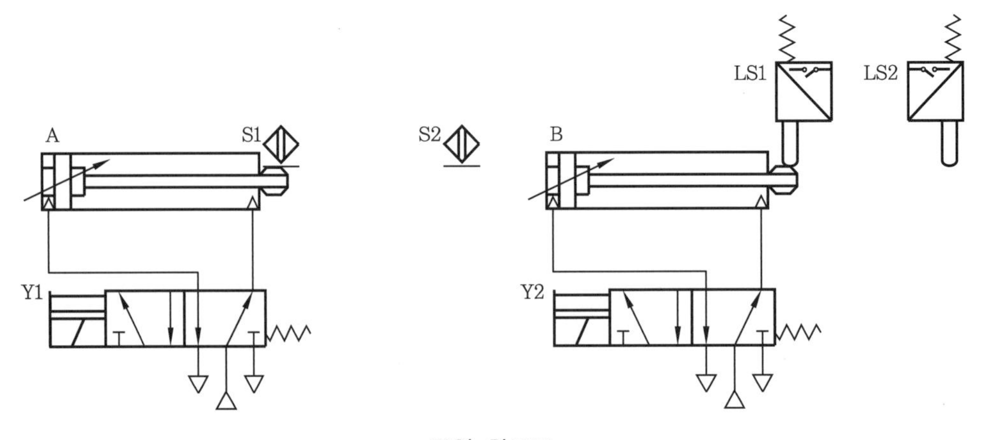

공압 회로도

① 각 단계의 릴레이가 ON되는 조건의 공식

(가) 첫 릴레이 K_1이 여자되는 조건식

$$K_1 = [(\mathrm{PB1} \cdot 조건) + K_1] \cdot \overline{K_{last}}$$

(나) 일반 릴레이가 여자되는 조건식

$$K_n = [(조건) + K_n] \cdot K_{n-1}$$

(다) 최종 릴레이가 ON되는 조건식

$$K_{last} = (조건) \cdot K_{last-1}$$

② 공식 적용 예

따라서 A+, A−, B+, B− 시퀀스의 릴레이 제어 회로의 조건식은 다음과 같다.

$K_1 = [(\mathrm{PB1} \cdot \mathrm{2S1}) + K_1] \cdot \overline{K_4}$ $K_2 = [(\mathrm{1S2}) + K_2] \cdot K_1$

$K_3 = [(\mathrm{1S1}) + K_3] \cdot K_2$ $K_4 = [(\mathrm{2S2}) \cdot K_3]$

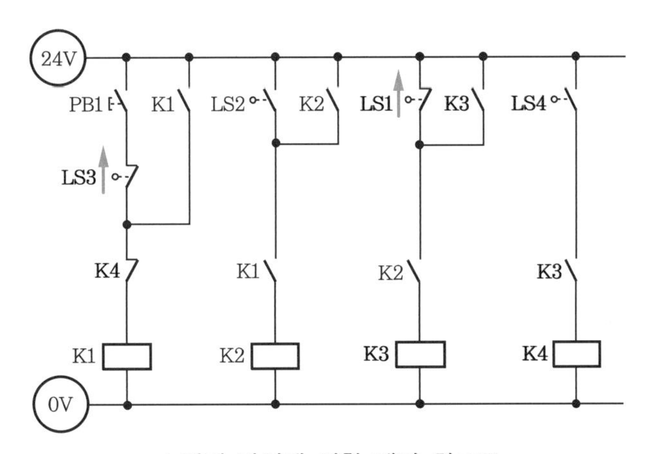

스테퍼 방식에 의한 제어 회로도

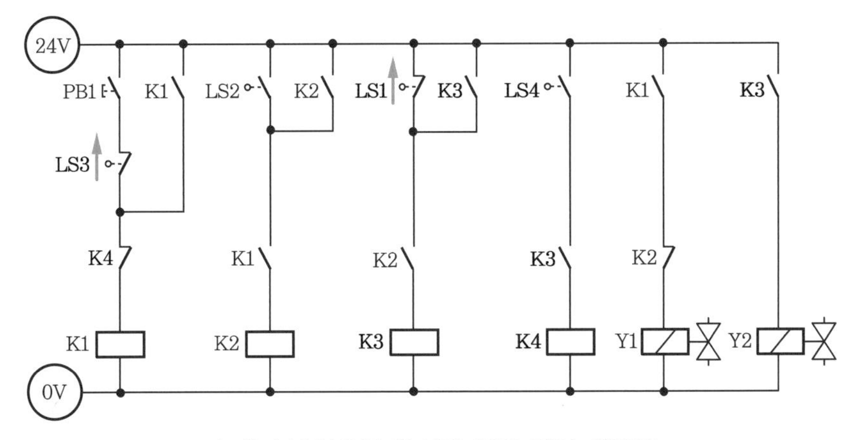

스테퍼 방식으로 완성된 전기 제어 회로도

2 A+, B+, B−, A− 스테퍼 회로 설계

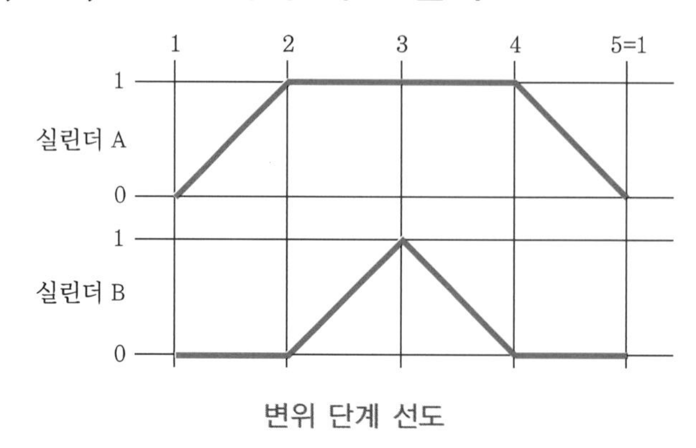

변위 단계 선도

(1) 복동 솔레노이드 밸브일 경우의 스테퍼 방식 전기 회로도

① 첫 릴레이 K_1이 여자되는 조건식 : $K_1 = [(\text{PB1} \cdot \text{조건}) + K_1] \cdot \overline{K_{last}}$

② 일반 릴레이가 여자되는 조건식 : $K_n = [(\text{조건}) + K_n] \cdot K_{n-1}$

③ 최종 릴레이가 ON되는 조건식 : $K_{last} = (\text{조건}) \cdot K_{last-1}$

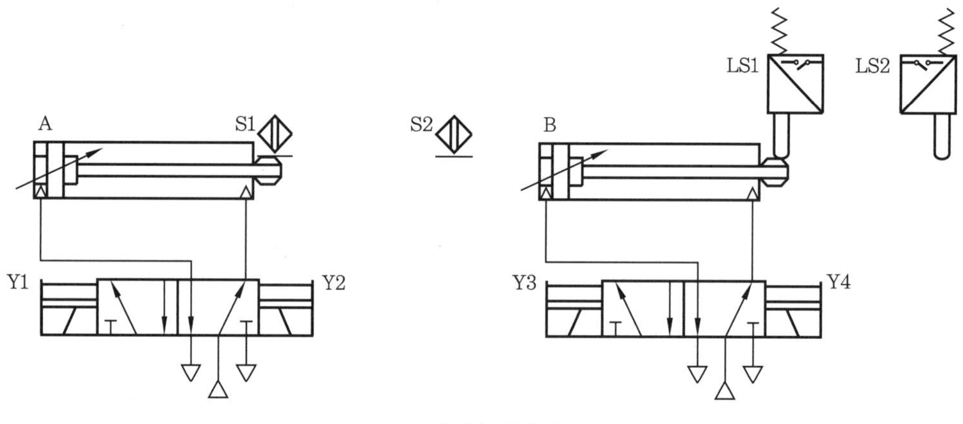

공압 회로도

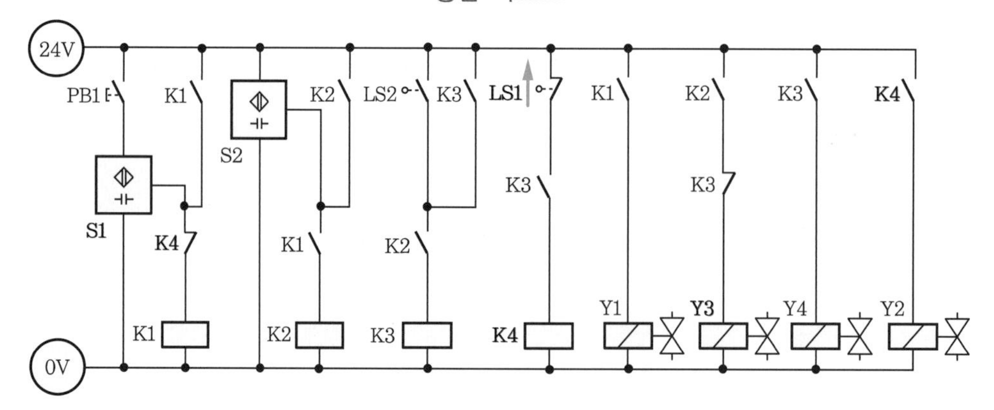

스테퍼 방식으로 완성된 전기 제어 회로도

4-4 캐스케이드 회로 설계

캐스케이드(cascade) 방식에 의한 회로 설계의 특징은 다음과 같다.

① 그룹의 수가 릴레이 수이다. 단, 그룹의 수가 2개일 경우 릴레이는 1개이다.

② 앞 그룹의 신호를 확인한 후 다음 그룹이 작동한다.

③ 다음 그룹의 릴레이가 여자되는 바로 앞 그룹의 릴레이는 소자된다. 즉, 그룹 간의 상대 동작 금지는 되나 같은 그룹 내에 여러 개의 솔레노이드가 있으면 오동작의 가능성이 존재한다.

1 A+, B+, B−, A− 캐스케이드 회로 설계

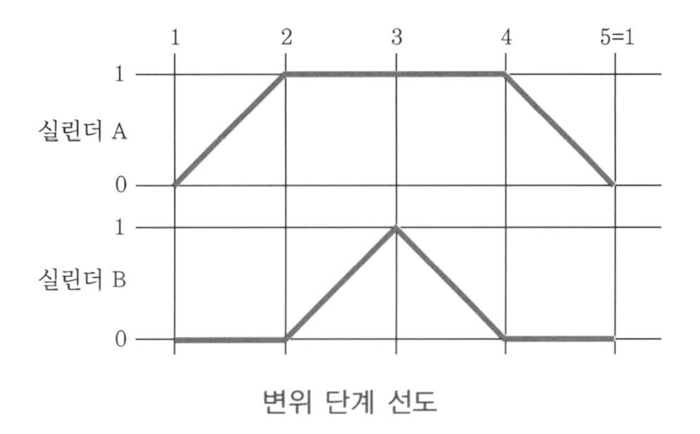

변위 단계 선도

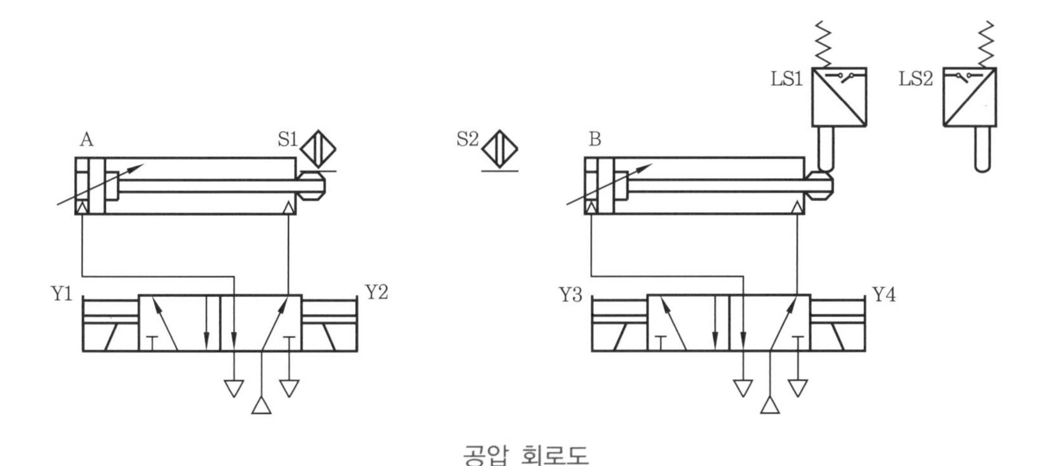

공압 회로도

① 약식 기호를 쓰고 그룹 나누기를 한다. 단, 한 그룹 내에는 같은 실린더 기호가 들어가지 않도록 한다.

② 그룹 수와 같은 수의 2차 제어선을 그린다. 이때 그룹의 수만큼 릴레이 수가 필요하다. 단, 그룹의 수가 2개일 경우 릴레이는 1개이다.

A+, B+/A−, B−
Ⅰ그룹 Ⅱ그룹

Ⅰ
Ⅱ

캐스케이드에 의한 제어 회로도(1)

③ 평행한 두 개의 모선을 긋고 좌측에 릴레이 코일 K가 여자되는 조건을 고려하여 그룹 순서로 릴레이 제어 회로를 작성한다.

④ 각 그룹의 릴레이가 여자되는 조건의 공식

(가) 첫 릴레이가 여자되는 조건식

$K_1 = [(\text{start} \cdot \text{조건}) \cdot K_{last} + K_1] \cdot \overline{K_2}$

(나) 첫째와 최종 릴레이를 제외한 일반 릴레이가 여자되는 조건식

$K_n = [(\text{조건}) \cdot K_{n-1} + K_n] \cdot \overline{K_{n+1}}$

(다) 최종 릴레이가 여자되는 조건식

$K_{last} = [(\text{조건}) \cdot K_{last-1} + K_{last} + \text{Reset}] \cdot \overline{K_1}$

이 조건식은 그룹이 3개 이상의 경우에 적용한다.

그룹이 2개일 때 1개의 릴레이 K_1이 여자되는 조건은 다음과 같다.

$K_1 = [(K_{last} \cdot \text{조건}) + K_1] \cdot (\text{조건})$

이 제어 회로는 결국 스테퍼 방식과 같은 원리이다.

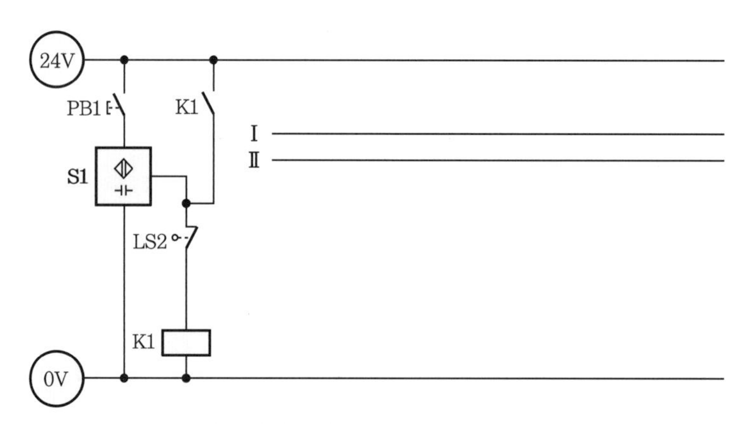

캐스케이드에 의한 제어 회로도(2)

⑤ 그룹별로 솔레노이드 밸브 작동 회로를 작성한다.

(가) 두 모선 사이에 있는 그룹 수만큼의 제어선에서 릴레이 접점 K1에 그룹 라인 I, $\overline{\mathrm{K}}$에 그룹 라인 Ⅱ의 순으로 연결한다.

(나) 솔레노이드 밸브를 제어선 밑에 단계 순으로 배치하고 같은 그룹의 솔레노이드 밸브는 같은 그룹 라인에 연결한다.

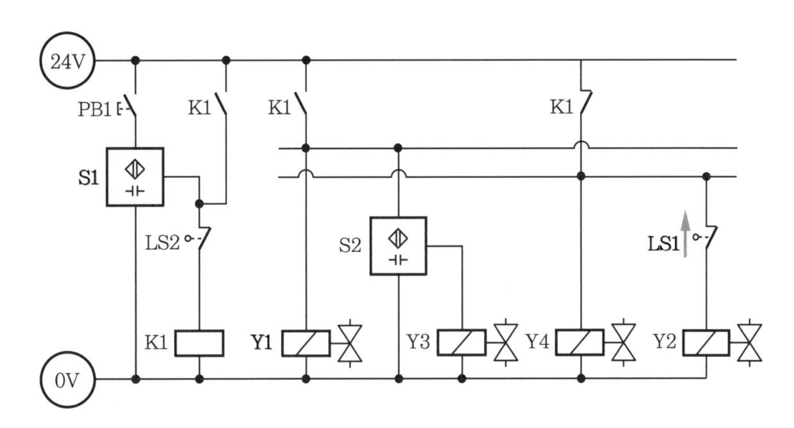

캐스케이드에 의한 제어 회로도(3)

⑥ 한 그룹 내에 여러 개의 솔레노이드가 배치될 때는 해당하는 그룹 라인에 직접 연결하고 두 번째 단계의 솔레노이드는 바로 앞 단계의 도달 센서를 직렬로 연결해 준다. 즉, 솔레노이드 밸브가 여자되는 조건을 고려하여 작동 회로를 작성한다.

⑦ 솔레노이드 밸브가 여자되는 조건식

(가) A+ : $Y_1 = K_1 \cdot \mathrm{I}$

(나) B+ : $Y_3 = K_1 \cdot \mathrm{I} \cdot 1\mathrm{S}2$

(다) B− : $Y_4 = \overline{K} \cdot \mathrm{II}$

(라) A− : $Y_2 = \overline{K} \cdot \mathrm{II} \cdot 2\mathrm{S}1$

⑧ 부가 조건이 필요하면 회로도에 첨가한다.

2 A+, A−, B+, B− 캐스케이드 회로 설계

(1) 복동 솔레노이드 밸브일 경우의 캐스케이드 방식 전기 회로도

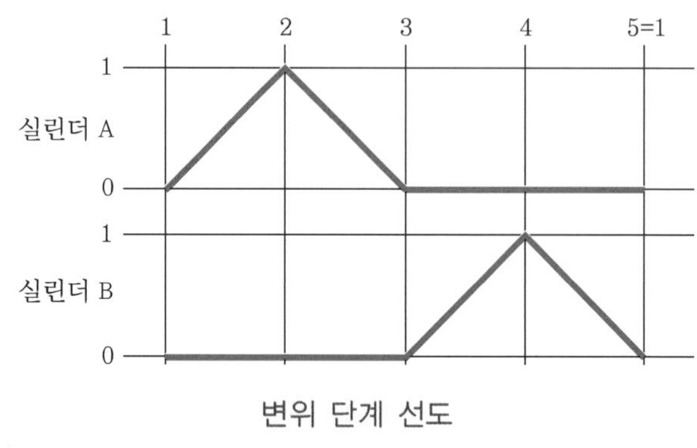

변위 단계 선도

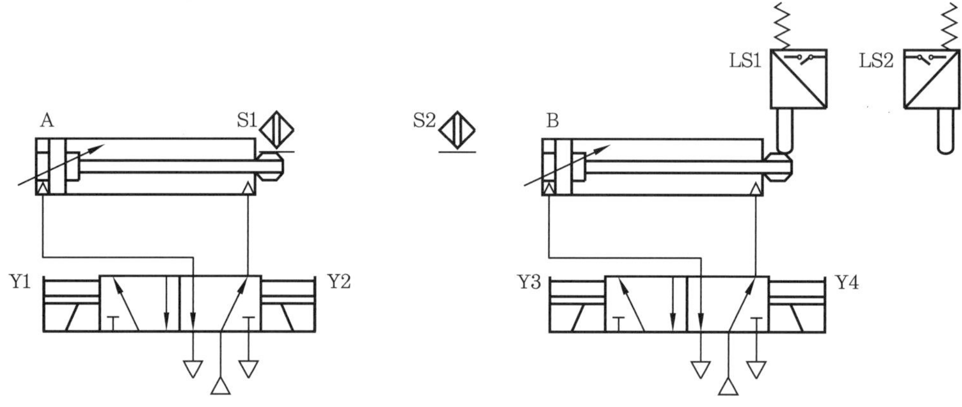

공압 회로도

① 약식 기호를 쓰고 그룹 나누기를 한다. 단, 한 그룹 내에는 같은 실린더 기호가 들어가지 않도록 한다.

② 그룹 수와 같은 수의 2차 제어선을 그린다. 이때 그룹의 수만큼 릴레이 수가 필요하다. 단, 그룹의 수가 2개일 경우 릴레이는 1개이다.

A+ / A−, B+ / B−
Ⅰ그룹 / Ⅱ그룹 / Ⅲ그룹

Ⅰ
Ⅱ
Ⅲ

캐스케이드에 의한 제어 회로도(1)

③ 평행한 두 개의 모선을 긋고 좌측에 릴레이 코일 K가 여자되는 조건을 고려하여 그룹 순서로 릴레이 제어 회로를 작성한다.

④ 각 그룹의 릴레이가 여자되는 조건의 공식

(가) 첫 릴레이가 ON되는 조건식

$K_1 = [(\text{start} \cdot \text{조건}) \cdot K_{last} + K_1] \cdot \overline{K_2}$

(나) 첫째와 최종 릴레이를 제외한 일반 릴레이가 ON되는 조건식

$K_n = [(\text{조건}) \cdot K_{n-1} + K_n] \cdot \overline{K_{n+1}}$

(다) 최종 릴레이가 ON되는 조건식

$K_{last} = [(\text{조건}) \cdot K_{last-1} + K_{last} + \text{Reset}] \cdot \overline{K_1}$

이 조건식은 그룹이 3개 이상의 경우에 적용한다.

그룹이 2개일 때 1개의 릴레이 K_1이 ON되는 조건은 다음과 같다.

$K_1 = [(K_{last} \cdot \text{조건}) + K_1] \cdot (\text{조건})$

이 제어 회로는 결국 스테퍼 방식과 같은 원리이다.

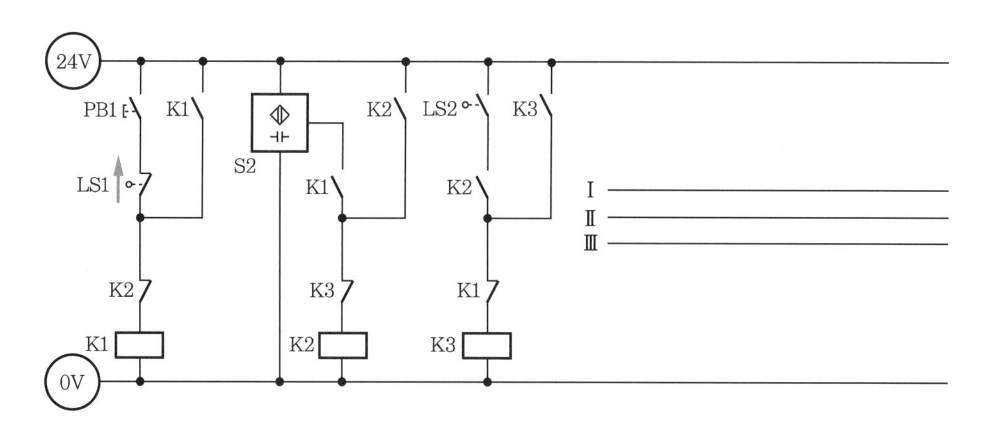

캐스케이드에 의한 제어 회로도(2)

⑤ 그룹별로 솔레노이드 밸브 작동 회로를 작성한다.

(가) 두 모선 사이에 그룹 수만큼 평행선을 긋고 릴레이 접점 K1에 그룹 라인 I, K2에 그룹 라인 Ⅱ, K3에 그룹 라인 Ⅲ의 순으로 연결한다.

(나) 솔레노이드 밸브를 아래 편에 단계 순으로 배치하고 같은 그룹의 솔레노이드 밸브는 같은 그룹 라인에 연결한다.

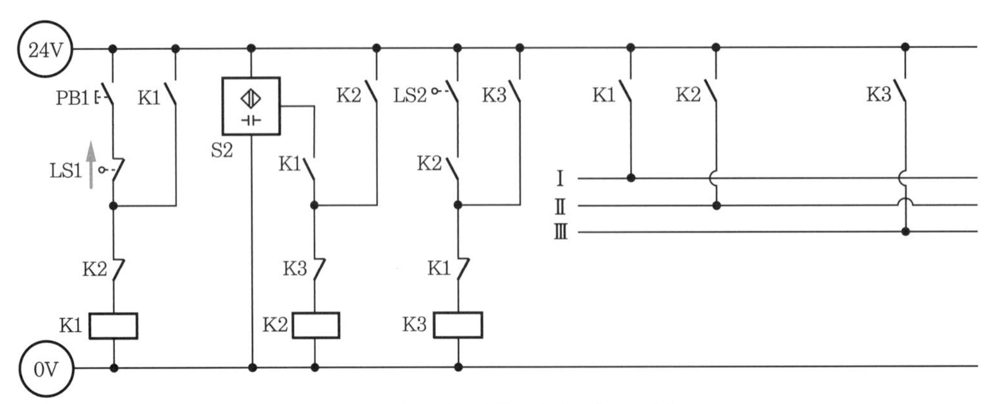

캐스케이드에 의한 제어 회로도(3)

⑥ 한 그룹 내에 여러 개의 솔레노이드가 배치될 때는 해당하는 그룹 라인에 직접 연결하고 두 번째 단계의 솔레노이드는 바로 앞 단계의 도달 센서를 직렬로 연결해 준다. 즉, 솔레노이드 밸브가 여자되는 조건을 고려하여 작동 회로를 작성한다.

⑦ 솔레노이드 밸브가 여자되는 조건식

(가) A+ : $Y_1 = K_1 \cdot \text{I}$

(나) A− : $Y_2 = K_2 \cdot \text{II}$

(다) B+ : $Y_3 = K_2 \cdot \text{II} \cdot \text{1S1}$

(라) B− : $Y_4 = K_3 \cdot \text{III}$

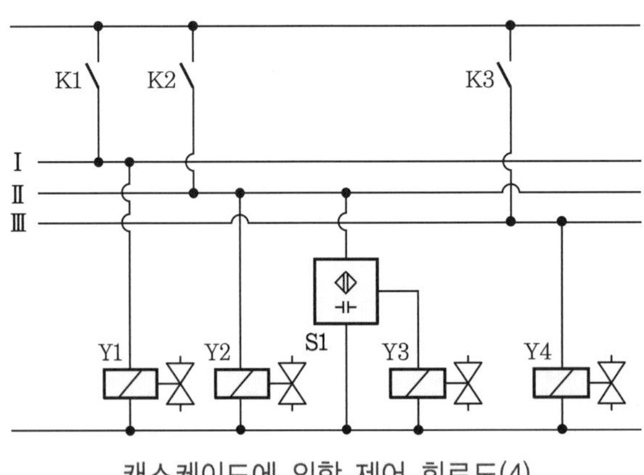

캐스케이드에 의한 제어 회로도(4)

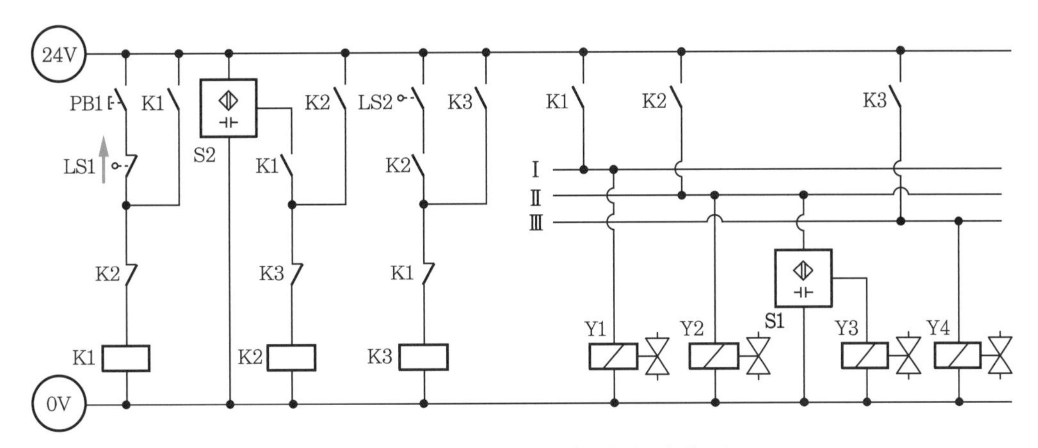

캐스케이드에 의해 완성된 전기 제어 회로도

(2) 단동 솔레노이드 밸브일 경우의 캐스케이드 방식 전기 회로도

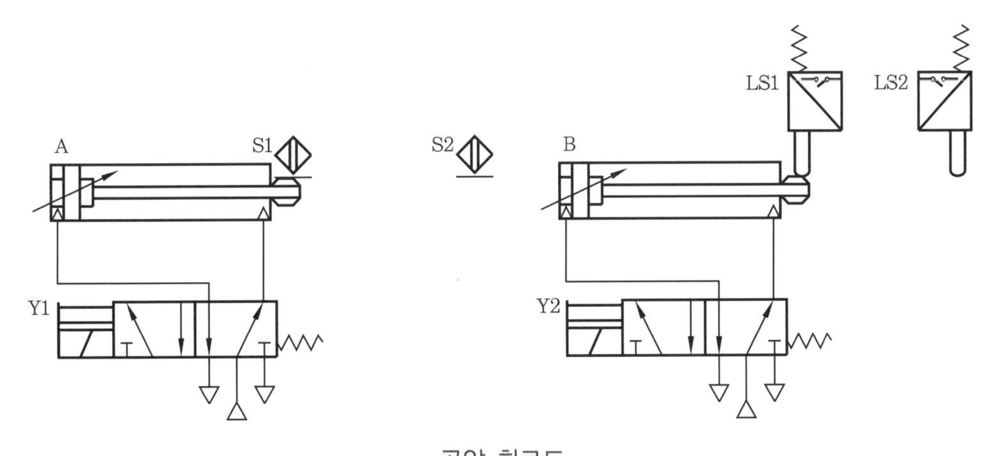

공압 회로도

① 단동 솔레노이드 밸브를 사용할 때 이용하는 조건식

(가) 첫 릴레이 K_1이 여자되는 조건식

$$K_1 = [(\text{PB1} \cdot \text{조건}) \cdot K_1] \cdot \overline{K_{last}}$$

(나) 일반 릴레이가 여자되는 조건식

$$K_n = [(\text{조건}) + K_n] \cdot K_{n-1}$$

(다) 최종 릴레이가 ON되는 조건식

$$K_{last} = (\text{조건}) \cdot K_{last-1}$$

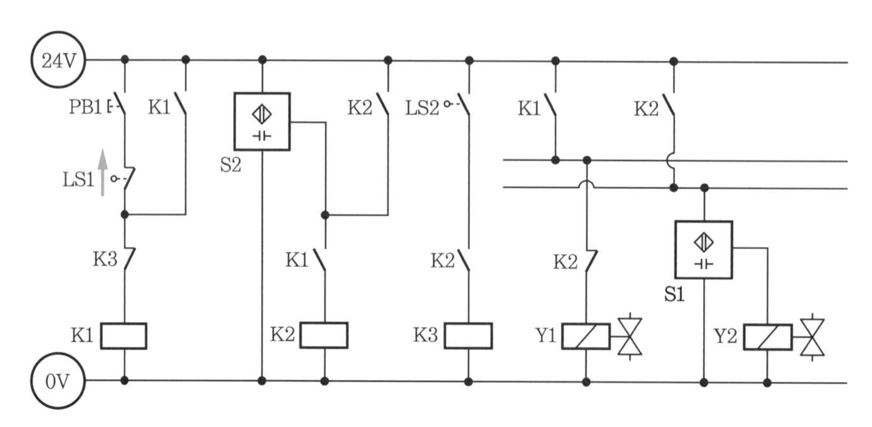

캐스케이드에 의해 완성된 전기 제어 회로도

4-5 전기 응용 회로 설계

1 타이머를 사용한 여자 지연 동작

(1) 요구사항의 예

기존 회로에 타이머를 사용하여 다음 변위 단계 선도와 같이 동작되도록 합니다.

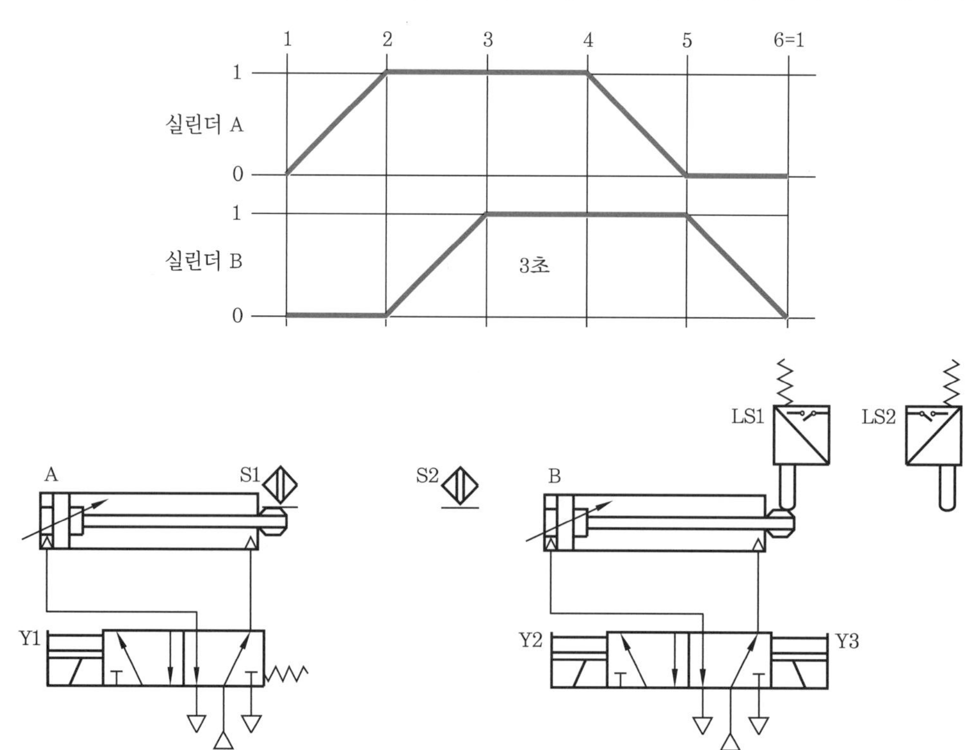

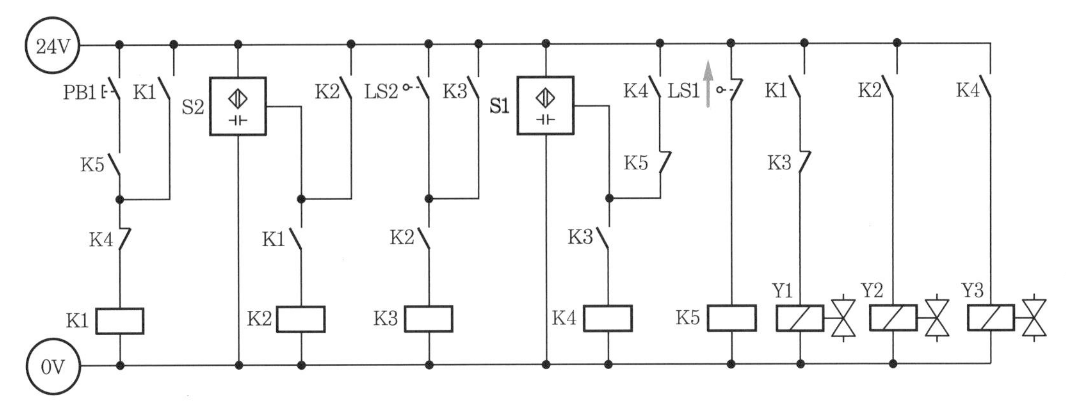

기본 동작 완성 회로도

※ 응용 작업 방법

실린더 B가 전진 완료 후 실린더 A가 후진하는 것을 지연시키는 것은 솔레노이드 밸브 Y1의 소자를 지연시키는 것이므로 실린더 B가 전진 완료 감지 신호에 의해 여자되는 릴레이 K3을 이용하고, 여자 지연 타이머를 사용하여 다음과 같이 한다.

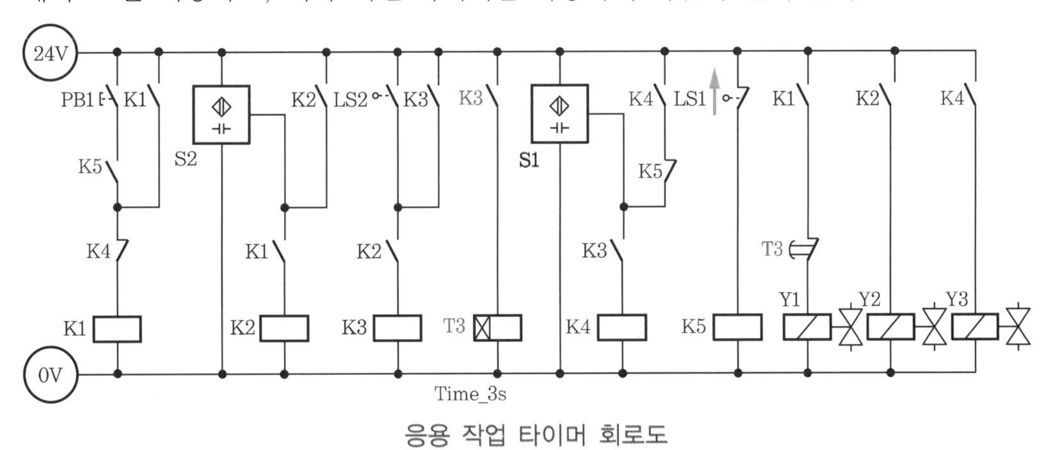

응용 작업 타이머 회로도

2 연속 작업과 카운터 및 카운터 리셋 작업

(1) 요구사항의 예 1

현재의 PB1 스위치 외에 연속 시작 스위치와 정지 스위치 그리고 기타 부품을 사용하여 연속 사이클(반복 자동 행정) 회로를 구성하여 다음과 같이 동작되도록 합니다.

① 연속 시작 스위치를 누르면 연속 사이클(반복 자동 행정)로 계속 동작합니다.

② 정지 스위치를 누르면 연속 사이클(반복 자동 행정)의 어떤 위치에서도 그 사이클이 완료된 후 정지하여야 합니다. (단, 연속, 정지 스위치는 주어진 어떤 형식의 스위치를 사용하여도 가능합니다.)

※ 응용 작업 방법 1

① 릴레이 코일 K6를 자기 유지시키고 접점 K6를 사용, 단속 운전 스위치인 PB1 스위치 아래에 병렬로 연결하여 전원을 계속 공급하면 연속 운전이 된다.

② 연속 운전 정지는 스위치 PB3의 b 접점에 의해 자기 유지를 OFF시키면 연속 운전이 정지된다.

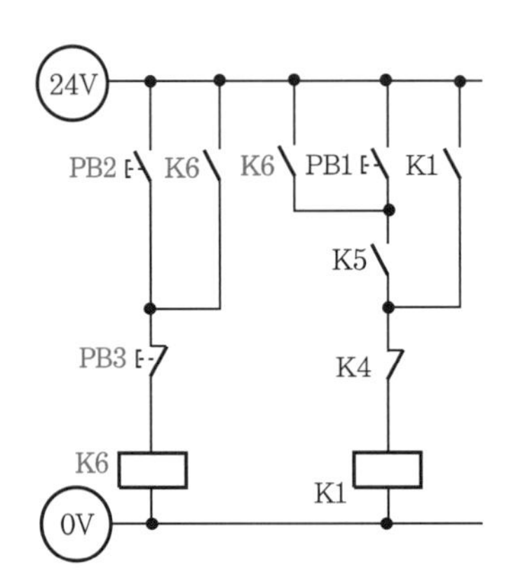

(2) 요구사항의 예 2

기본 제어 동작이 5회 연속으로 이루어진 후 정지하도록 카운터를 제어합니다. 5회 연속 사이클 완료한 후 리셋 스위치(PB2)를 ON-OFF하여야 재작업이 이루어지도록 합니다.

※ 응용 작업 방법 2

① 응용 작업 방법 1에서의 연속 작업과 동일한 방법으로 회로를 변경한다.

② 카운터 릴레이의 입력 신호를 LS1으로 하면 시작 전에 입력 신호가 있게 되므로 S2를 입력 신호로 하는 접점 K4 a로 카운터 릴레이의 입력 신호를 보내게 한다.

③ 단속 운전할 때 연속 운전 횟수가 되지 않도록 연속 작업 릴레이 접점 K6 a와 K4 a를 AND 회로로 구성한다.

④ 카운터 릴레이의 C 접점으로 자기 유지를 해제시킨다.

⑤ 자동 복귀형 PB3 스위치를 사용하여 카운터 리셋이 되도록 한다.

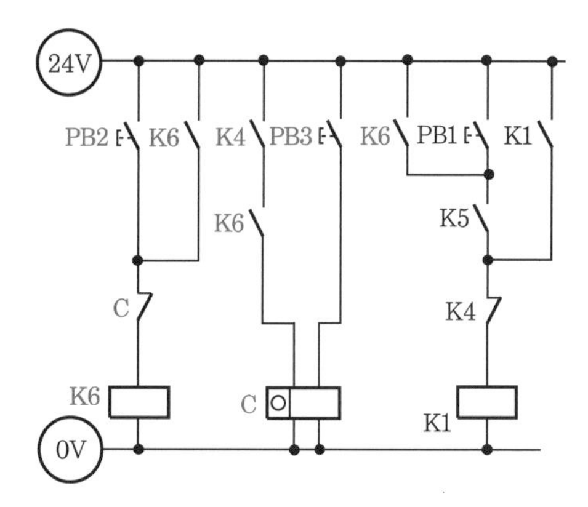

(3) 요구사항의 예 3

초기 상태에서 PB1 스위치를 ON-OFF하면 기본 제어 동작의 사이클을 연속으로 반복하여 작업할 수 있어야 하며, 사이클의 정지는 사이클을 3회 반복한 후 정지하여야 합니다. 시작 스위치(PB1)를 다시 ON-OFF하면 스위치를 누르는 것만으로 같은 작업이 반복되어야 합니다. (단, 작업 중에는 이를 표시하는 램프가 점등될 수 있어야 합니다.)

※ 응용 작업 방법 3

① 위의 연속 작업 및 카운터 작업과 동일한 방법으로 회로를 변경한다.

② 카운터의 리셋은 카운터가 1C인 경우 릴레이를 1개 더 사용해야 하며, 2C 이상인 경우에는 별도의 릴레이를 사용하지 않고 회로를 구성할 수 있다.

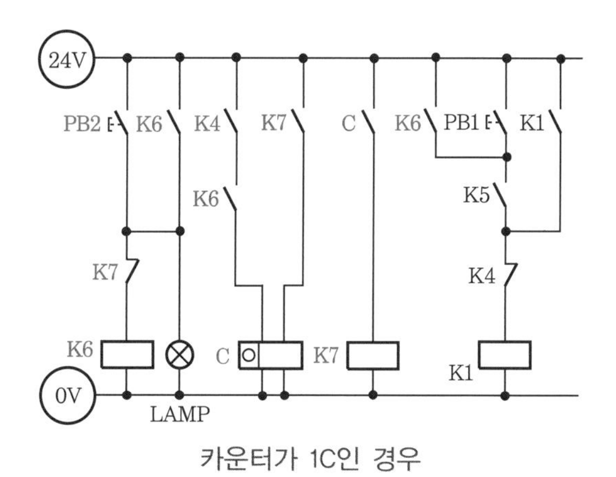

카운터가 1C인 경우

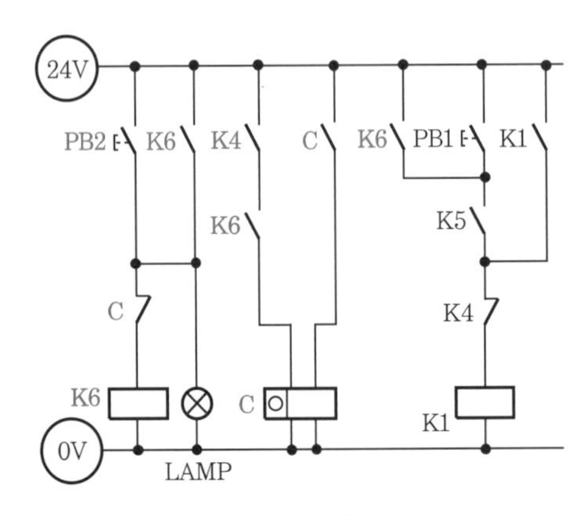

카운터가 2C 이상인 경우

3 비상 정지 작업

(1) 요구사항의 예

① 연속 스위치를 추가하여 다음과 같이 동작하도록 합니다.

㈎ 연속 스위치를 선택하면 기본 제어 동작이 연속 행정으로 되어야 합니다.

② 비상 스위치와 램프를 추가하여 다음과 같이 동작하도록 합니다.

㈎ 연속 작업에서 비상 스위치가 동작되면 모든 실린더는 후진하며 램프가 점등되어야 합니다.

㈏ 비상 스위치를 해제하면 램프가 소등되고 시스템은 초기화되어야 합니다.

※ 응용 작업 방법

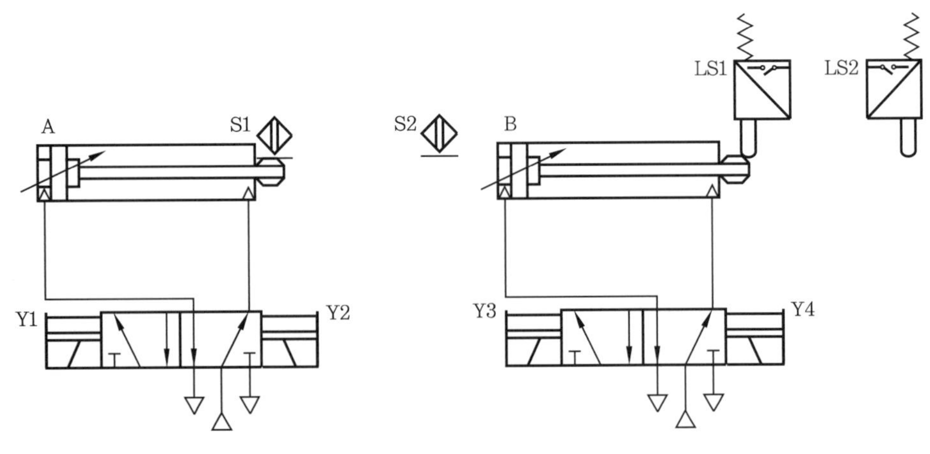

공압 회로도

① 연속 작업은 앞과 같은 방법으로 회로를 구성한다.

② 비상 정지만 동작하는 경우는 다음과 같다.

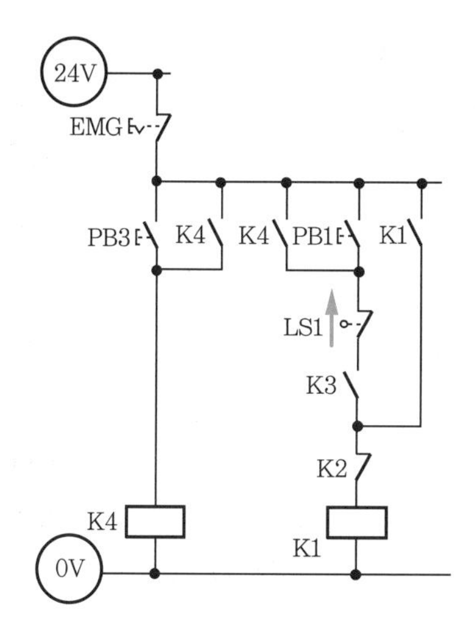

③ 연속 작업에서 비상 정지 시 모든 실린더가 후진하려면 솔레노이드 밸브 Y2와 Y4가 여자되어야 하므로 비상 스위치에 의해 제어되는 릴레이 b 접점을 각각 사용하여야 한다.

④ 전기의 흐름은 방향성이 없어 전선만 있으면 통전되므로 a 접점을 사용하여 다른 기기에 통전이 되는 것을 방지하도록 한다.

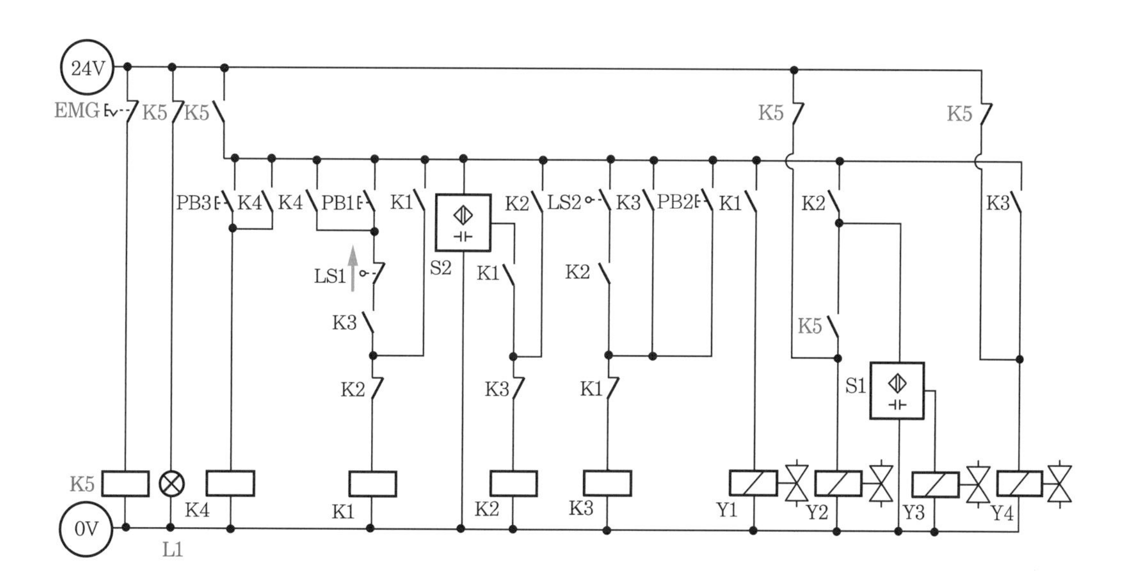

⑤ 이때 릴레이 접점 수가 4개를 초과하면 다음과 같이 릴레이 확장을 한다.

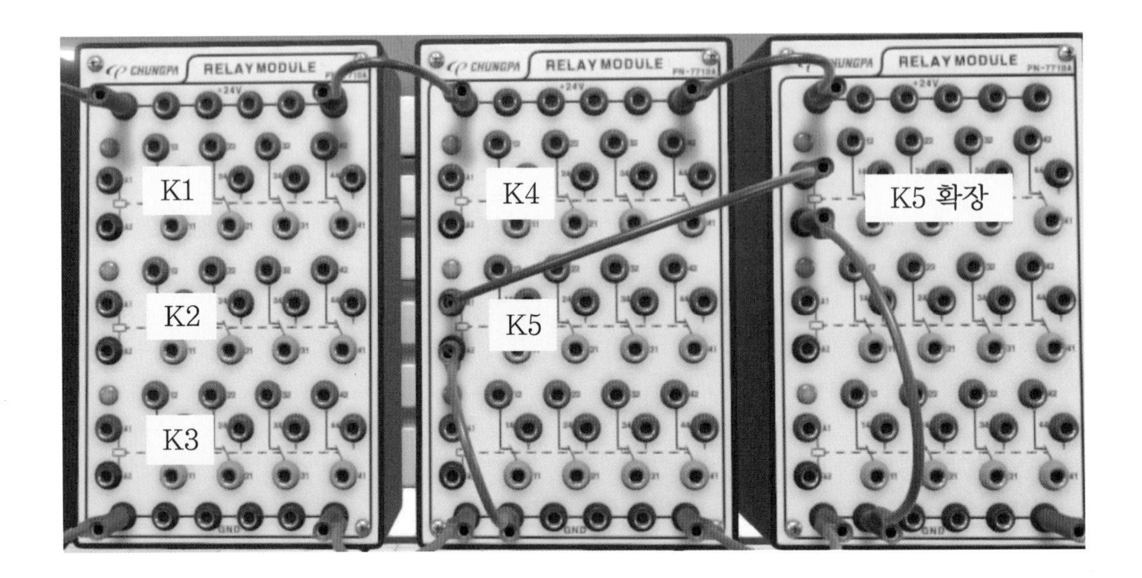

설비보전기사 실기

PART 2 전기 공기압 회로 설계 및 구성 작업

- 국가기술자격 실기시험문제 ①~⑭

국가기술자격 실기시험문제 ①

자격종목	설비보전기사	과제명	전기 공기압 회로 설계 및 구성 작업

※ 문제지는 시험 종료 후 본인이 가져갈 수 있습니다.

비번호		시험일시		시험장명	

※ 시험시간 : [제1과제] 1시간

1 요구사항

- 지급된 재료 및 시설을 사용하여 아래 작업을 완성하시오.
- 작품을 제출한 후에는 재작업을 할 수 없음을 유의하여 작업하시오.

(1) 공기압기기 배치

① 공기압 회로도와 같이 공기압기기를 선정하여 고정판에 배치하시오. (단, 공기압기기는 수평 또는 수직 방향으로 수험자가 임의로 배치하고, 리밋 스위치는 방향성을 고려하여 설치하시오.)

② 공기압호스를 적절한 길이로 절단 및 사용하여 기기를 연결하시오. (단, 공기압호스가 시스템 동작에 영향을 주지 않도록 정리하시오.)

③ 작업압력(서비스 유닛)을 0.5±0.05 MPa로 설정하시오.

④ 실린더 A 동작은 유도형 센서나 용량형 센서를 사용하고, 실린더 B 동작은 전기 리밋 스위치를 사용하여 구성하시오.

⑤ 작업이 완료된 상태에서 압축공기를 공급했을 때 공기 누설이 발생하지 않도록 하시오.

(2) 공기압 회로 설계 및 구성

① 주어진 전기 회로도 중 오류 부분은 수험자가 정정하여 기본 제어 동작을 만족하도록 시스템을 구성하시오. (단, 릴레이의 개수가 증가되거나 감소되지 않도록 작업하시오.)

② 응용 제어 동작을 만족하도록 시스템을 변경하시오.
③ 전기 배선은 전원의 극성에 따라 +24 V는 적색, -0 V는 청색(또는 흑색)의 리드선을 구별하여 사용하시오.
④ 작업이 완료된 상태에서 전원을 투입했을 때 쇼트가 발생하지 않도록 하시오.
⑤ 지정되지 않은 누름 버튼 스위치는 자동복귀형 스위치를 사용하시오. (단, 비상정지 스위치 등 해제 동작이 필요한 스위치는 유지형 스위치를 사용할 수 있습니다.)
⑥ 모든 동작은 전원을 유지한 상태에서 재동작이 가능하도록 회로를 구성하시오.

2 수험자 유의사항

※ 다음의 유의사항을 고려하여 요구사항을 완성하시오.
① 시험 시작 전 장비 이상 유무를 확인합니다.
② 시험 중 반드시 시험감독위원의 지시에 따라야 하며, 시험시간 동안 시험감독위원의 지시가 없는 한 시험장을 임의로 이탈할 수 없습니다.
③ 시험에 필요한 기기 이외의 부품이나 장비에 임의로 접촉하지 않도록 주의하시기 바랍니다.
④ 공기압 호스의 제거는 공급압력을 차단한 후 실시하시기 바랍니다.
⑤ 전기 연결의 합선 시 즉시 전원공급 장치의 전원을 차단하시기 바랍니다.
⑥ 액추에이터의 작동 부분에는 전선 및 호스가 접촉되지 않도록 주의하여야 합니다.
⑦ 수험자는 작업이 완료되면 시험감독위원의 확인을 받아야 하고, 시험감독위원의 지시에 따라 동작시킬 수 있어야 합니다. (단, 평가 시 전원이 유지된 상태에서 2회 이상 동작 시도하여 동일하게 정상 동작이 되어야 하며, 1회만 동작하고 2회 이상 시도 시 정상적으로 동작하지 않으면 인정하지 않습니다.)
⑧ 기본 제어 동작을 완성하고 반드시 시험감독위원의 평가를 받은 후 응용 제어 동작을 수행하여야 합니다.
⑨ 평가 종료 후 작업한 자리의 부품을 정리하여 모든 상태를 초기 상태로 정리하시기 바랍니다.
⑩ 다음 사항은 실격에 해당하여 채점 대상에서 제외됩니다.
　㈎ 수험자 본인이 수험 도중 시험에 대한 기권 의사를 표현하는 경우
　㈏ 실기시험 과정 중 1개 과정이라도 불참한 경우

㈐ 시설 · 장비의 조작 또는 재료의 취급이 미숙하여 위해를 일으킬 것으로 시험감독위원 전원이 합의하여 판단한 경우
㈑ 시험감독위원의 지시에 불응한 경우
㈒ 기본 제어 동작을 시험감독위원에게 확인받지 않고 다음 작업을 진행한 경우
㈓ 설비보전기사 실기 과제 중 한 과제라도 응시하지 않은 경우
㈔ 설비보전기사 실기 과제 "전기 공기압 회로 설계 및 구성 작업, 전기 유압 회로 설계 및 구성 작업" 중 하나라도 0점인 과제가 있는 경우
㈕ 작업을 수험자가 직접 하지 않고 다른 사람으로부터 도움을 받아 작업을 할 경우
㈖ 시험 중 타인과 대화를 하거나 다른 수험자의 작품을 고의적으로 모방하는 경우
㈗ 시험 중 휴대폰을 사용하거나 인터넷 및 네트워크 환경을 이용할 경우
㈘ 시험 중 시험감독위원의 지시 없이 시험장을 이탈한 경우
㈙ 시험장 물품을 시험감독위원의 허락 없이 반출한 경우
㈚ 본인의 지참공구 외에 타인의 공구를 빌려서 사용한 경우
㈛ 지급된 재료 이외의 재료를 사용한 경우
(거) 시험시간 내에 작품을 제출하지 못한 경우
(너) 기본 제어 동작을 공기압 회로도와 기능이 상이한 기기로 구성하거나 기기를 누락하여 구성한 경우
(더) 기본 제어 동작이 문제와 일치하지 않는 작품

3 도면

(1) 공기압 회로도

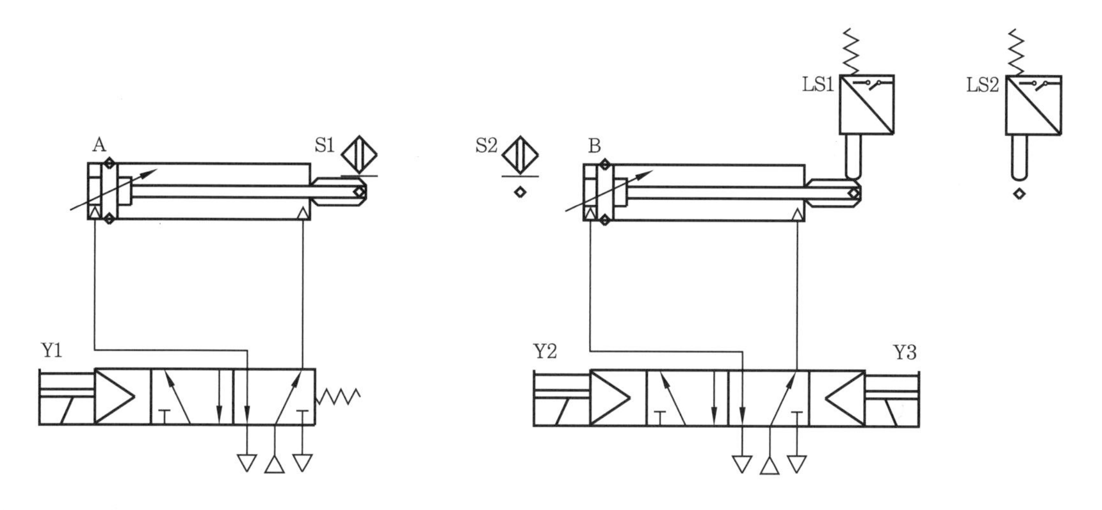

(2) 전기 회로도

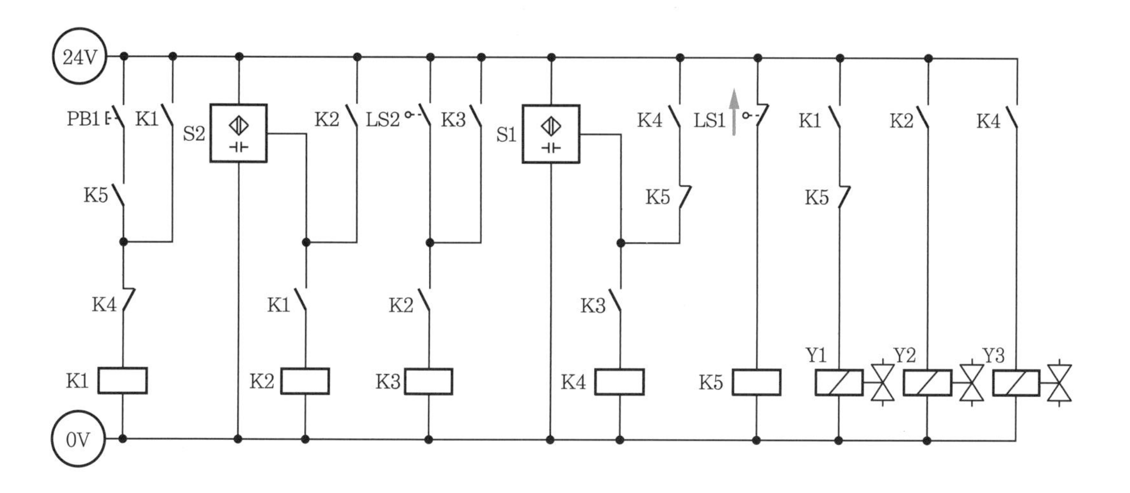

(3) 기본 제어 동작

① 초기 상태에서 PB1 스위치를 ON-OFF하면 다음 변위 단계 선도와 같이 동작합니다.

② 변위 단계 선도

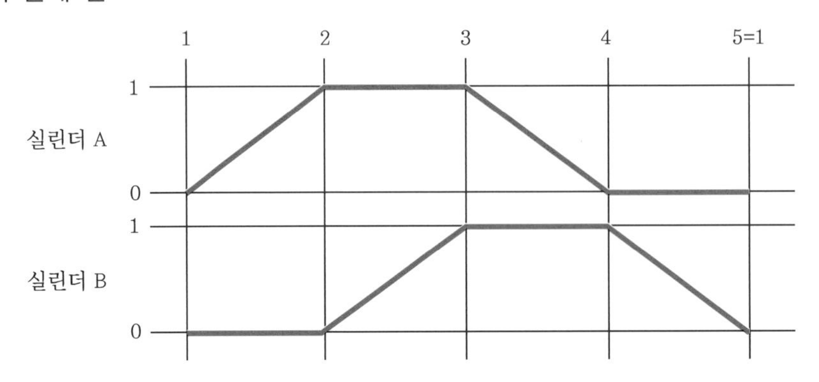

(4) 응용 제어 동작

※ 기본 제어 동작을 다음 조건과 같이 변경하시오.

① 기존 회로에 타이머를 사용하여 다음 변위 단계 선도와 같이 동작되도록 합니다.

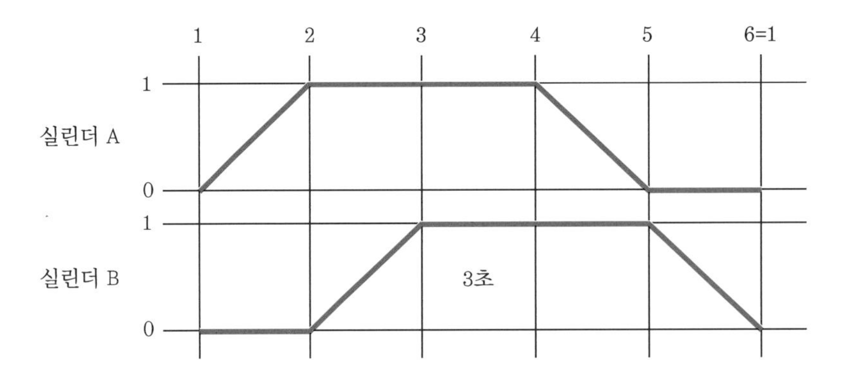

② 현재의 PB1 스위치 외에 연속 시작 스위치와 정지 스위치 그리고 기타 부품을 사용하여 연속 사이클(반복 자동행정) 회로를 구성하여 다음과 같이 동작되도록 합니다.

㈎ 연속 시작 스위치를 누르면 연속 사이클(반복 자동행정)로 계속 동작합니다.

㈏ 정지 스위치를 누르면 연속 사이클(반복 자동행정)의 어떤 위치에서도 그 사이클이 완료된 후 정지하여야 합니다. (단, 연속, 정지 스위치는 주어진 어떤 형식의 스위치를 사용하여도 가능합니다.)

③ 실린더 A의 전진 속도는 5초가 되도록 배기 공기 교축(meter-out) 회로를 구성하여 조정하고 실린더 B의 전진 속도를 가능한 빠르게 하기 위하여 급속 배기 밸브를 사용합니다.

(1) 기본 회로도 수정 : 12열 K5-b를 K3-b로 수정

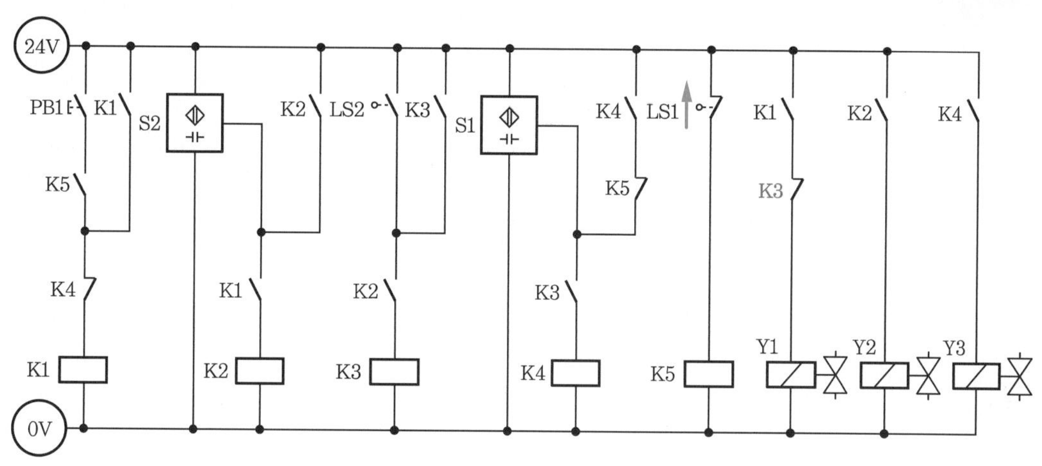

(2) 응용 회로도

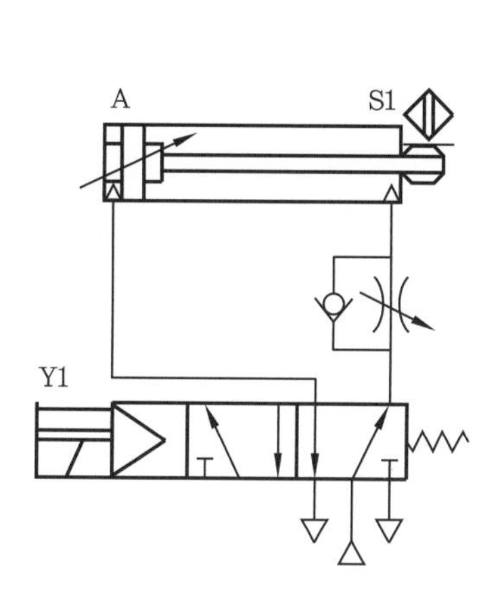

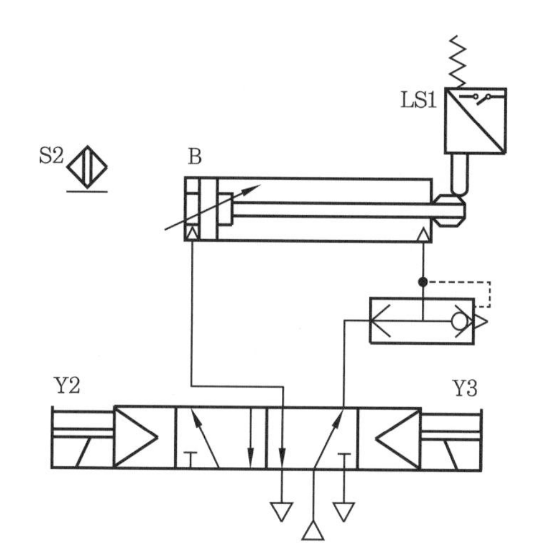

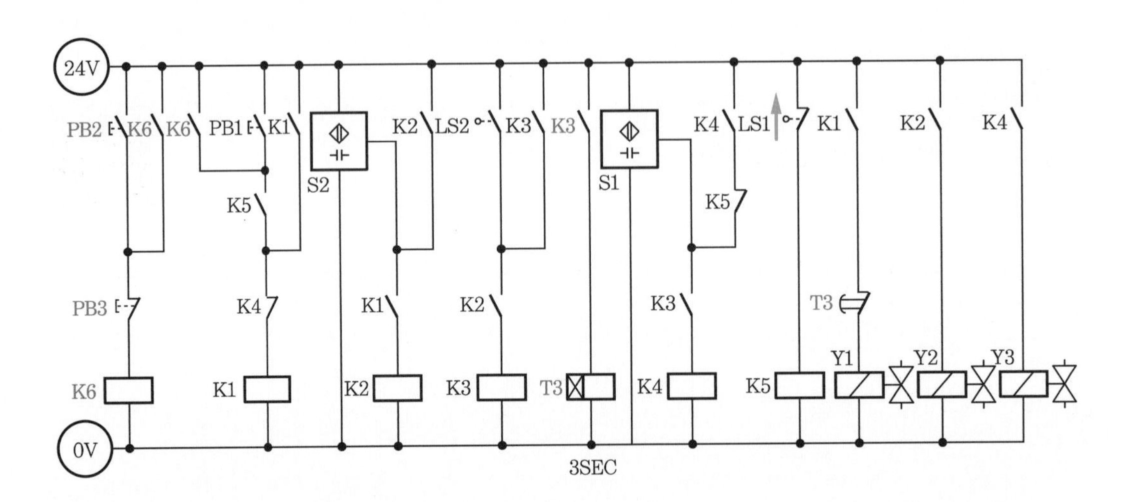

작업 시 유의사항

① 리밋 스위치 LS1은 a 접점이다.

② 응용 작업 중 접점 이동, 해체, 삽입 시 리드선이 빠지지 않도록 유의한다.

③ 응용 작업 중 한방향 유량 제어 밸브와 급속 배기 밸브의 위치와 방향에 유의한다.

국가기술자격 실기시험문제 ②

자격종목	설비보전기사	과제명	전기 공기압 회로 설계 및 구성 작업

3 도면

(1) 공기압 회로도

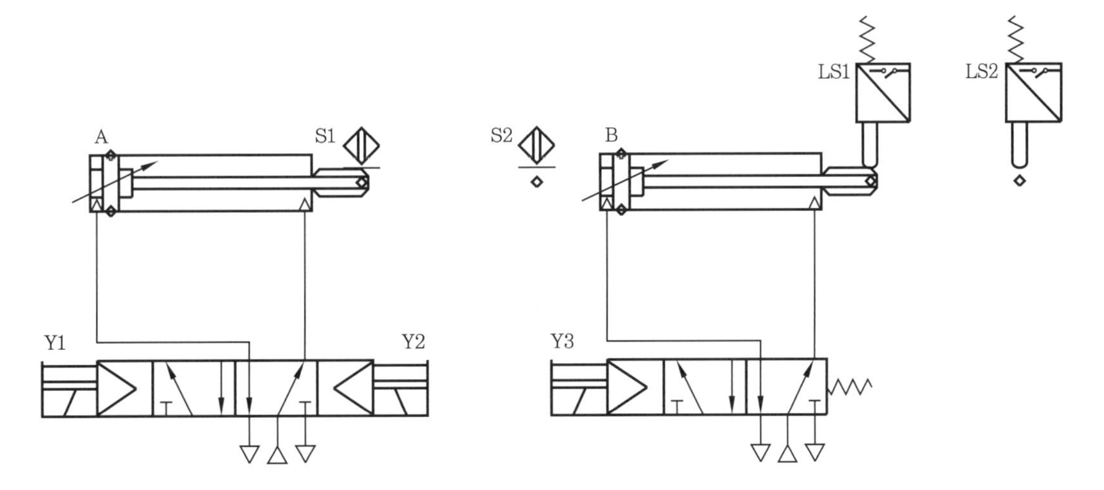

(2) 전기 회로도

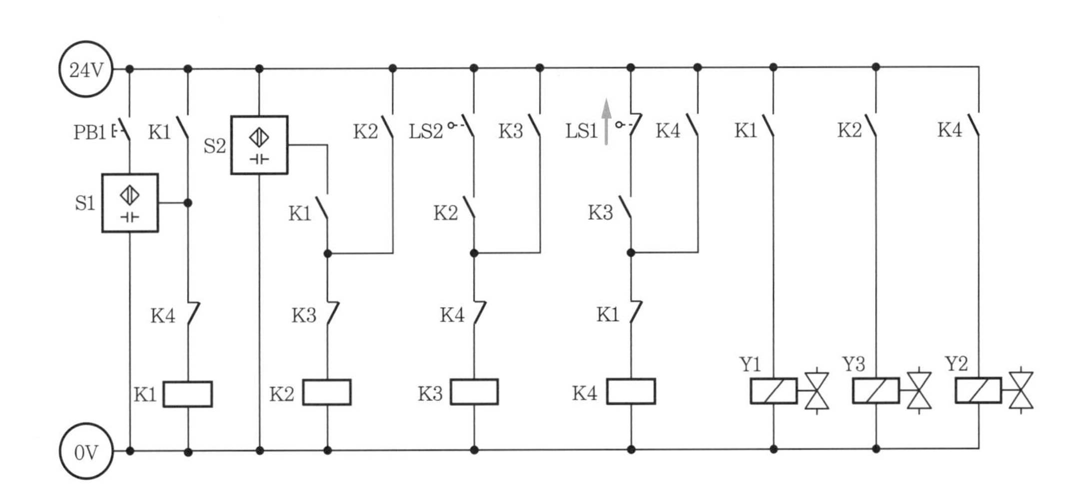

(3) 기본 제어 동작

① 초기 상태에서 PB1 스위치를 ON-OFF하면 다음 변위 단계 선도와 같이 동작합니다.

② 변위 단계 선도

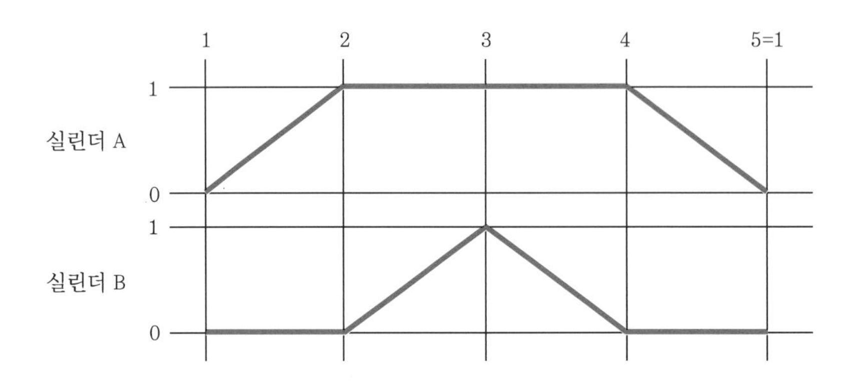

(4) 응용 제어 동작

※ 기본 제어 동작을 다음 조건과 같이 변경하시오.

① 기존 회로에 타이머를 사용하여 다음 변위 단계 선도와 같이 동작되도록 합니다.

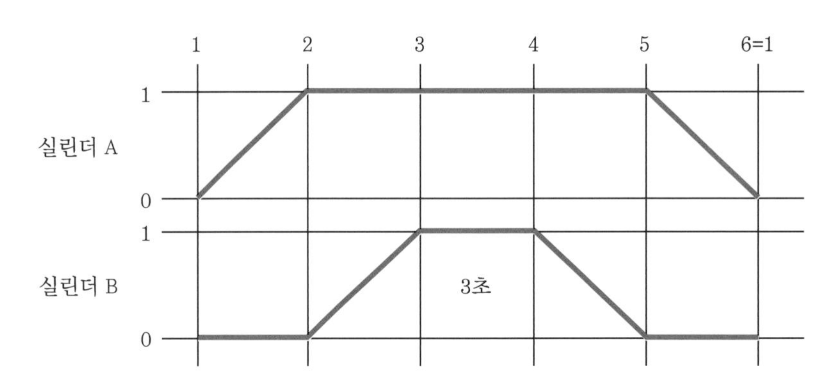

② 실린더 A의 전진운동 속도와 실린더 B의 전진운동 속도를 모두 배기 교축(meter-out)방법으로 조절할 수 있어야 합니다. 이때 실린더 A의 후진운동 속도는 급속 배기 밸브를 설치하여 가능한 빠른 속도로 작동하여야 합니다.

③ 초기 상태에서 PB1 스위치를 ON-OFF하면 기본 제어 동작의 사이클을 연속으로 반복하여 작업할 수 있어야 하며, 사이클의 정지는 사이클을 3회 반복한 후 정지하여야 합니다. 시작 스위치(PB1)를 다시 ON-OFF하면 스위치를 누르는 것만으로 같은 작업이 반복되어야 합니다. (단, 작업 중에는 이를 표시하는 램프가 점등될 수 있어야 합니다.)

(1) 기본 회로도 수정 : 2열 K4-b를 K2-b로 수정

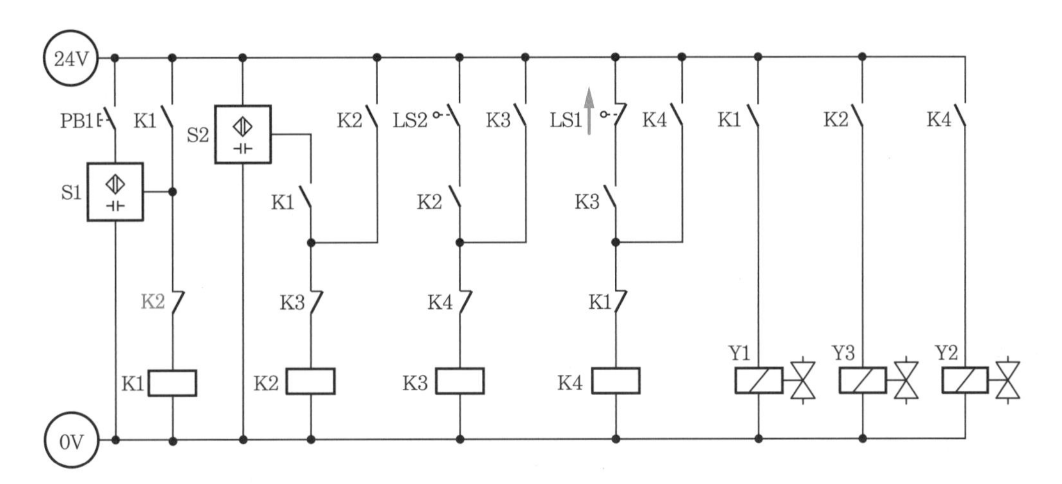

(2) 응용 회로도

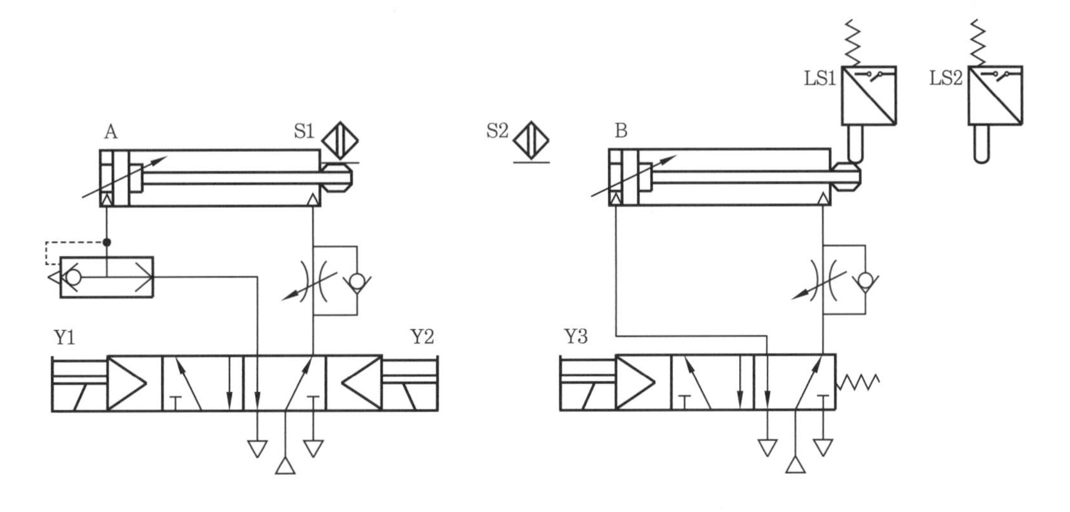

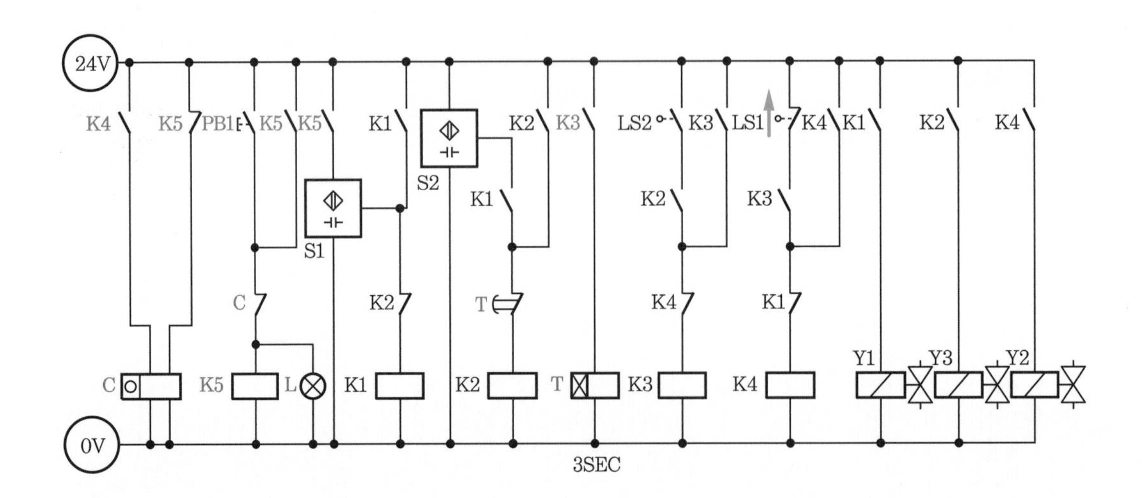

작업 시 유의사항

① 리밋 스위치 LS1은 a 접점이다.
② 응용 작업 중 접점 이동, 해체, 삽입 시 리드선이 빠지지 않도록 유의한다.
③ 응용 작업 중 한방향 유량 제어 밸브와 급속 배기 밸브의 위치와 방향에 유의한다.

국가기술자격 실기시험문제 ③

자격종목	설비보전기사	과제명	전기 공기압 회로 설계 및 구성 작업

3 도면

(1) 공기압 회로도

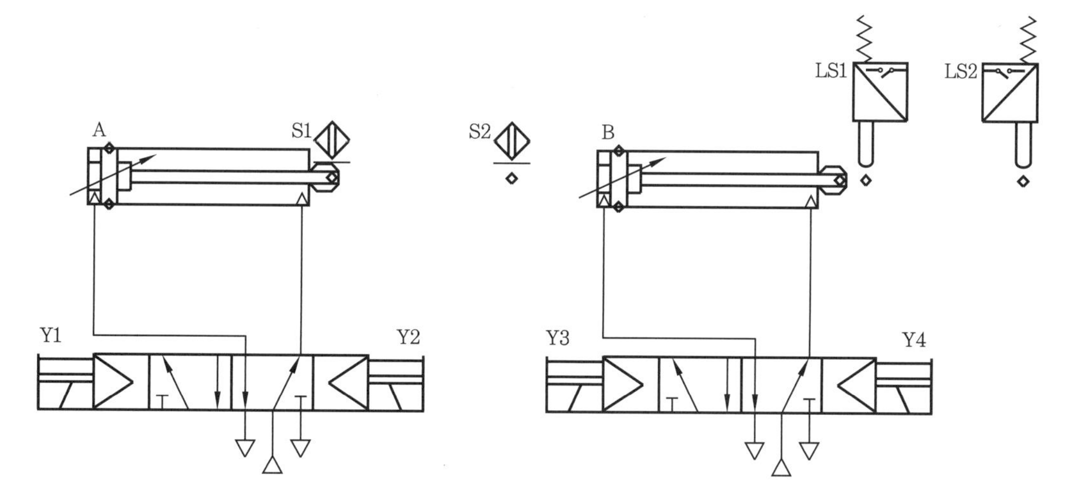

(2) 전기 회로도

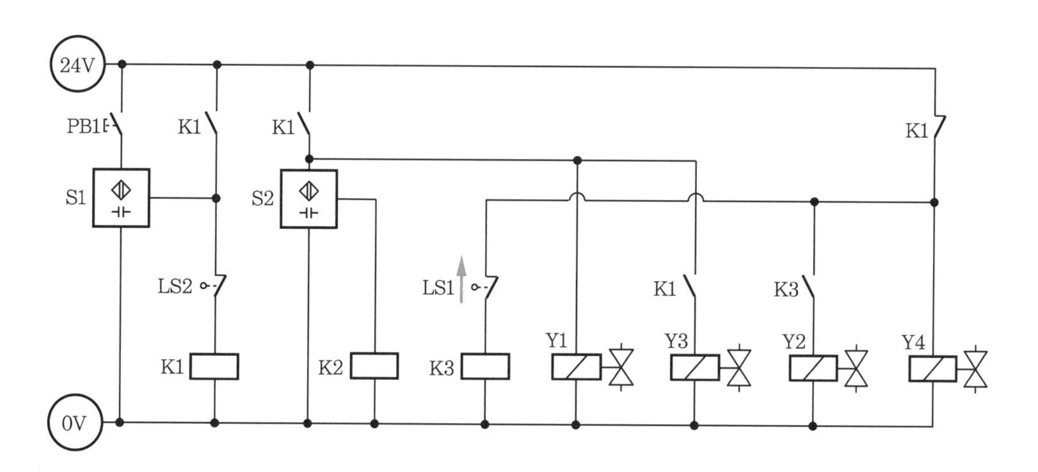

(3) 기본 제어 동작

① 초기 상태에서 PB1 스위치를 ON-OFF하면 다음 변위 단계 선도와 같이 동작합니다.

② 변위 단계 선도

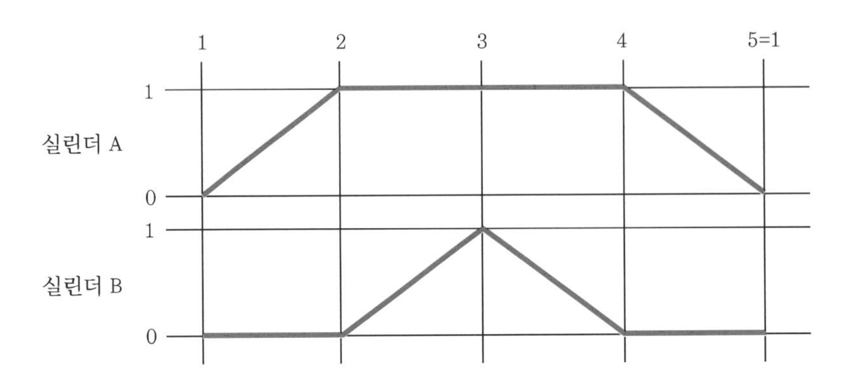

(4) 응용 제어 동작

※ 기본 제어 동작을 다음 조건과 같이 변경하시오.

① 기존 회로에 타이머를 사용하여 다음과 같이 동작되도록 합니다.

(가) 실린더 B가 전진 완료 후 3초 후에 후진하고 실린더 B가 후진 완료 후 실린더 A가 후진 완료하고 정지합니다.

② 기존의 시작 스위치(PB1) 외에 연속 시작 스위치(PB2)와 카운터를 사용하여 연속 사이클 회로(반드시 회로를 구성하고 잠금 장치 스위치는 사용 불가)를 구성하여 다음과 같이 동작되도록 합니다.

(가) 연속 시작 스위치를 누르면 연속 사이클로 계속 동작합니다.

(나) 연속 사이클 횟수를 5회로 설정하고 그 사이클이 완료된 후 정지하여야 합니다.

③ 실린더 A, B의 전진 속도는 5초가 되도록 배기 교축(meter-out) 회로를 구성하고, 실린더 A의 후진 속도를 조절하기 위한 meter-out 회로를 구성하여 조정합니다.

(1) 기본 회로도 수정 : 8열 K1을 K2로 수정

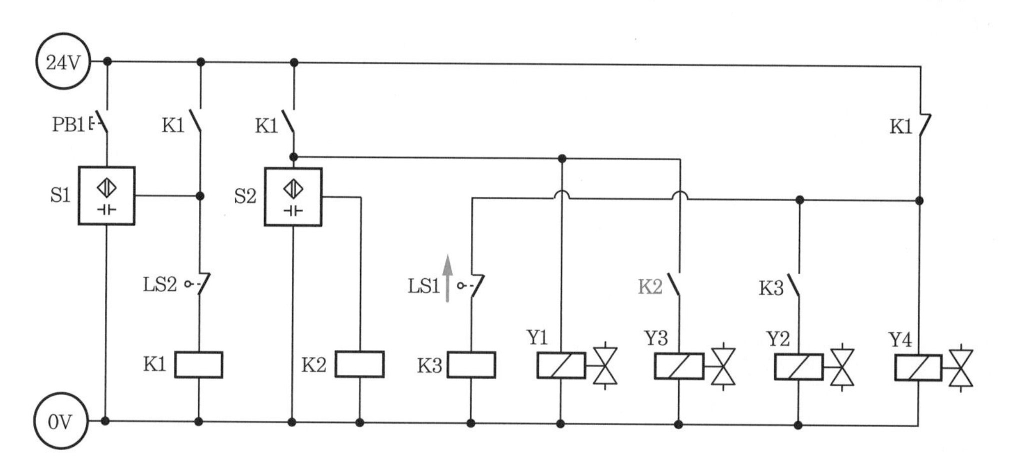

(2) 응용 회로도

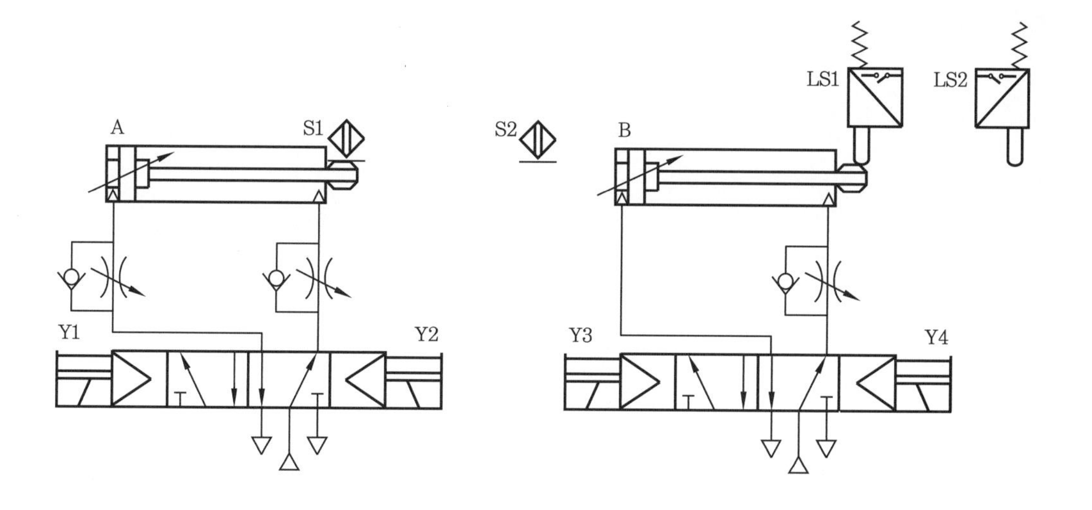

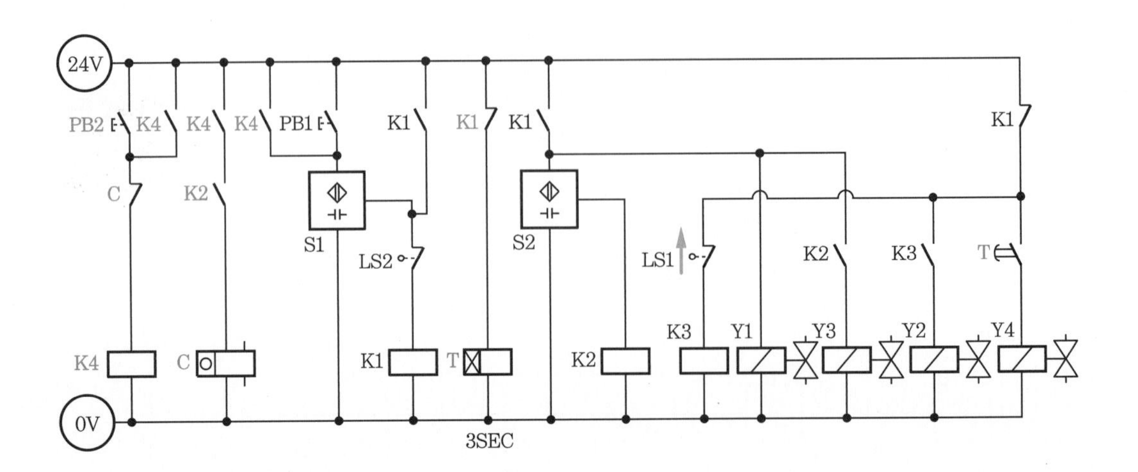

작업 시 유의사항

① 리밋 스위치 LS1은 a 접점, LS2는 b 접점이다.
② 응용 작업 중 접점 삽입 시 리드선이 빠지지 않도록 유의한다.
③ 응용 작업 중 한방향 유량 제어 밸브의 위치와 방향에 유의한다.
④ 연속 작업 5회 후 재연속을 하려면 카운터 리셋을 강제로 해야 한다.

국가기술자격 실기시험문제 ④

자격종목	설비보전기사	과제명	전기 공기압 회로 설계 및 구성 작업

3 도면

(1) 공기압 회로도

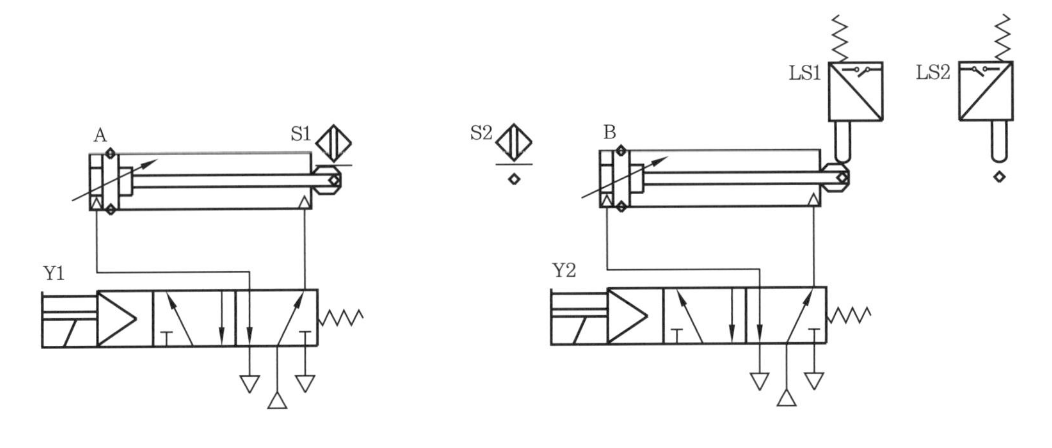

(2) 전기 회로도

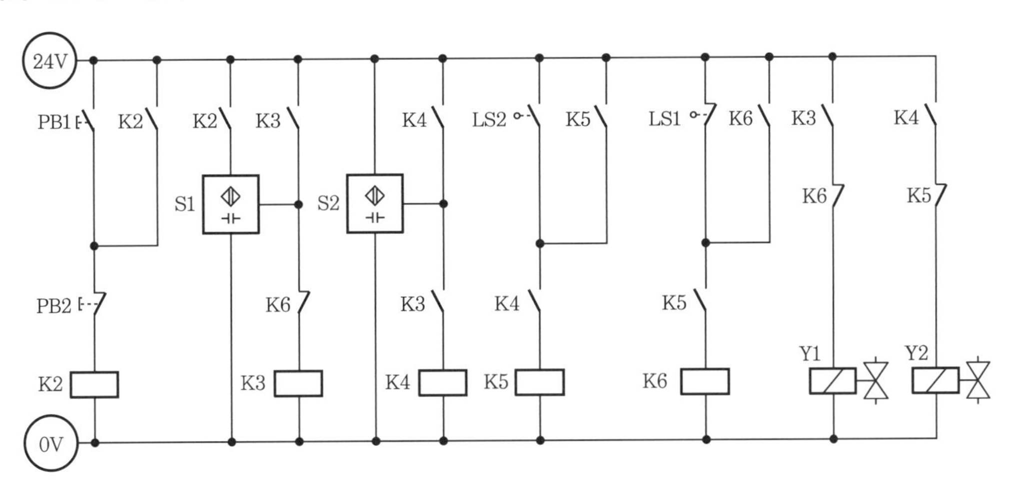

(3) 기본 제어 동작

① 초기 상태에서 PB1 스위치를 ON-OFF하면 다음 변위 단계 선도와 같이 동작을 연속적으로 반복합니다.

② 정지 스위치(PB2)를 ON-OFF하면 진행 중인 사이클을 종료한 후 정지합니다.

③ 변위 단계 선도

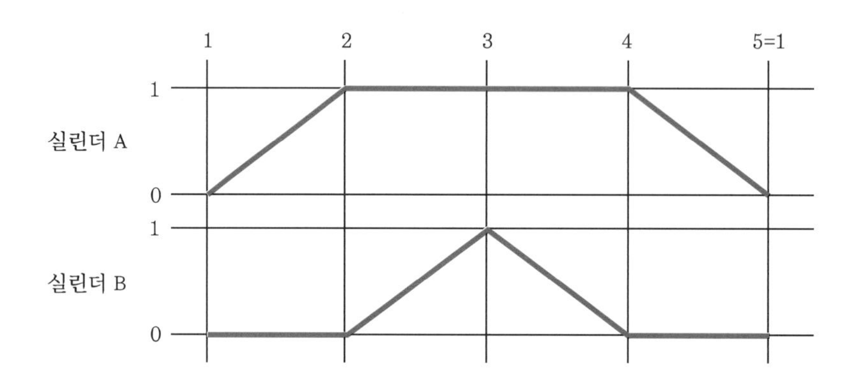

(4) 응용 제어동작

※ 기본 제어 동작을 다음 조건과 같이 변경하시오.

① 비상 스위치를 누르면 다음과 같이 동작합니다.

㈎ 실린더 A가 전진 동작 완료 후 실린더 B가 후진합니다. (단, 실린더 A가 후진 완료 상태이거나 후진 중이면 실린더 A가 전진 완료 후 실린더 B가 후진하여야 하며 실린더 A가 전진 상태이면 실린더 B는 후진합니다.)

㈏ 램프가 점등되어야 합니다.

② 비상 스위치를 해제하면 다음과 같이 동작합니다.

㈎ 실린더 A가 후진합니다.

㈏ 램프가 소등되어야 합니다.

③ 실린더 A의 전진 속도는 2초, 실린더 B의 후진 속도는 3초가 되도록 배기 공기 교축(meter-out) 방법에 의해 조정합니다.

(1) **기본 회로도 수정** : 11열 LS1-b를 LS1-a로 수정

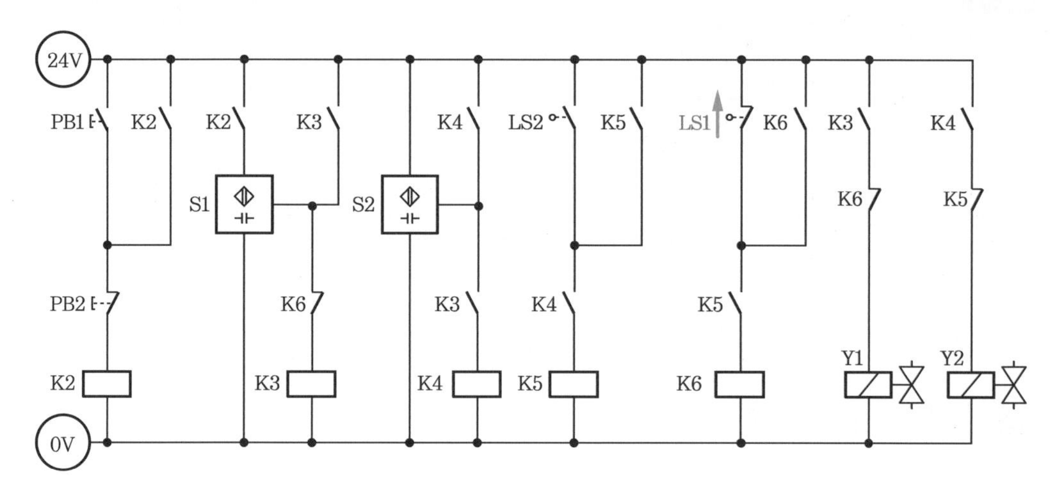

(2) **응용 회로도**

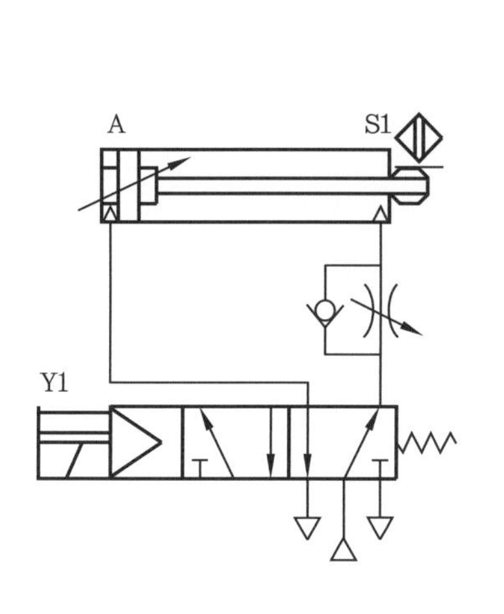

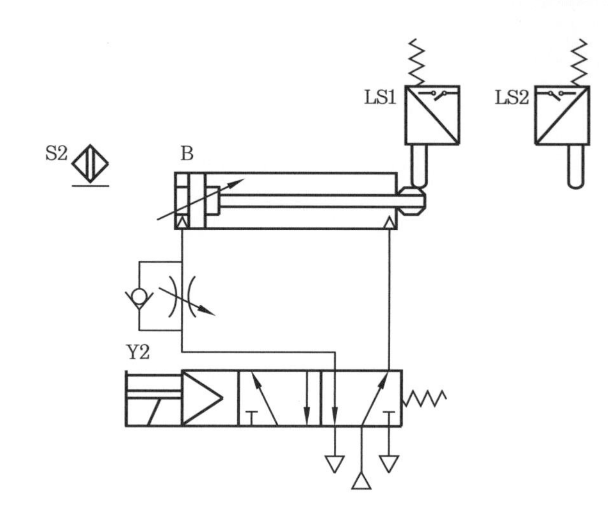

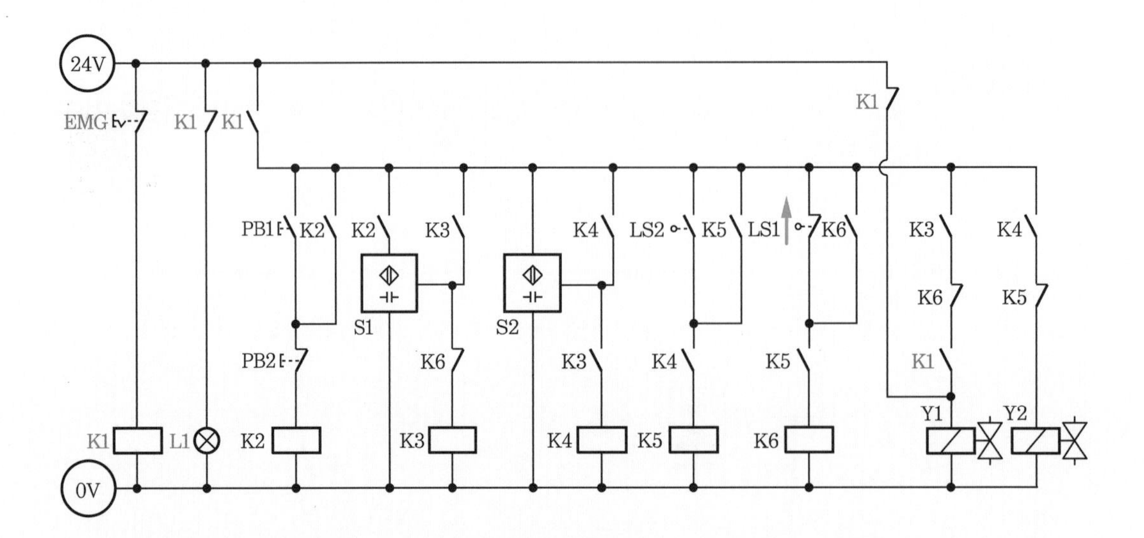

작업 시 유의사항

① 리밋 스위치 LS1은 a 접점이다.

② 응용 작업 중 접점 삽입 시 접점의 위치를 확인하고 리드선이 빠지지 않도록 유의한다.

③ 응용 작업 중 한방향 유량 제어 밸브의 위치와 방향에 유의한다.

국가기술자격 실기시험문제 ⑤

자격종목	설비보전기사	과제명	전기 공기압 회로 설계 및 구성 작업

3 도면

(1) 공기압 회로도

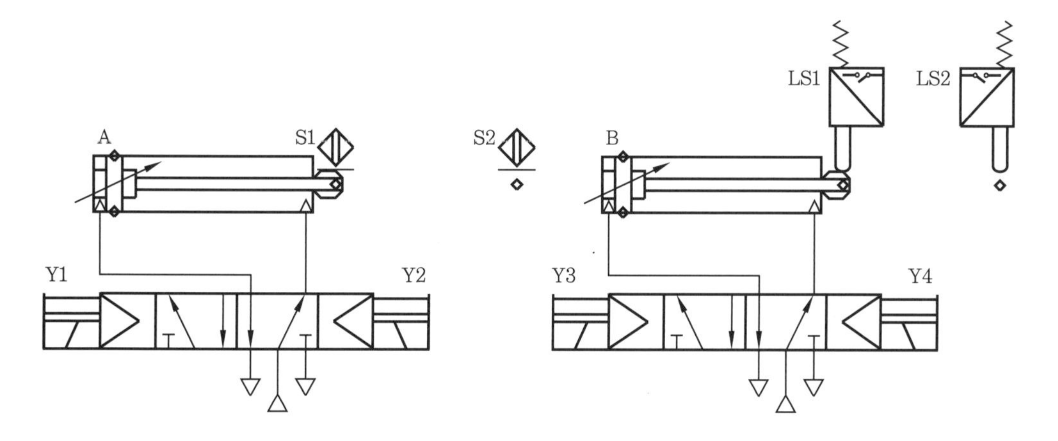

(2) 전기 회로도

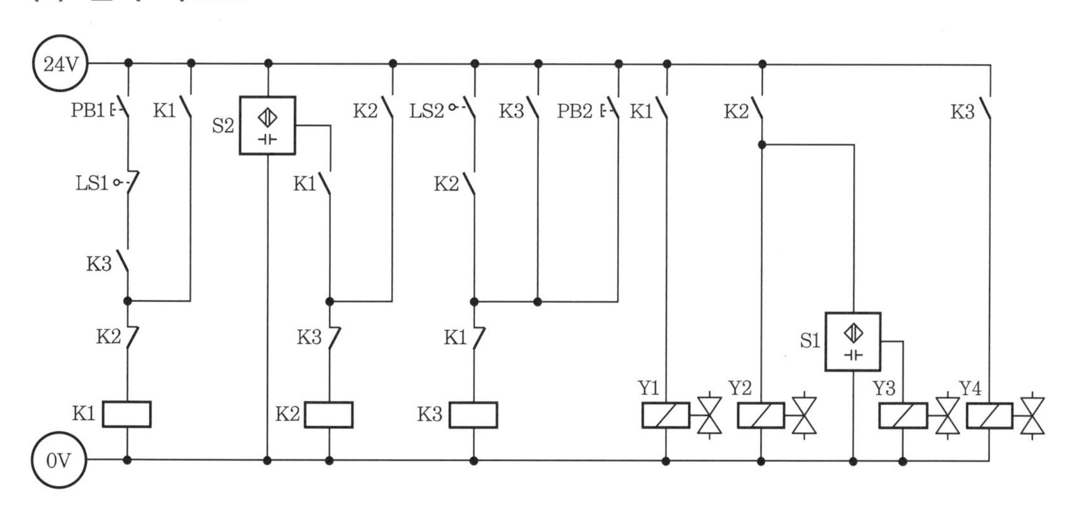

(3) 기본 제어 동작

① 초기 상태에서 PB2 스위치를 ON-OFF한 후 PB1 스위치를 ON-OFF하면 다음 변위 단계 선도와 같이 동작합니다. (단, 재동작 시에는 PB1 스위치만 ON-OFF하여 동작이 가능하도록 하시오.)

② 변위 단계 선도

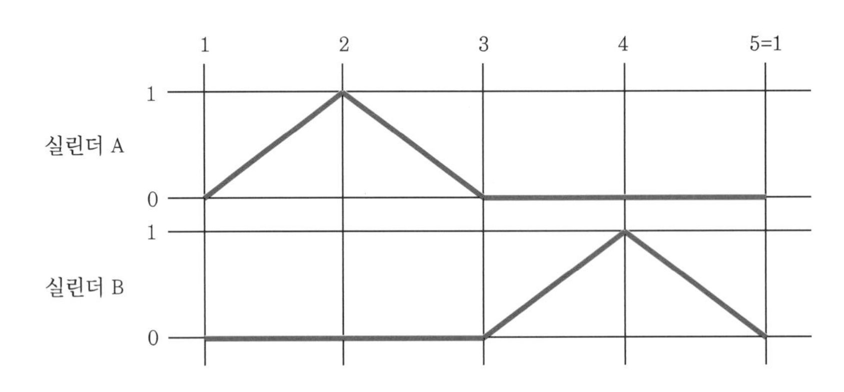

(4) 응용 제어 동작

※ 기본 제어 동작을 다음 조건과 같이 변경하시오.

① 연속 스위치를 추가하여 다음과 같이 동작하도록 합니다.

㈎ 연속 스위치를 선택하면 기본 제어 동작이 연속 행정으로 되어야 합니다.

② 비상 스위치와 램프를 추가하여 다음과 같이 동작하도록 합니다.

㈎ 연속 작업에서 비상 스위치가 동작되면 모든 실린더는 후진하며 램프가 점등되어야 합니다.

㈏ 비상 스위치를 해제하면 램프가 소등되고 시스템은 초기화되어야 합니다.

③ 실린더 A의 전·후진 속도와 실린더 B의 전·후진 속도가 같도록 배기 공기 교축(meter-out) 방법에 의해 조정합니다.

(1) 기본 회로도 수정 : 1열 LS1-b를 LS1-a로 수정

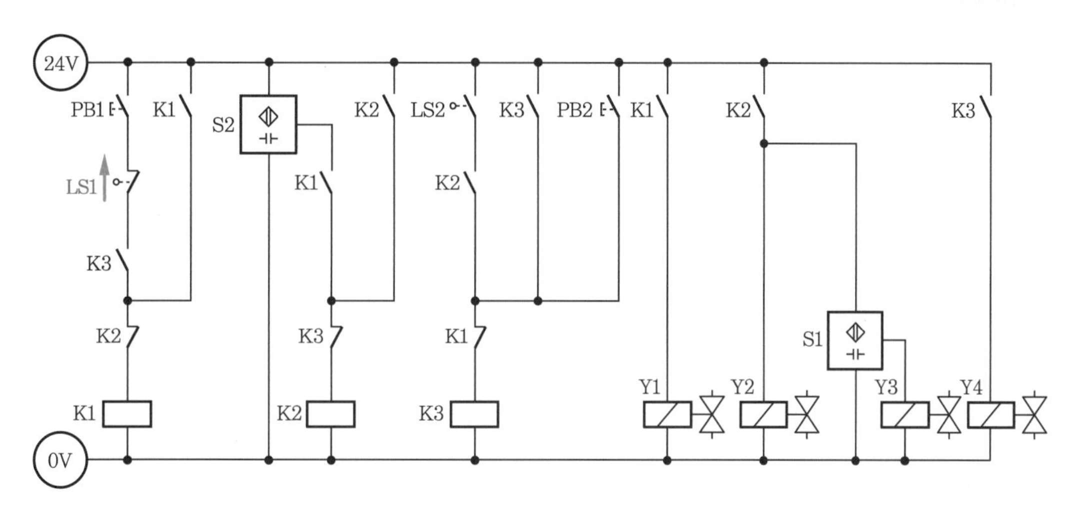

(2) 응용 회로도

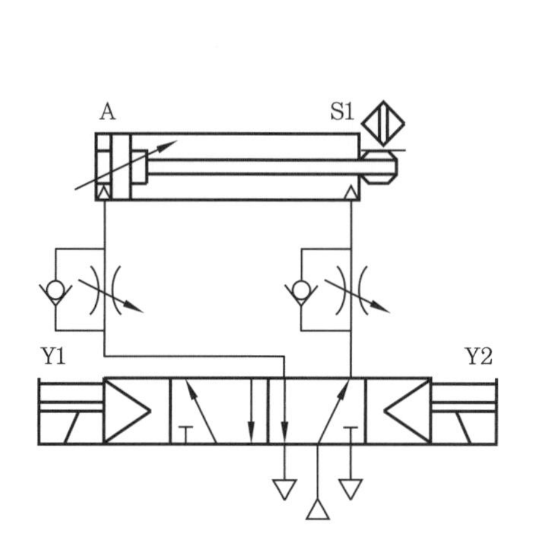

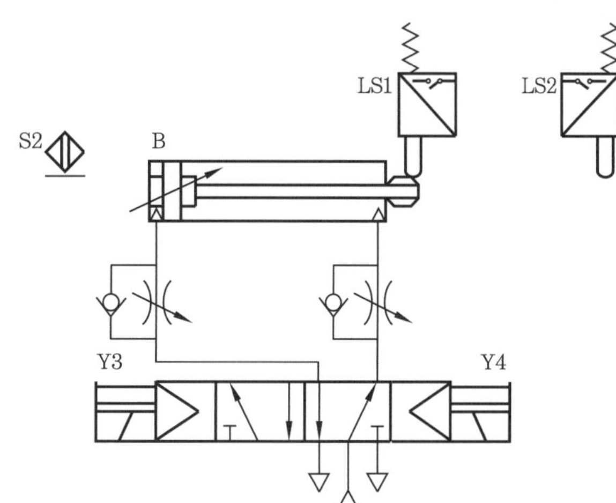

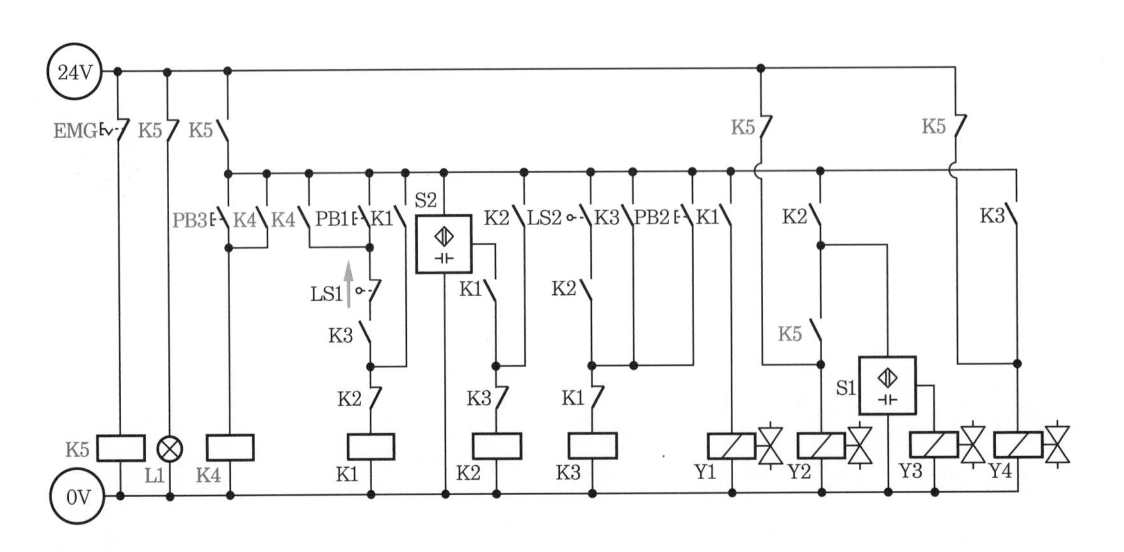

작업 시 유의사항

① 리밋 스위치 LS1은 a 접점이다.

② 응용 작업 중 접점 삽입 시 접점의 위치를 확인하고 리드선이 빠지지 않도록 유의한다.

③ 응용 작업 중 릴레이 접점 K5 b 접점 3개는 서로 독립적으로 배선해야 한다.

④ 응용 작업 전기 회로도 중

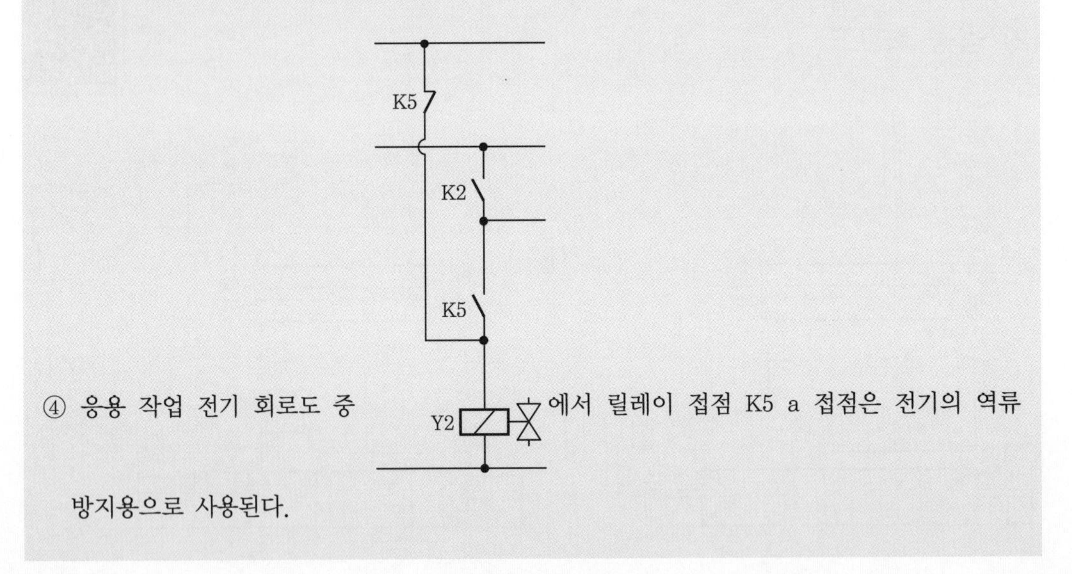

에서 릴레이 접점 K5 a 접점은 전기의 역류 방지용으로 사용된다.

⑤ 응용 작업 전기 회로도 중 릴레이 접점 K5는 5개이므로 릴레이를 확장해야 한다.

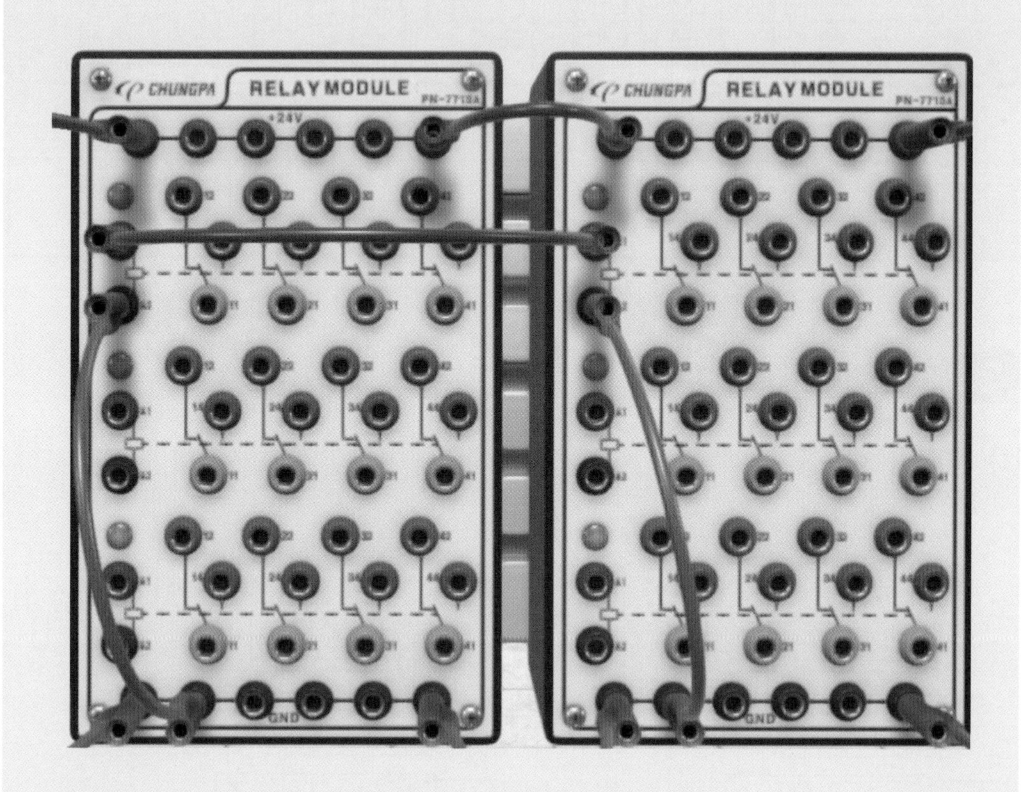

⑥ 응용 작업 중 한방향 유량 제어 밸브의 위치와 방향에 유의한다.

국가기술자격 실기시험문제 ⑥

자격종목	설비보전기사	과제명	전기 공기압 회로 설계 및 구성 작업

3 도면

(1) 공기압 회로도

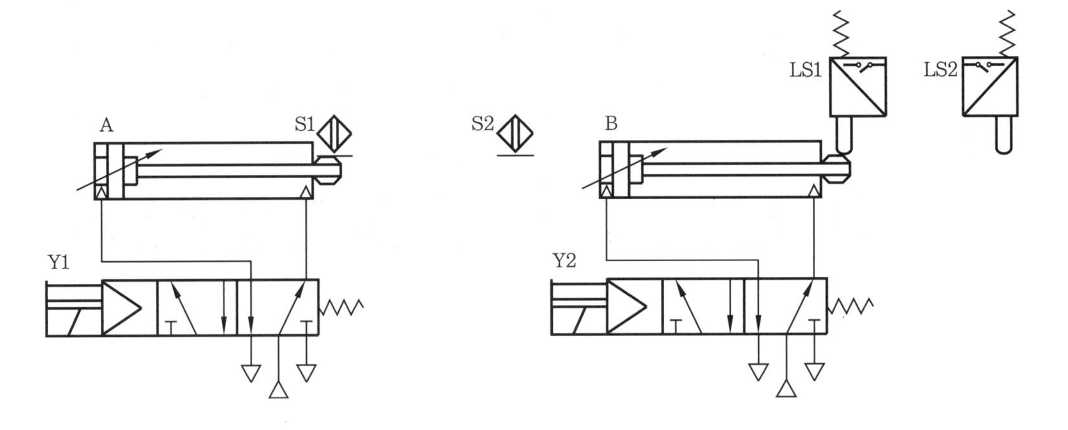

(2) 전기 회로도

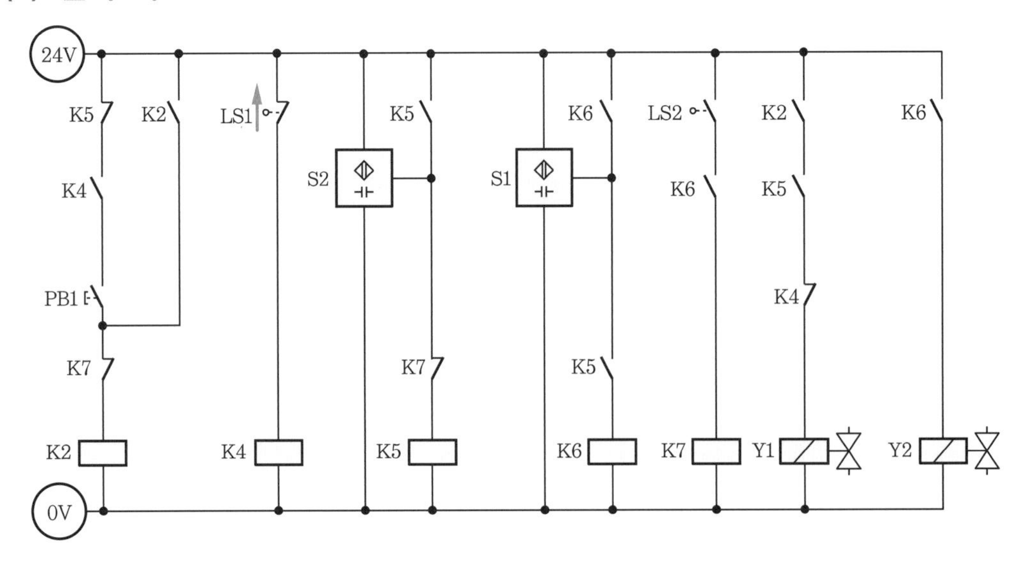

(3) 기본 제어 동작

① 초기 상태에서 PB1 스위치를 ON-OFF하면 다음 변위 단계 선도와 같이 동작합니다.

② 변위 단계 선도

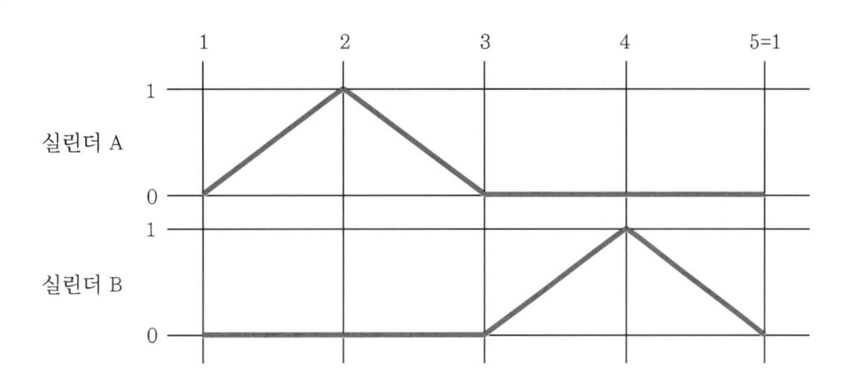

(4) 응용 제어 동작

※ 기본 제어 동삭을 다음 조건과 같이 변경하시오.

① 기본 제어 동작이 5회 연속으로 이루어진 후 정지하도록 카운터를 제어합니다.

㈎ 5회 연속 사이클 완료한 후 리셋 스위치(PB2)를 ON-OFF하여야 재작업이 이루어지도록 합니다.

② 비상 스위치(푸시 버튼 잠금형)를 추가하여 다음과 같이 동작이 되도록 합니다.

㈎ 실린더 A, B가 전진 및 후진 동작을 하더라도 비상 정지신호가 있을 때에는 모두 후진을 완료한 후 정지합니다.

㈏ 비상 스위치를 해제하면 시스템은 초기화되어야 합니다.

③ 실린더 A, B에 일방향 유량 제어밸브를 미터 아웃 속도 제어로 추가 설치하여 실린더 A의 전진 속도는 2초, 실린더 B의 후진 속도는 3초가 소요되도록 조정합니다.

(1) 기본 회로도 수정 : 11열 K5-a를 K4-a로, K4-b를 K5-b로 수정

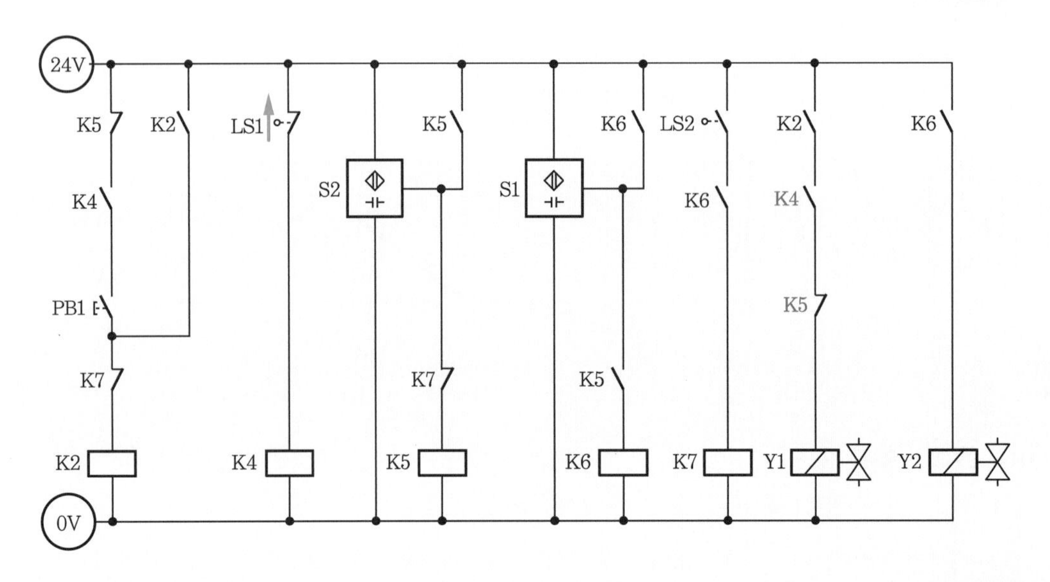

(2) 응용 회로도

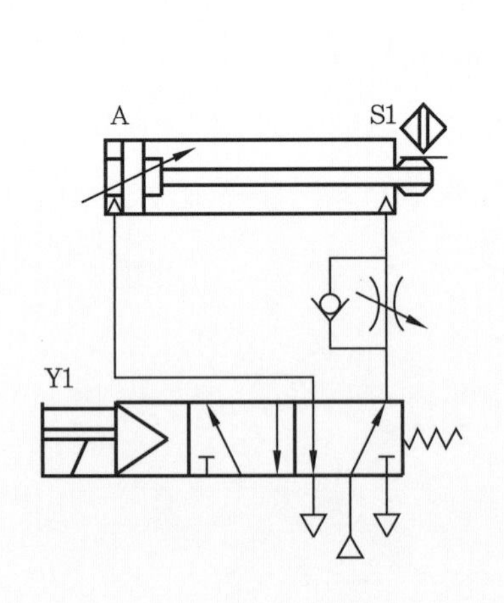

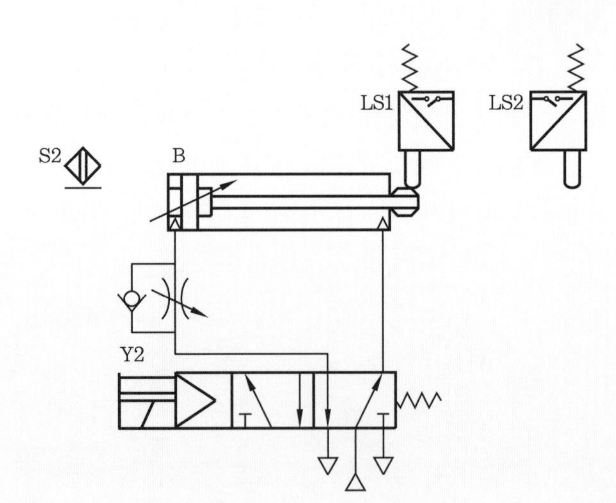

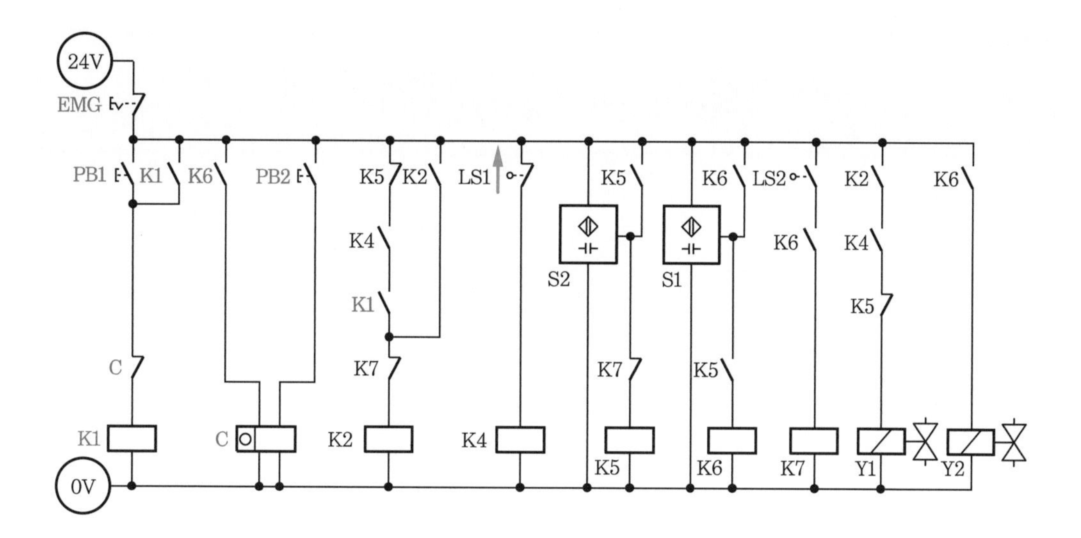

작업 시 유의사항

① 리밋 스위치 LS1은 a 접점이다.
② 응용 작업 중 시스템 초기화는 모든 실린더가 후진하고, 카운터 현재값도 0이어야 한다. 그러므로 카운터 키트 모선의 (+)전원은 릴레이 키트 모선에서 공급하도록 한다.
③ 응용 작업 중 한방향 유량 제어 밸브의 위치와 방향에 유의한다.

국가기술자격 실기시험문제 ⑦

자격종목	설비보전기사	과제명	전기 공기압 회로 설계 및 구성 작업

3 도면

(1) 공기압 회로도

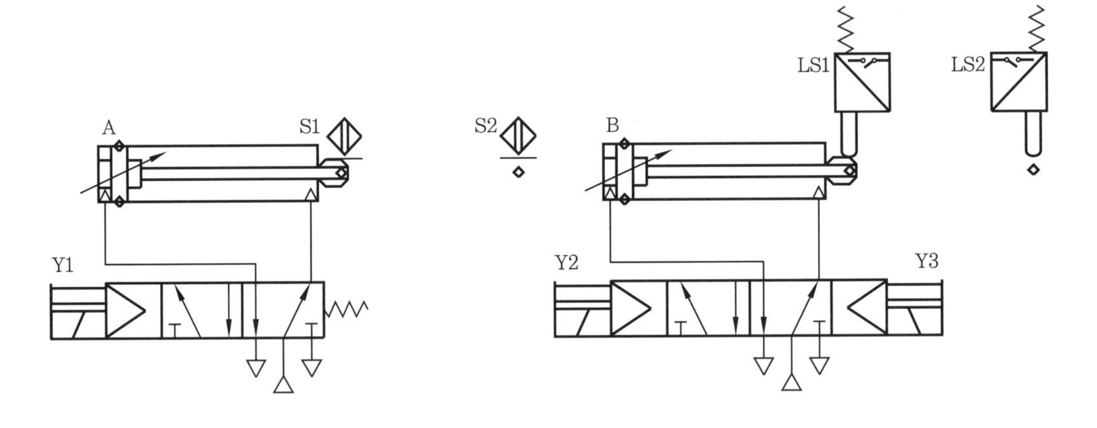

(2) 전기 회로도

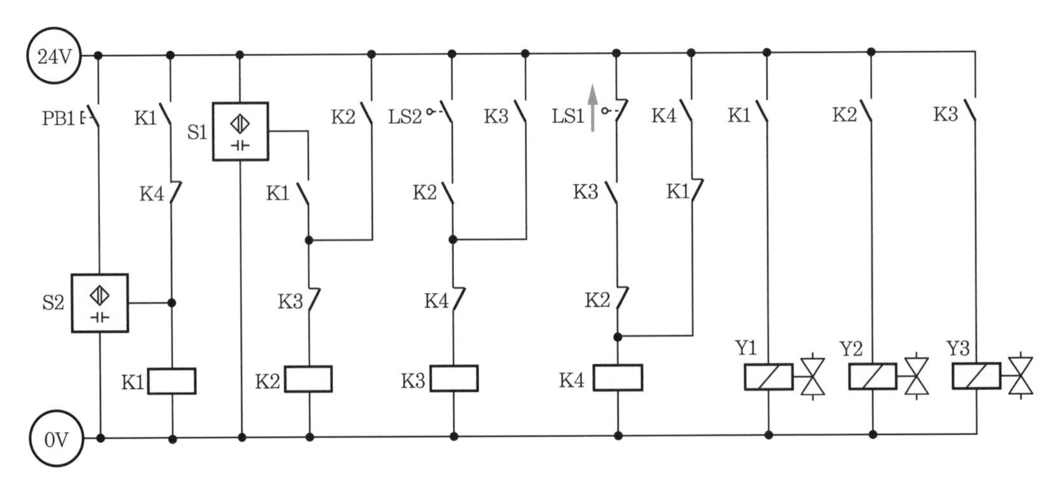

(3) 기본 제어 동작

① 초기 상태에서 PB1 스위치를 ON-OFF하면 다음 변위 단계 선도와 같이 동작합니다.

② 변위 단계 선도

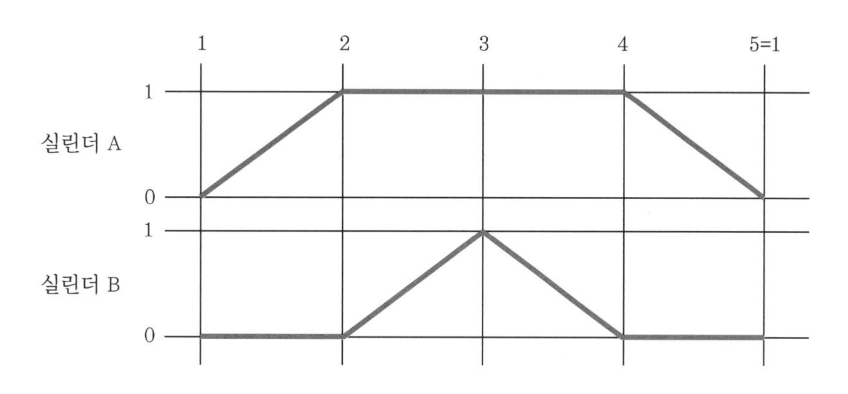

(4) 응용 제어 동작

※ 기본 제어 동작을 다음 조건과 같이 변경하시오.

① 기존 회로에 타이머를 사용하여 다음 변위 단계 선도와 같이 동작되도록 합니다.

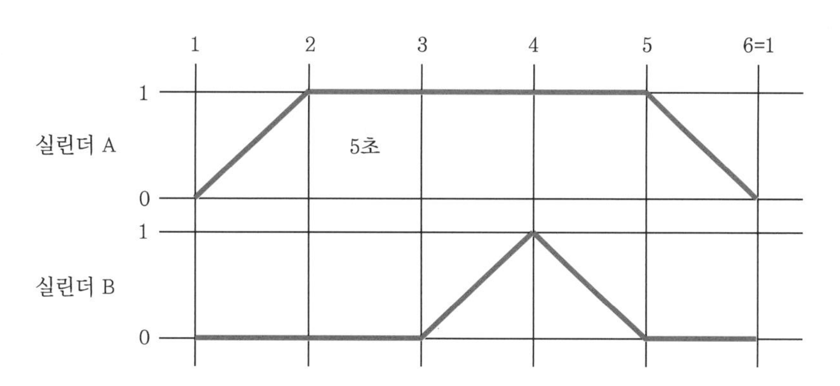

② 연속 스위치와 비상 스위치를 추가하여 다음과 같이 동작하도록 합니다.

㈎ 연속 스위치를 선택하면 기본 제어 동작이 연속 사이클로 동작되어야 합니다.

㈏ 연속 작업에서 비상 스위치가 동작되면 모든 실린더는 후진되어야 합니다.

㈐ 비상 스위치를 해제하면 시스템은 초기화되어야 합니다.

③ 실린더 A의 전·후진 속도와 실린더 B의 전·후진 속도를 조절할 수 있도록 배기 공기 교축(meter-out) 회로를 추가합니다.

(1) 기본 회로도 수정 : 1열 S2-a를 S1-a로, 3열 S1-a를 S2-a로, 9열 자기 유지 회로 K1-b 아래 분기를 8열 K3-a 아래로 수정

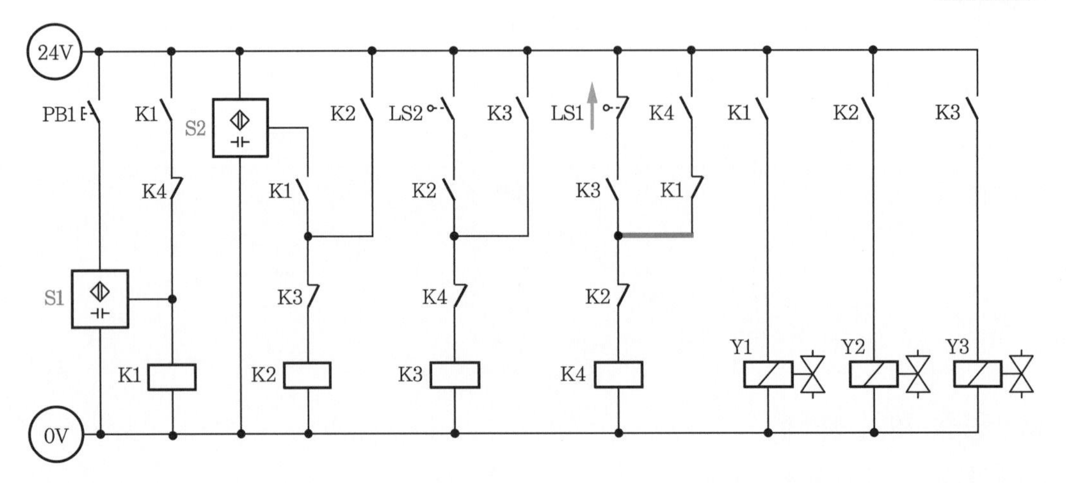

(2) 응용 회로도

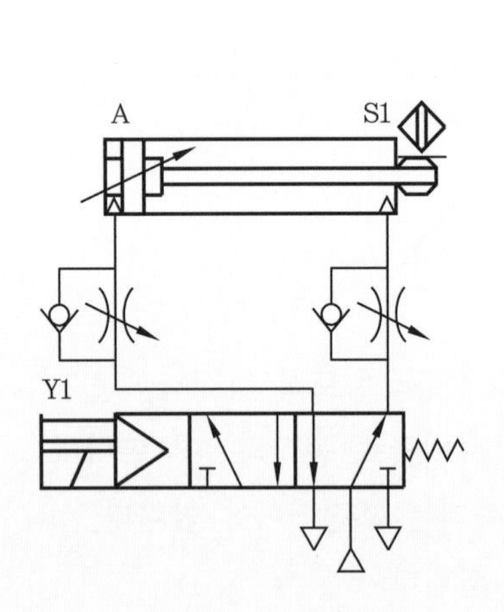

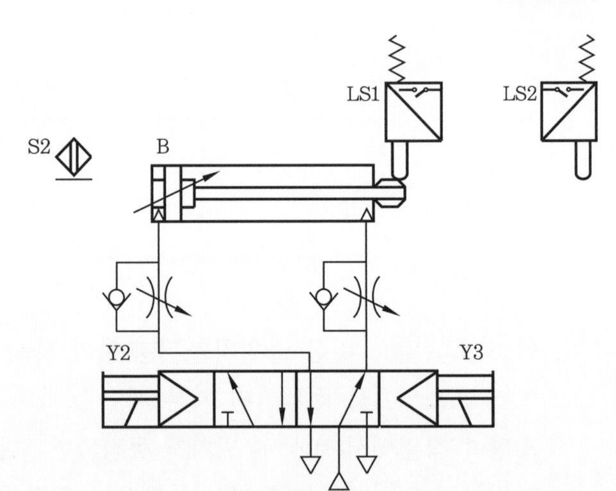

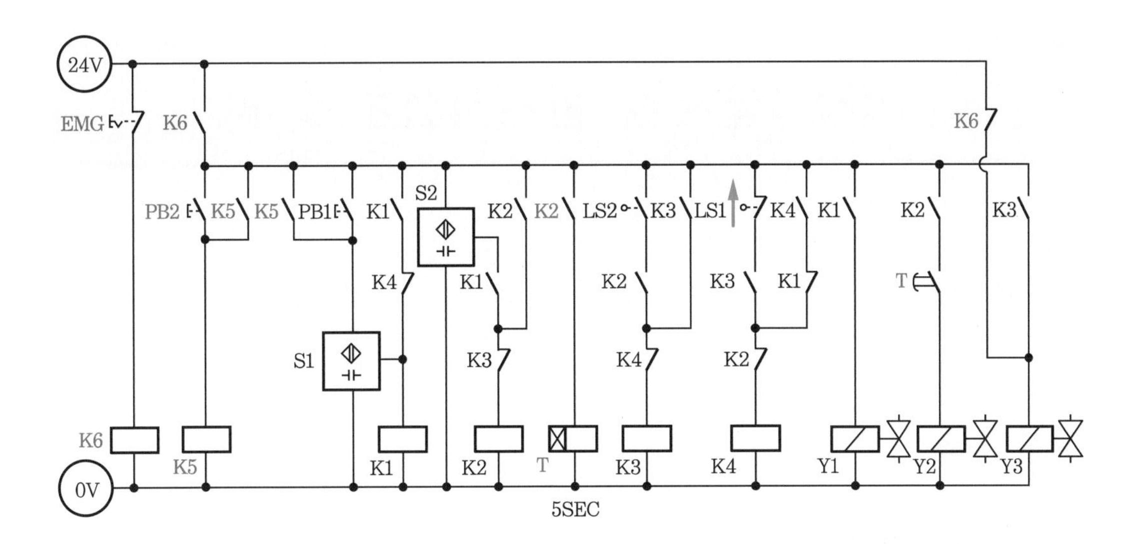

작업 시 유의사항

① 리밋 스위치 LS1은 a 접점이다.
② 응용 작업 중 접점 삽입 시 접점의 위치를 확인하고 리드선이 빠지지 않도록 유의한다.
③ 응용 작업 중 한방향 유량 제어 밸브의 방향에 유의한다.

국가기술자격 실기시험문제 ⑧

자격종목	설비보전기사	과제명	전기 공기압 회로 설계 및 구성 작업

3 도면

(1) 공기압 회로도

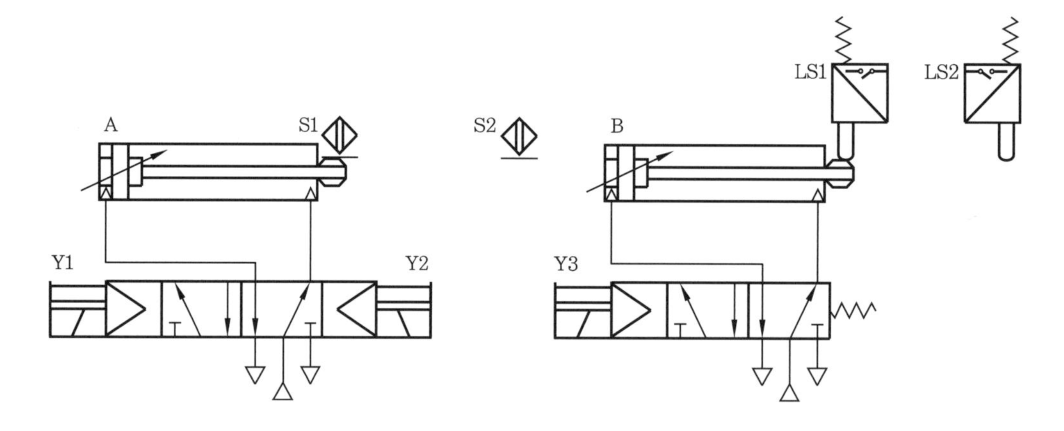

(2) 전기 회로도

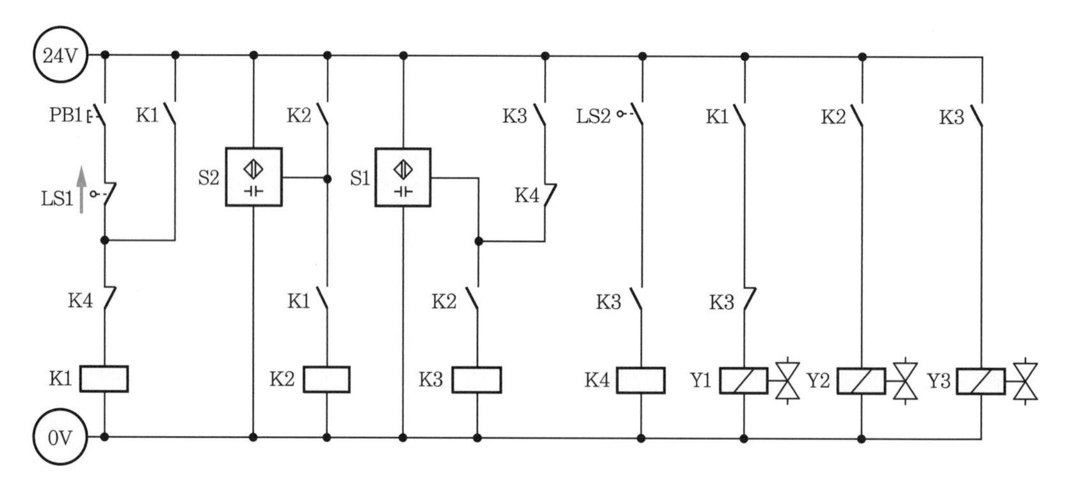

(3) 기본 제어 동작

① 초기 상태에서 PB1 스위치를 ON-OFF하면 다음 변위 단계 선도와 같이 동작합니다.

② 변위 단계 선도

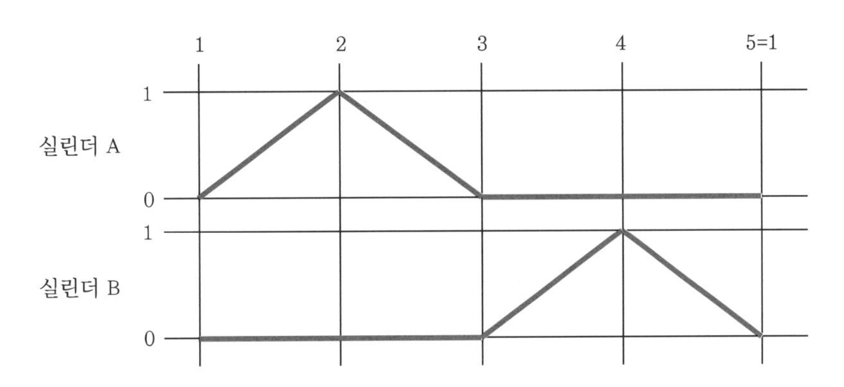

(4) 응용 제어 동작

※ 기본 제어 동작을 다음 조건과 같이 변경하시오.

① 연속 동작 스위치(PB2) 및 연속 정지 스위치(PB3)를 추가하여 다음과 같이 동작하도록 합니다.

㈎ 연속 동작 스위치를 ON-OFF하면 기본 제어 동작이 연속 사이클로 동작되어야 하고 연속 정지 스위치를 ON-OFF하면 실린더는 전부 후진한 후 정지합니다.

② 전기 카운트와 램프를 추가하여 다음과 같이 동작하도록 합니다.

㈎ 연속 작업이 시작되면 변위 단계 선도와 같은 사이클을 5회 반복한 후 정지하여야 합니다.

㈏ 연속 작업 완료와 동시에 램프가 점등되어야 합니다.

③ 실린더 A의 전·후진 속도와 실린더 B의 전·후진 속도를 조절할 수 있도록 배기교축(meter-out) 회로를 추가합니다.

(1) 기본 회로도 수정 : 8열 K4-b 삭제, 11열 K3-b를 K2-b로 수정

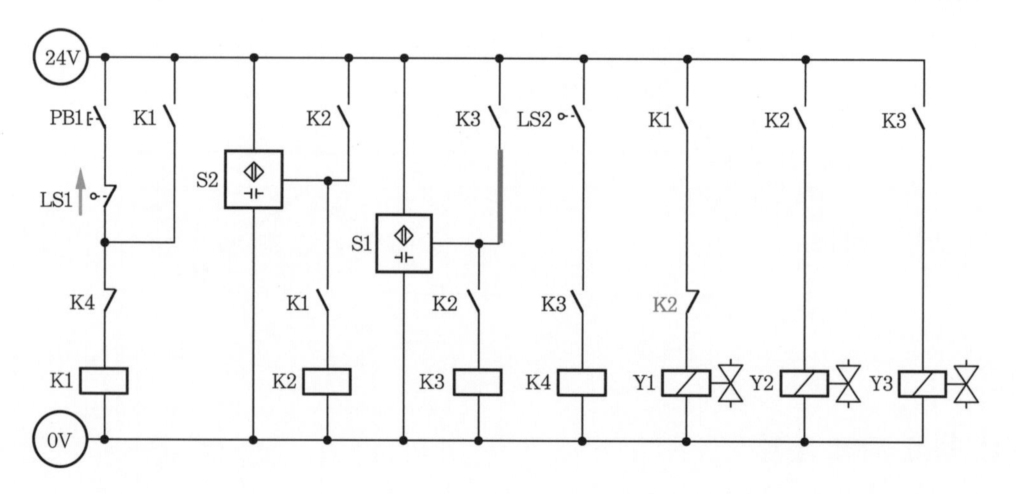

(2) 응용 회로도

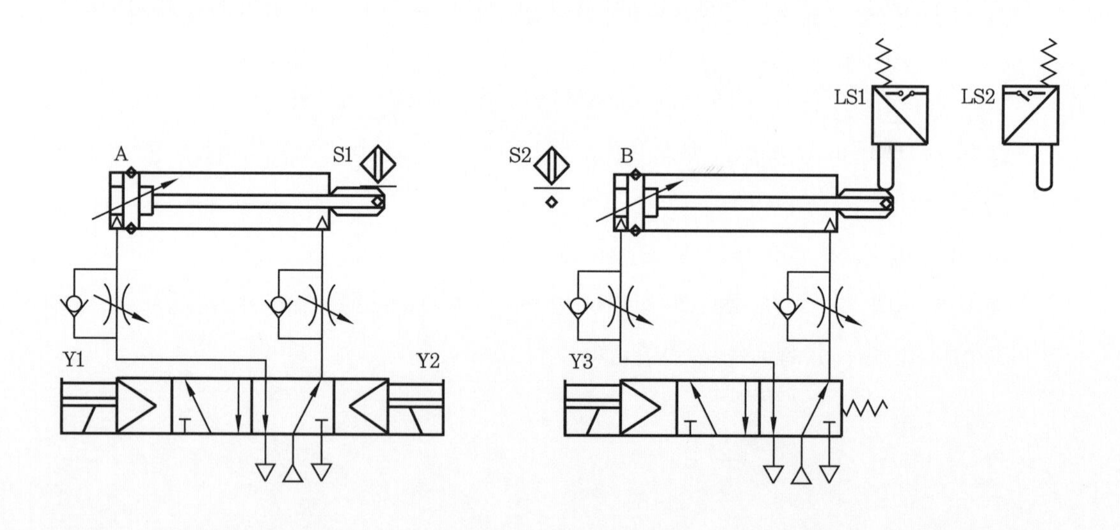

① 카운터 접점이 1C인 경우

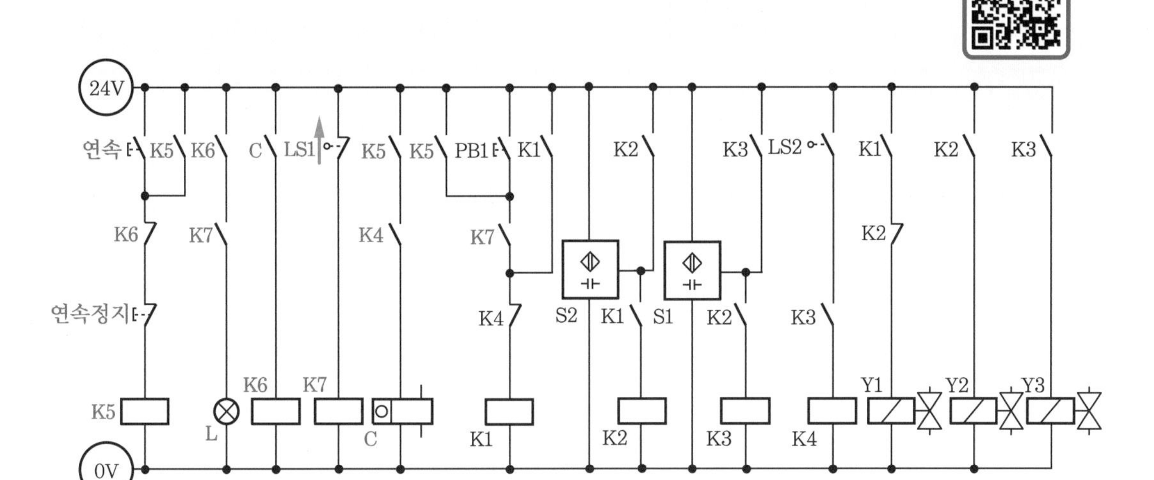

② 카운터 접점이 2C 이상인 경우

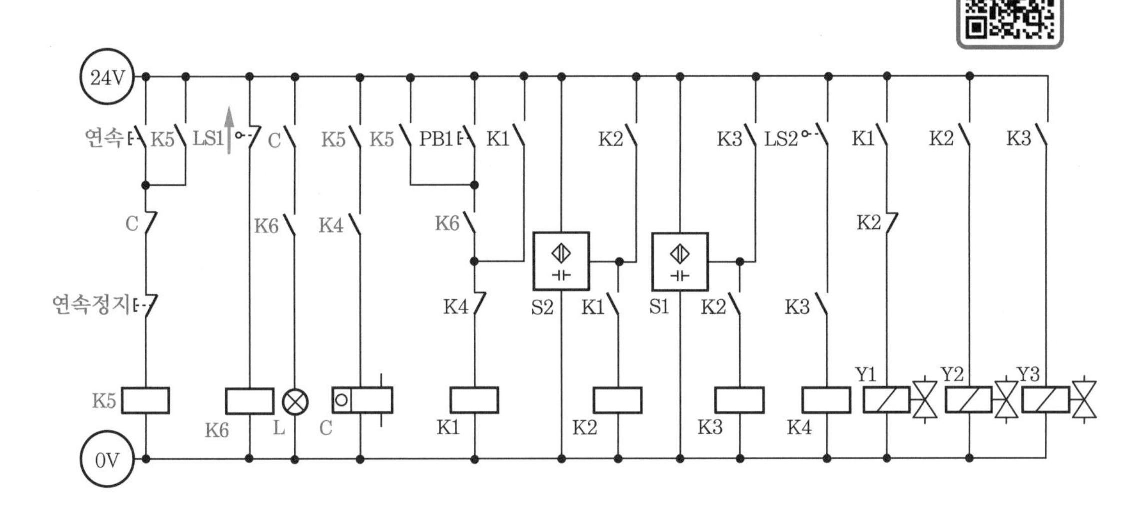

작업 시 유의사항

① 리밋 스위치 LS1은 a 접점이다.
② 실습용 카운터 릴레이는 출력이 1C와 4C 두 가지가 있고, 필요한 카운터 출력이 1a와 1b 두 개이며, 각 배선 방법이 다르다.
③ 연속 작업 5회 후 재연속을 하려면 카운터 리셋을 강제로 해야 한다.
④ 응용 작업 중 한방향 유량 제어 밸브의 방향에 유의한다.

국가기술자격 실기시험문제 ⑨

자격종목	설비보전기사	과제명	전기 공기압 회로 설계 및 구성 작업

3 도면

(1) 공기압 회로도

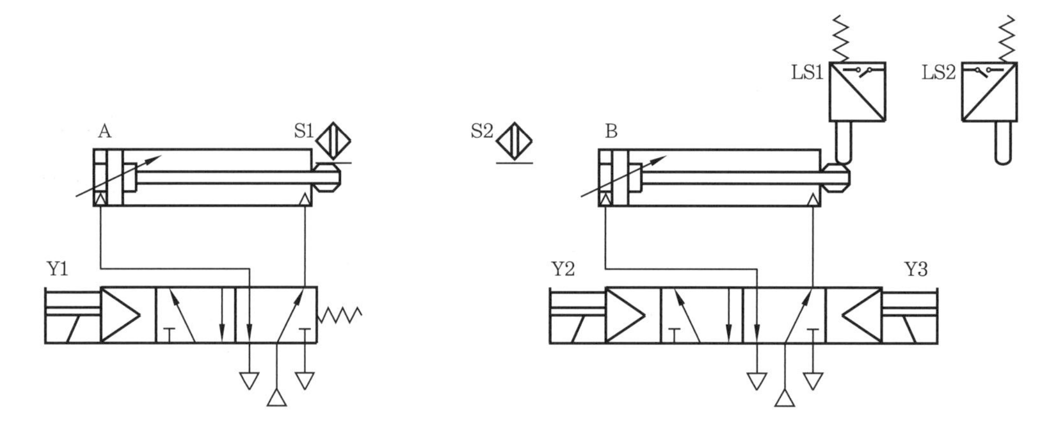

(2) 전기 회로도

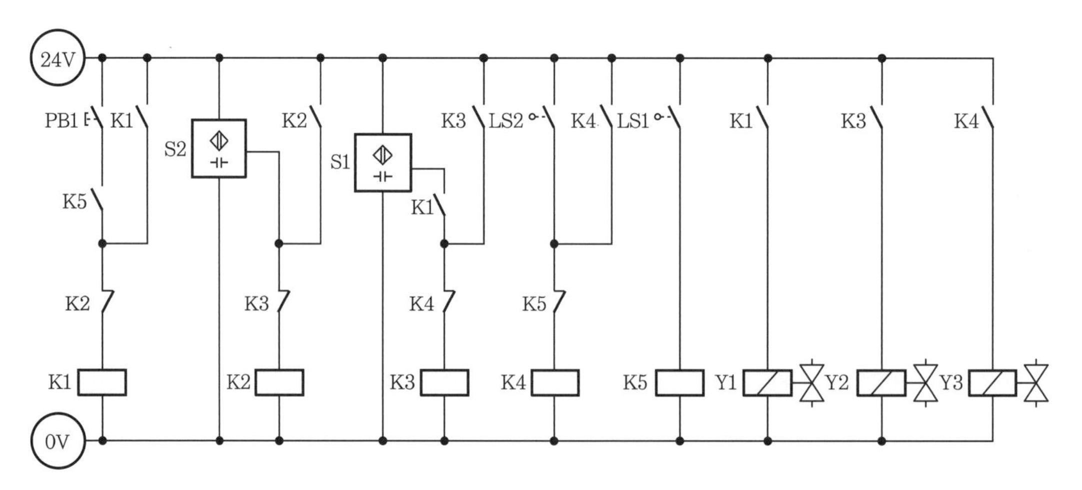

(3) 기본 제어 동작

① 초기 상태에서 PB1 스위치를 ON-OFF하면 다음 변위 단계 선도와 같이 동작합니다.

② 변위 단계 선도

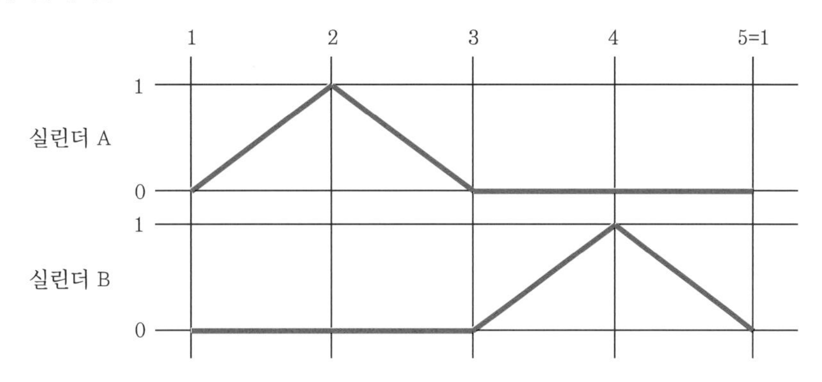

(4) 응용 제어 동작

※ 기본 제어 동작을 다음 조건과 같이 변경하시오.

① 기존 회로에 타이머를 사용하여 다음 변위 단계 선도와 같이 동작되도록 합니다.

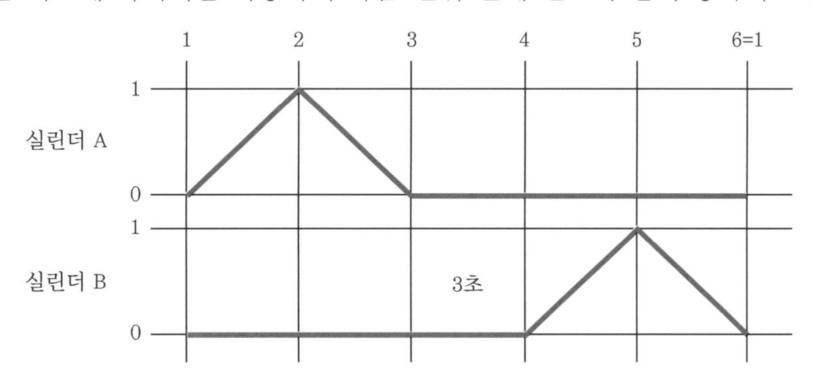

② 시작 스위치(PB1) 외에 연속 동작 스위치(PB2)와 카운터를 사용하여 연속 사이클 회로(반드시 회로를 구성하고 잠금 장치 스위치는 사용 불가)를 구성하여 다음과 같이 동작되도록 합니다.

(가) 연속 동작 스위치(PB2)를 누르면 연속 사이클로 계속 동작합니다.

(나) 연속 사이클 횟수를 3회로 설정하고 그 사이클이 완료된 후 정지하여야 합니다.

(다) 연속 동작 중에 비상정지 스위치를 누르면 실린더 A는 전진, 실린더 B는 후진하여 정지하고, 카운터는 초기화되도록 합니다.

(라) 비상정지 스위치 해제 시 실린더가 초기화되도록 합니다.

③ 실린더 A 후진 속도는 3초, B 전진 속도는 5초가 되도록 교축(meter-out) 회로를 구성하여 조정합니다.

(1) **기본 회로도 수정** : 7열 K1-a를 K2-a로 수정

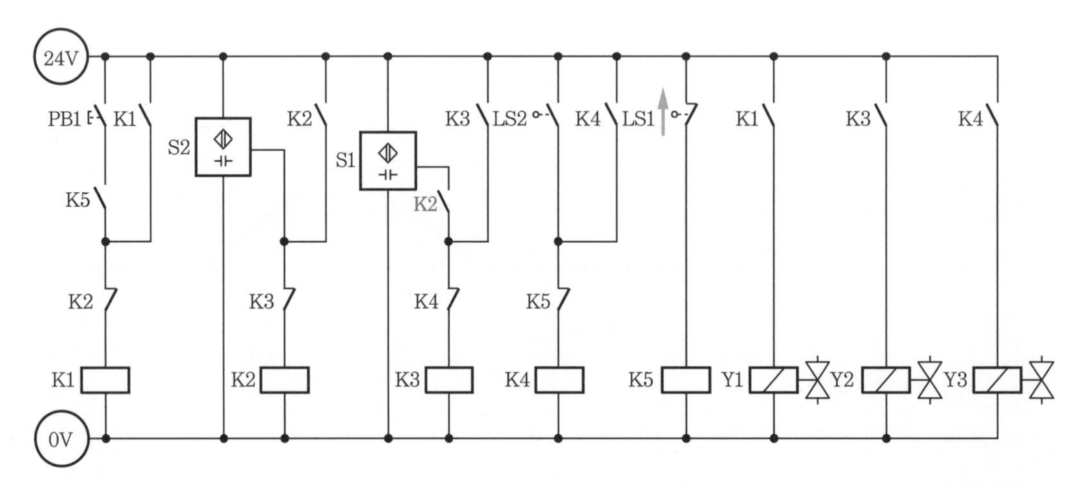

(2) **응용 회로도**

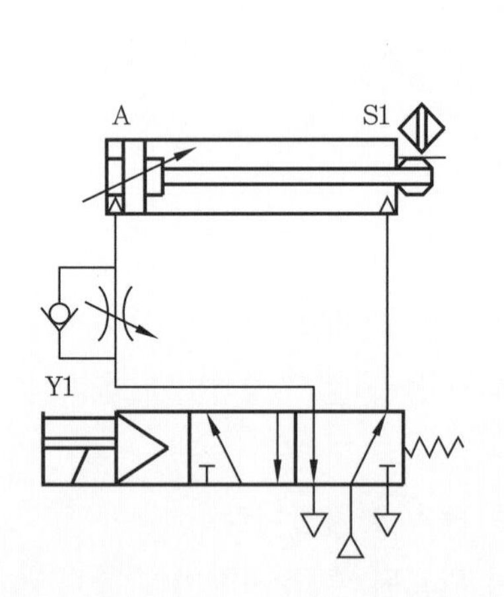

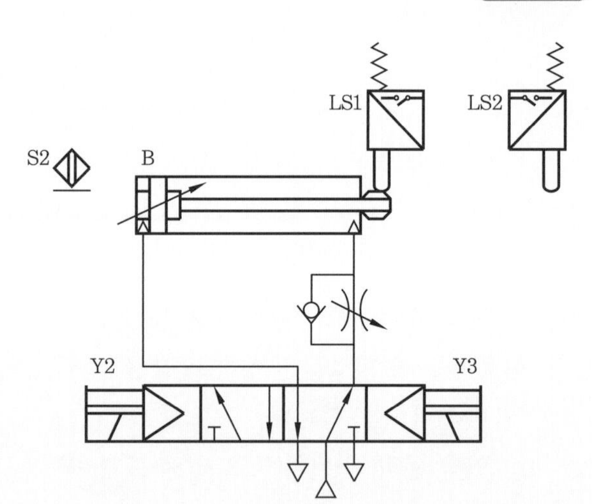

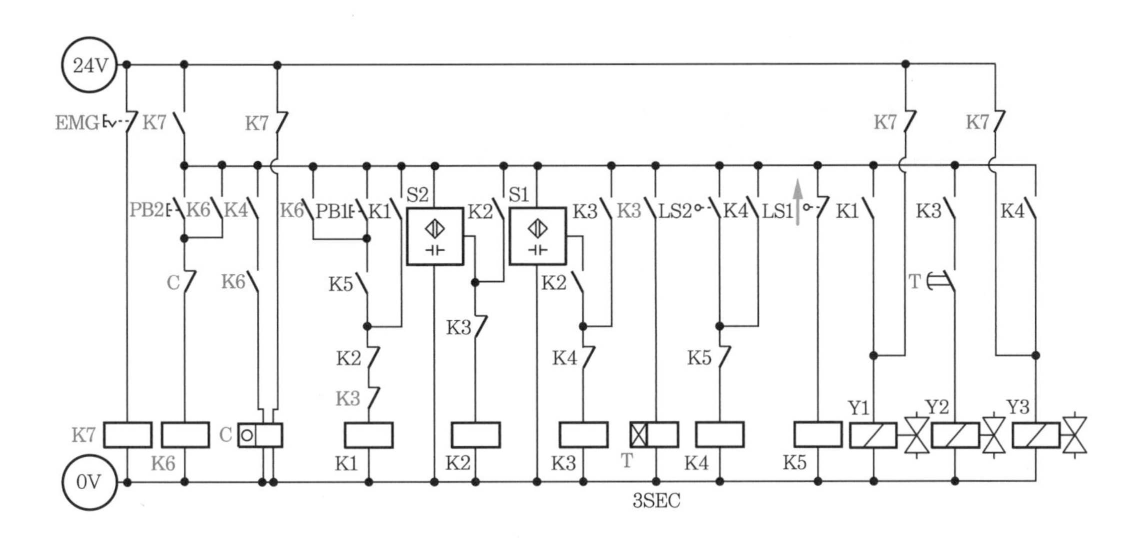

작업 시 유의사항

① 리밋 스위치 LS1은 a 접점이다.
② 응용 작업 중 릴레이 접점 K7 b 접점 2개는 서로 독립적으로 배선해야 한다.
③ 연속 작업 3회 후 재연속을 하려면 카운터 리셋을 강제로 해야 한다.
④ 응용 작업 중 한방향 유량 제어 밸브의 방향에 유의한다.

국가기술자격 실기시험문제 ⑩

자격종목	설비보전기사	과제명	전기 공기압 회로 설계 및 구성 작업

3 도면

(1) 공기압 회로도

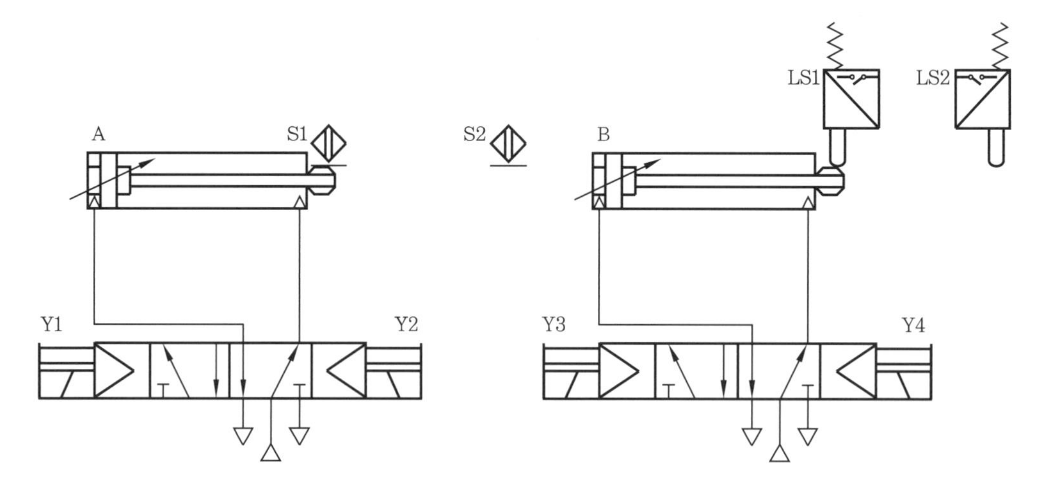

(2) 전기 회로도

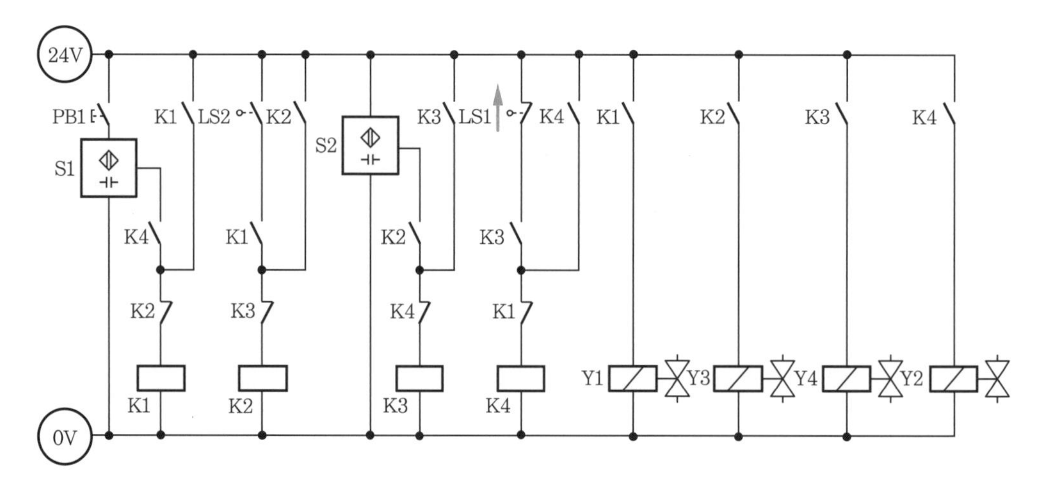

(3) 기본 제어 동작

① 초기 상태에서 PB1 스위치를 ON-OFF하면 다음 변위 단계 선도와 같이 동작합니다.

② 변위 단계 선도

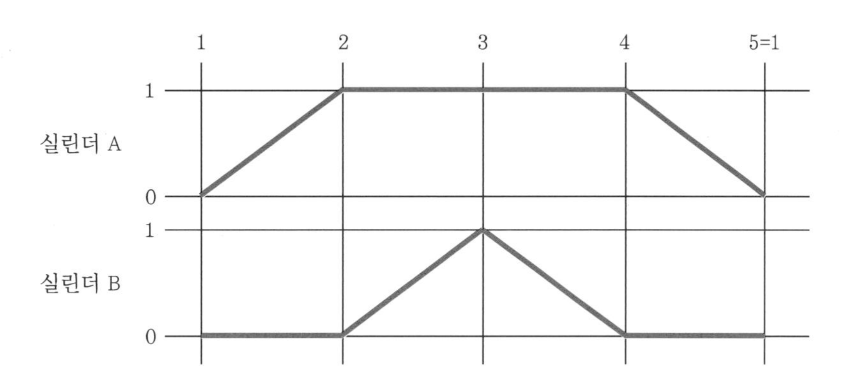

(4) 응용 제어 동작

※ 기본 제어 동작을 다음 조건과 같이 변경하시오.

① 연속 동작 스위치(PB2) 및 연속 정지 스위치(PB3)를 추가하여 다음과 같이 동작하도록 합니다.

㈎ 연속 동작 스위치를 ON-OFF하면 기본 제어 동작이 연속 사이클로 동작되어야 하고 연속 정지 스위치를 ON-OFF하면 실린더는 전부 후진한 후 정지합니다.

② 카운트와 램프를 추가하여 다음과 같이 동작하도록 합니다.

㈎ 연속 사이클 횟수를 5회로 설정하고 그 사이클이 완료된 후 정지하여야 합니다.

㈏ 연속 사이클이 완료되면 램프가 점등되도록 회로를 구성합니다.

③ 실린더 A의 전·후진 속도와 실린더 B의 전·후진 속도가 같도록 배기 교축(meter-out) 방법에 의해 조정합니다.

(1) 기본 회로도 수정 : 2열 K4-a 삭제, 4열 LS2와 7열 S2를 교체

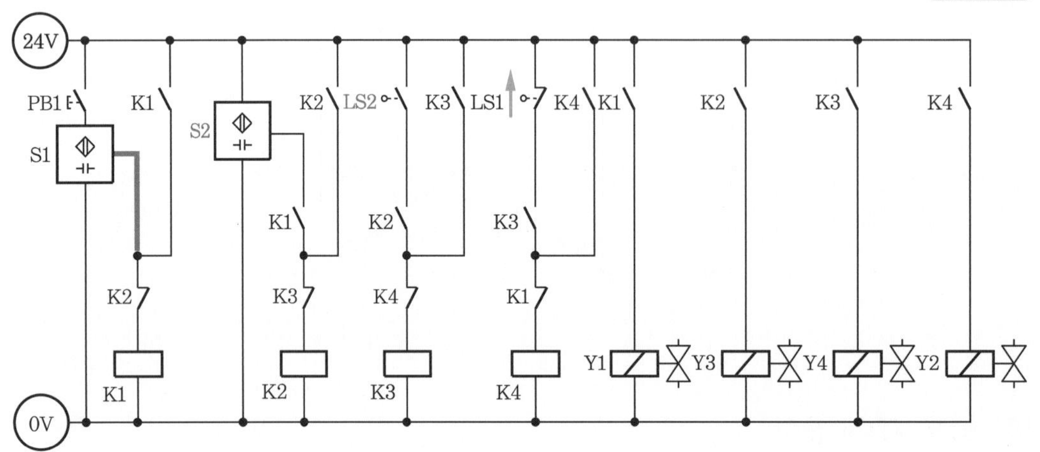

(2) 응용 회로도

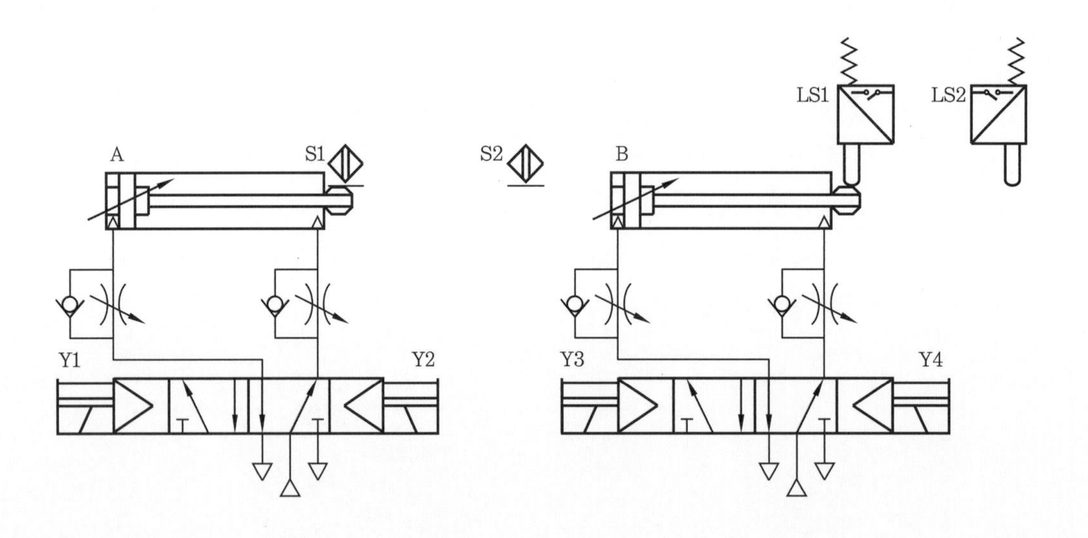

① 카운터 접점이 1C인 경우

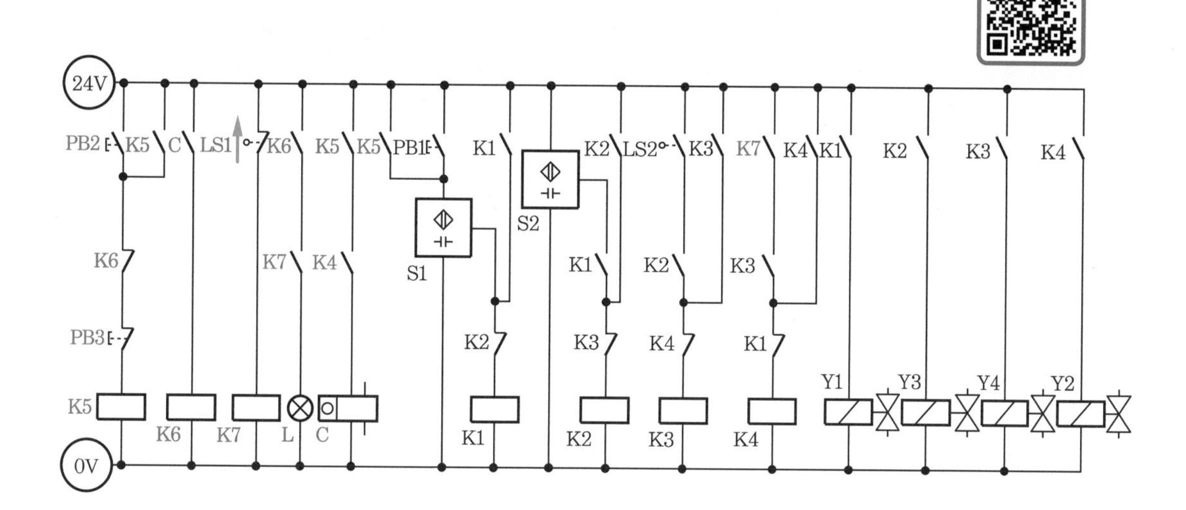

② 카운터 접점이 2C 이상인 경우

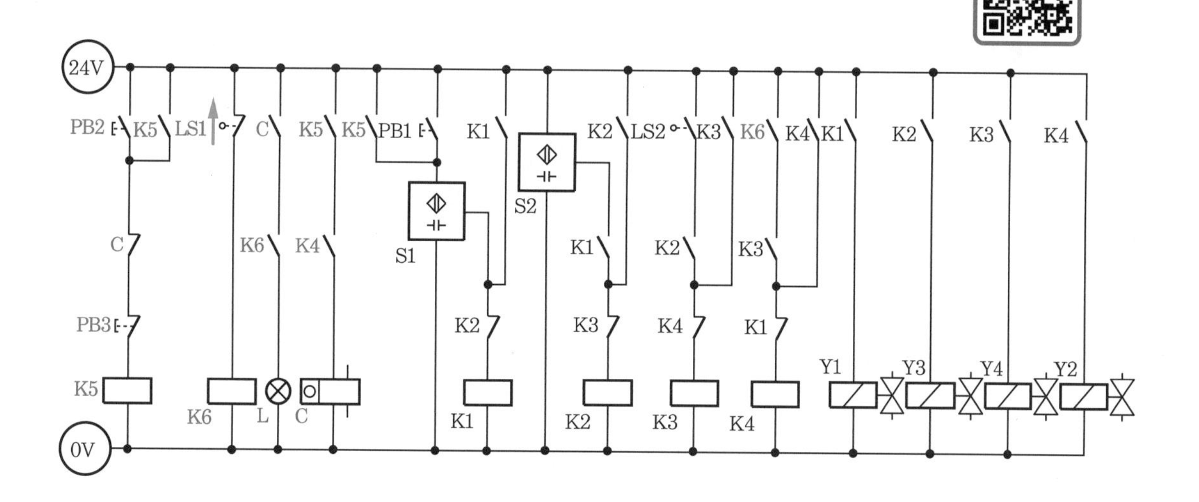

작업 시 유의사항

① 리밋 스위치 LS1은 a 접점이다.

② 실습용 카운터 릴레이는 출력이 1C와 4C 두 가지가 있고, 필요한 카운터 출력이 1a와 1b 두 개이며, 각 배선 방법이 다르다.

③ 연속 작업 5회 후 재연속을 하려면 카운터 리셋을 강제로 해야 한다.

④ 응용 작업 중 한방향 유량 제어 밸브의 방향에 유의한다.

국가기술자격 실기시험문제 ⑪

자격종목	설비보전기사	과제명	전기 공기압 회로 설계 및 구성 작업

3 도면

(1) 공기압 회로도

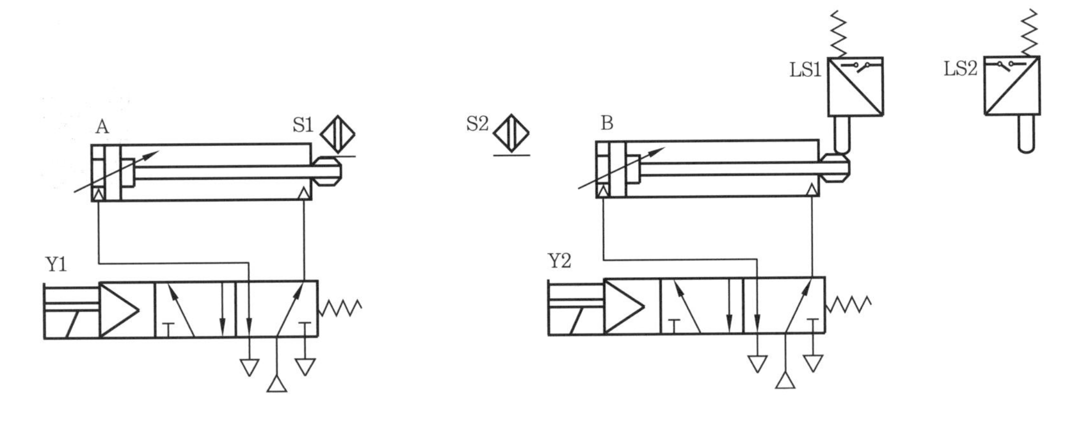

(2) 전기 회로도

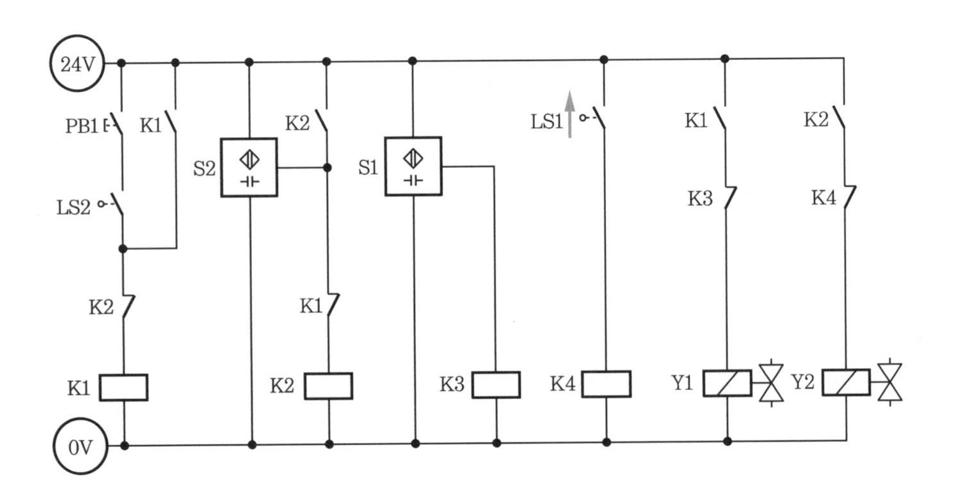

(3) 기본 제어 동작

① 초기 상태에서 PB1 스위치를 ON-OFF하면 다음 변위 단계 선도와 같이 동작합니다.

② 변위 단계 선도

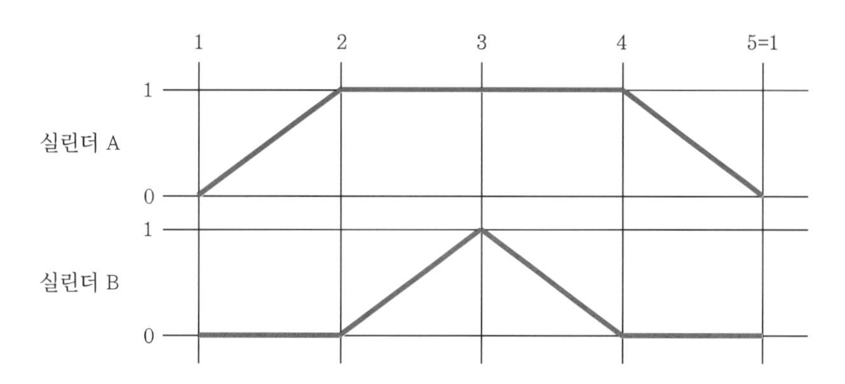

(4) 응용 제어 동작

※ 기본 제어 동작을 다음 조건과 같이 변경하시오.

① 연속 동작 스위치(PB2) 및 연속 정지 스위치(PB3)를 추가하여 다음과 같이 동작하도록 합니다.

㈎ 연속 동작 스위치를 ON-FF하면 기본 제어 동작이 연속 사이클로 동작되어야 하고 연속정지 스위치를 ON-FF하면 실린더는 전부 후진한 후 정지합니다.

② 비상 스위치(PB4)를 추가하여 다음과 같이 동작하도록 합니다.

㈎ 비상 스위치를 누르면 실린더 A는 전진하고 실린더 B는 후진되어야 합니다.

③ 실린더 A의 전·후진 속도와 실린더 B의 전·후진 속도가 같도록 배기 교축(meter-out) 방법에 의해 조정합니다.

(1) 기본 회로도 수정 : 1열 LS2를 S1로, 2열 K2-b를 K4-b로, 5열 K1-b를 K1-a로, 7열 S1을 LS2-a로 수정, K3 코일 위에 K2-a 추가 삽입, 8열 추가하여 K3-a 자기 유지, 9열 LS1-b를 LS1-a로, 아래에 K3-a 추가, 10열 K3-b 삭제, 11열 K4-b를 K3-b로 수정

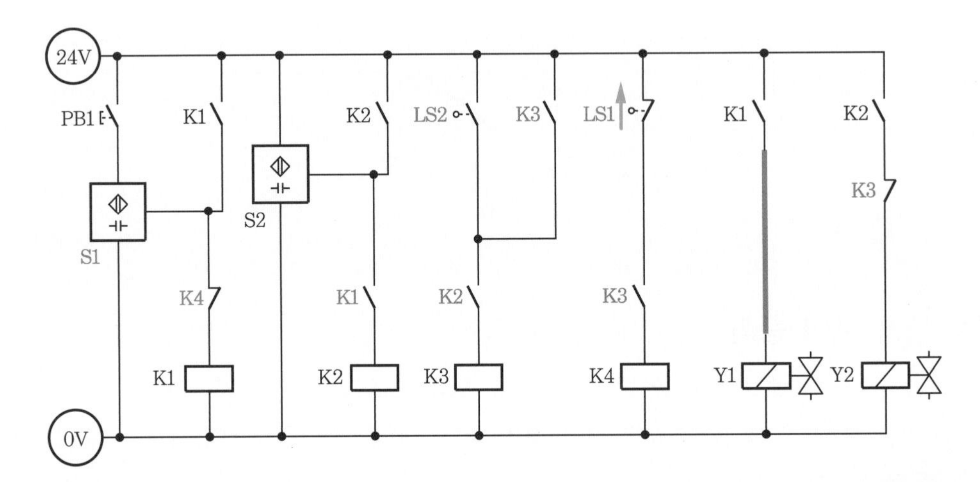

(2) 응용 회로도

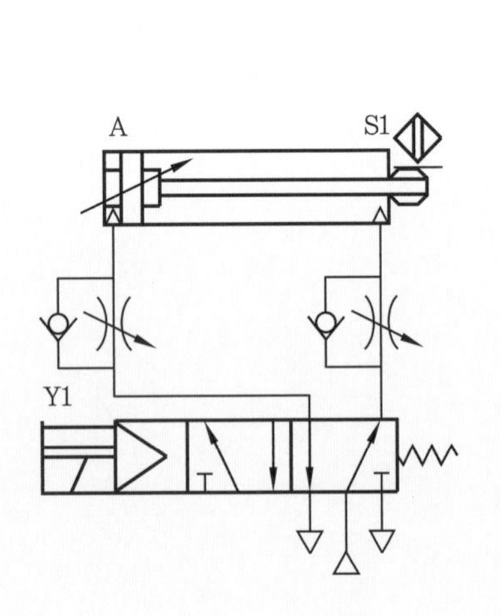

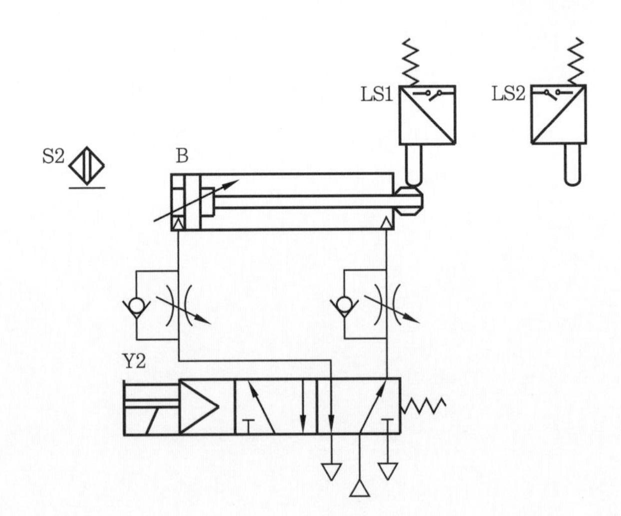

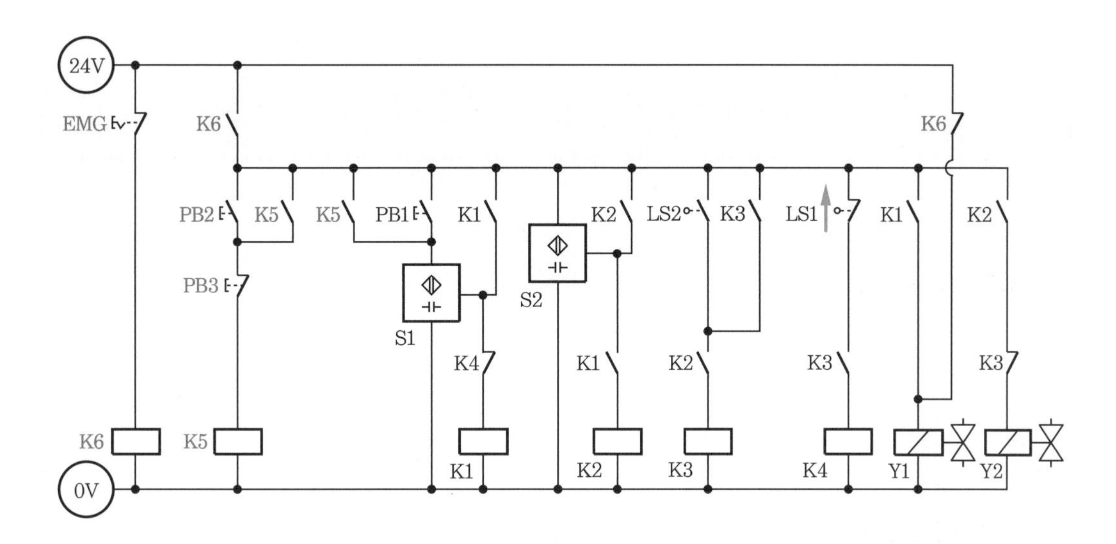

작업 시 유의사항

① 리밋 스위치 LS1은 a 접점이다.

② 응용 작업 중 한방향 유량 제어 밸브의 방향에 유의한다.

국가기술자격 실기시험문제 ⑫

자격종목	설비보전기사	과제명	전기 공기압 회로 설계 및 구성 작업

3 도면

(1) 공기압 회로도

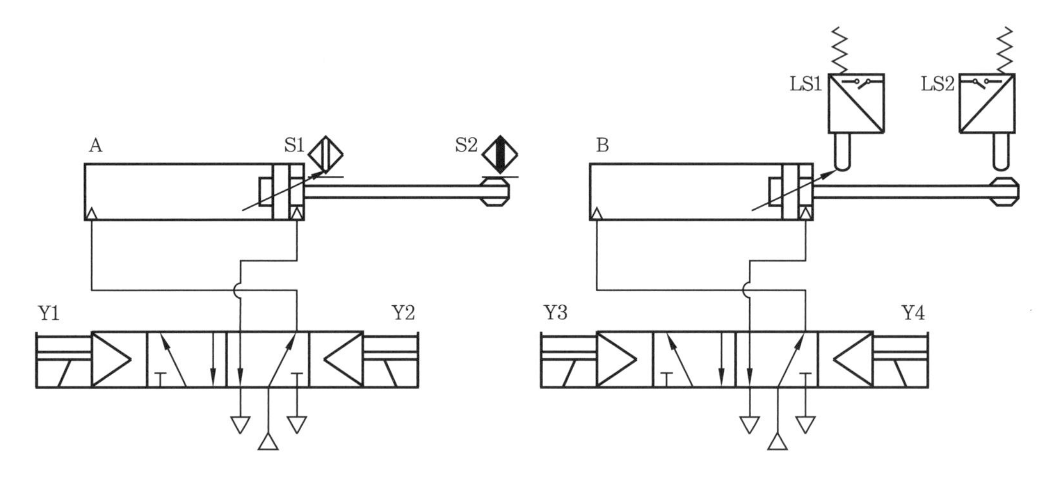

(2) 전기 회로도

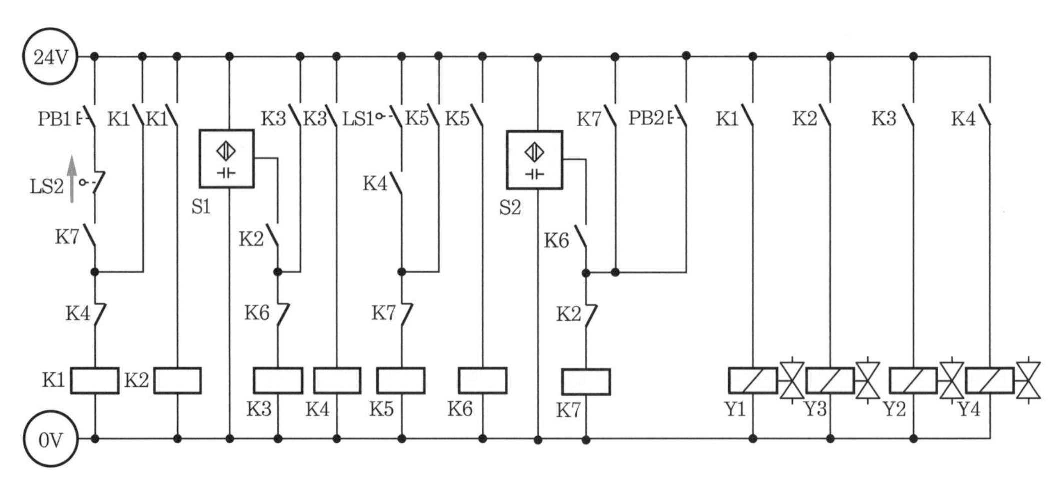

(3) 기본 제어 동작

① 초기 상태에서 리셋 스위치(PB2)를 ON-OFF한 후 시작 스위치(PB1)를 ON-OFF하면 다음 변위 단계 선도와 같이 동작합니다.

② 변위 단계 선도

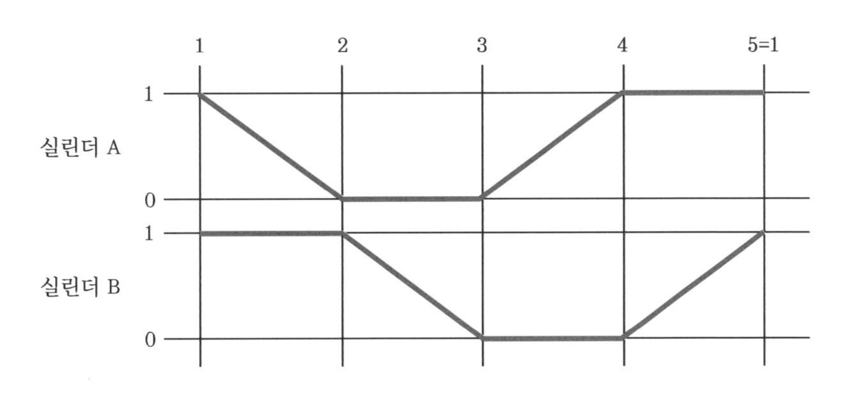

(4) 응용 제어 동작

※ 기본 제어 동작을 다음 조건과 같이 변경하시오.

① 타이머를 사용하여 다음과 같이 동작되도록 해야 합니다.

㈎ 실린더 A가 후진 완료 후 실린더 B가 후진하고, 실린더 A가 전진 완료 후 3초 후에 실린더 B가 전진 완료하고 정지합니다.

② 기존의 시작 스위치, 리셋 스위치 외에 연속 동작 스위치(반드시 회로를 구성하고 잠금 장치 스위치는 사용 불가)와 카운터를 사용하여 연속 사이클(반복 자동 사이클) 회로를 구성하여 다음과 같이 동작되도록 합니다.

㈎ 연속 동작 스위치를 누르면 연속 사이클(반복 자동 사이클)로 계속 동작합니다.

㈏ 연속 사이클 횟수를 3회로 설정하고 그 사이클이 완료된 후 정지하여야 합니다.

㈐ 리셋 스위치를 ON-OFF하면 실린더 및 카운터는 초기화되도록 합니다.

③ 실린더 A는 전진 속도, B는 후진 속도를 조절하기 위한 meter-out 회로를 구성하고 조정합니다.

(1) 기본 회로도 수정 : 16열 K2를 K3로, 17열 K3를 K5로, 18열 K4를 K7로 수정

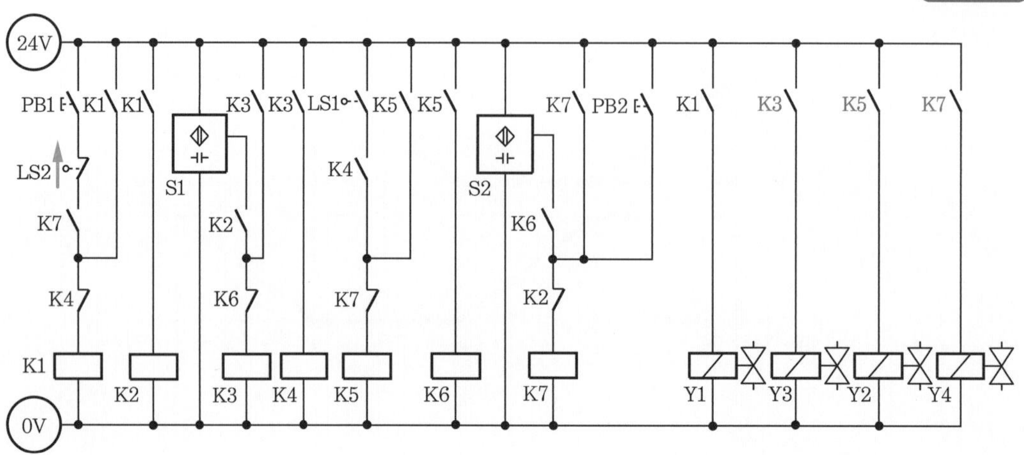

(2) 응용 회로도

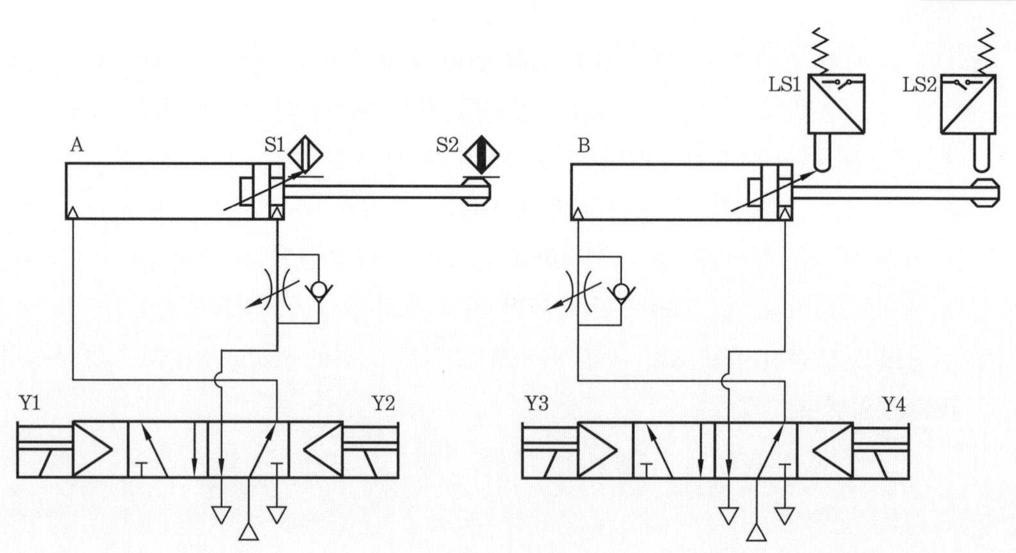

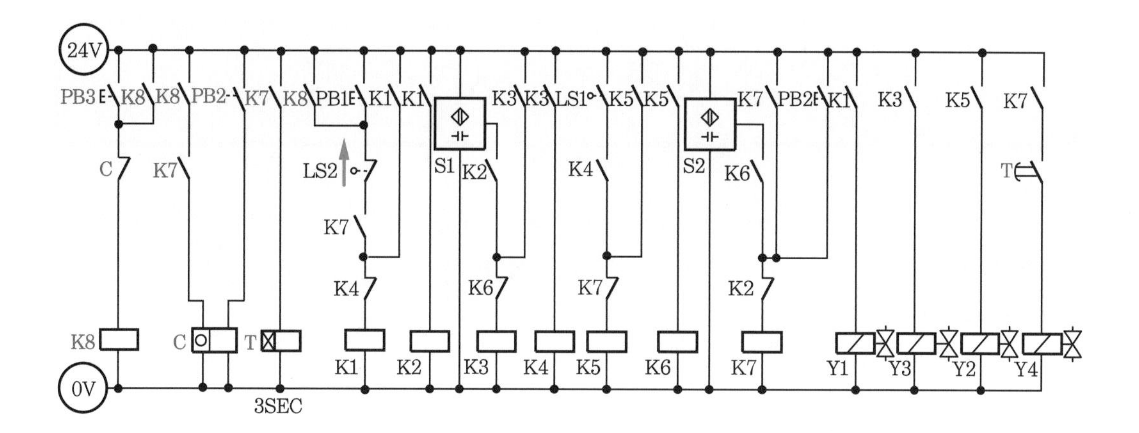

작업 시 유의사항

① 리밋 스위치 LS1은 a 접점이다.

② 기본 전기 회로도의 릴레이 코일 중 K2, K4, K6은 없어도 회로 구성에 지장이 없다.

③ 연속 작업 3회 후 재연속을 하려면 카운터 리셋을 강제로 해야 한다.

④ 응용 작업 중 한방향 유량 제어 밸브의 위치와 방향에 유의한다.

국가기술자격 실기시험문제 ⑬

자격종목	설비보전기사	과제명	전기 공기압 회로 설계 및 구성 작업

3 도면

(1) 공기압 회로도

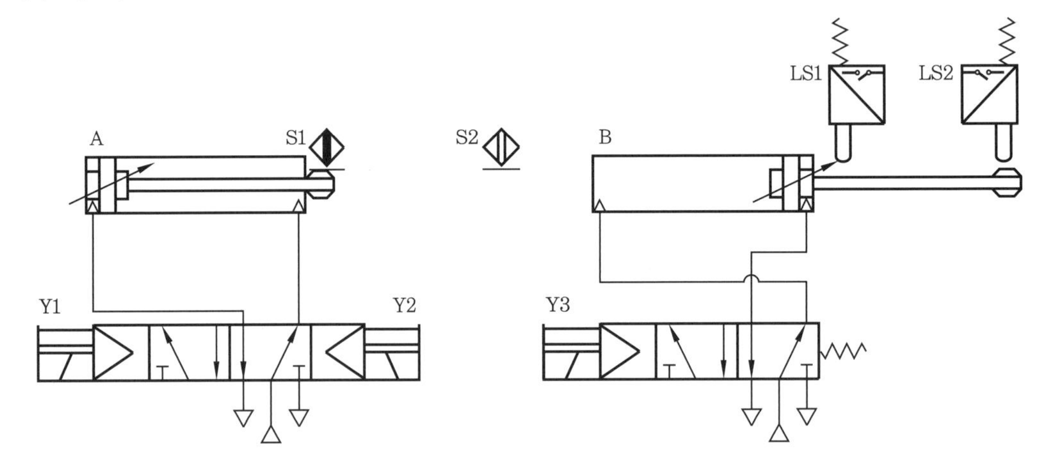

(2) 전기 회로도

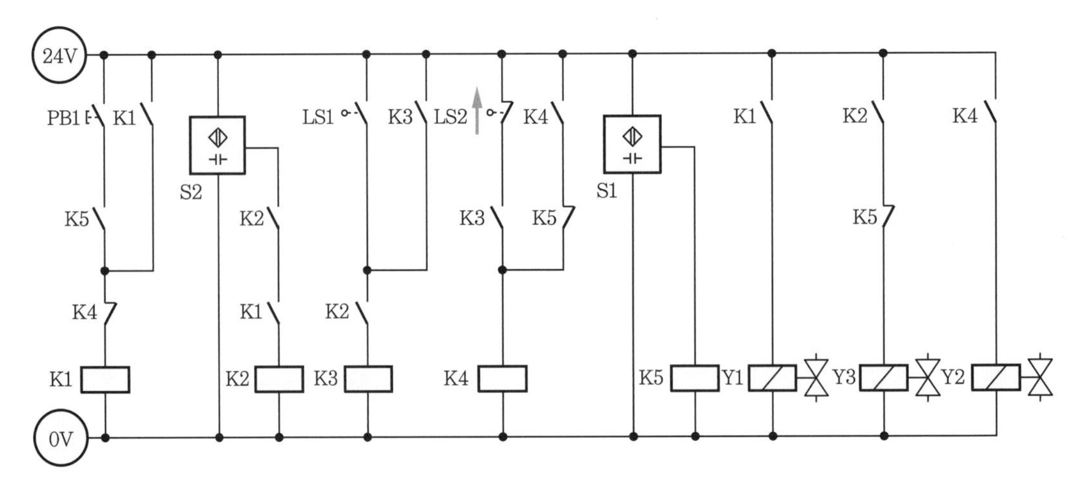

(3) 기본 제어 동작

① 초기 상태에서 PB1 스위치를 ON-OFF하면 다음 변위 단계 선도와 같이 동작합니다.

② 변위 단계 선도

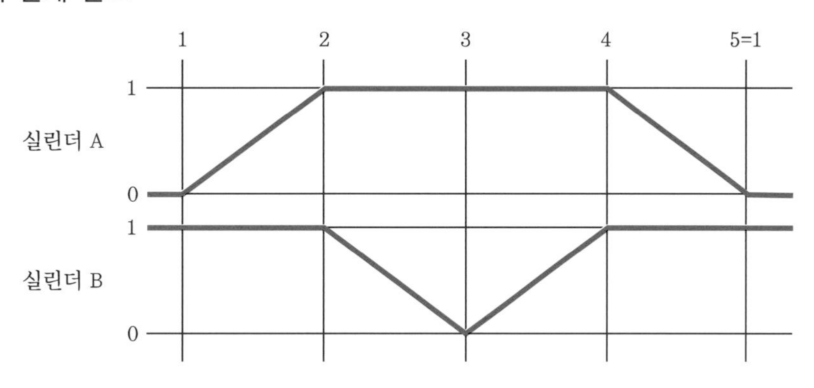

(4) 응용 제어 동작

※ 기본 제어 동작을 다음 조건과 같이 변경하시오.

① 타이머를 사용하여 다음과 같이 동작되도록 해야 합니다.

㈎ 실린더 A가 전진 완료 후 실린더 B가 후진하고, (전진하며), 실린더 B가 전진 완료 후 3초 후에 실린더 A가 후진 완료하고 정지합니다.

② 기존의 시작 스위치 외에 연속 시작 스위치(PB2)와 카운터를 사용하여 연속 사이클(반복 자동행정) 회로(반드시 회로를 구성하고 잠금 장치 스위치는 사용 불가)를 구성하여 다음과 같이 동작되도록 합니다.

㈎ 연속 동작 스위치를 누르면 연속 사이클(반복 자동행정)로 계속 동작합니다.

㈏ 연속 사이클 횟수를 3회로 설정하고 그 사이클이 완료된 후 정지하여야 합니다.

㈐ 연속 동작 중에 비상정지 스위치(PB3)를 누르면 실린더 A와 실린더 B 모두 후진하여 정지합니다.

㈑ 카운터 리셋 스위치(PB4)를 누르면 카운터는 0으로 리셋되도록 합니다.

③ 실린더 A, B 전진 속도를 조절하기 위한 meter-out 회로를 구성하고 조정합니다.

풀이

(1) 기본 회로도 수정 : 4열 K2 병렬을 자기 유지로, 13열 K5-b를 K3-b로 수정

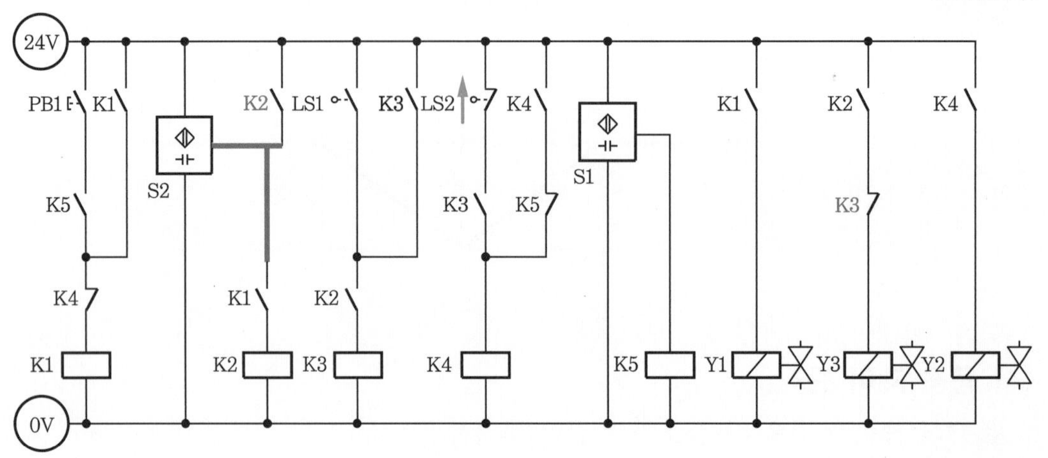

(2) 응용 회로도

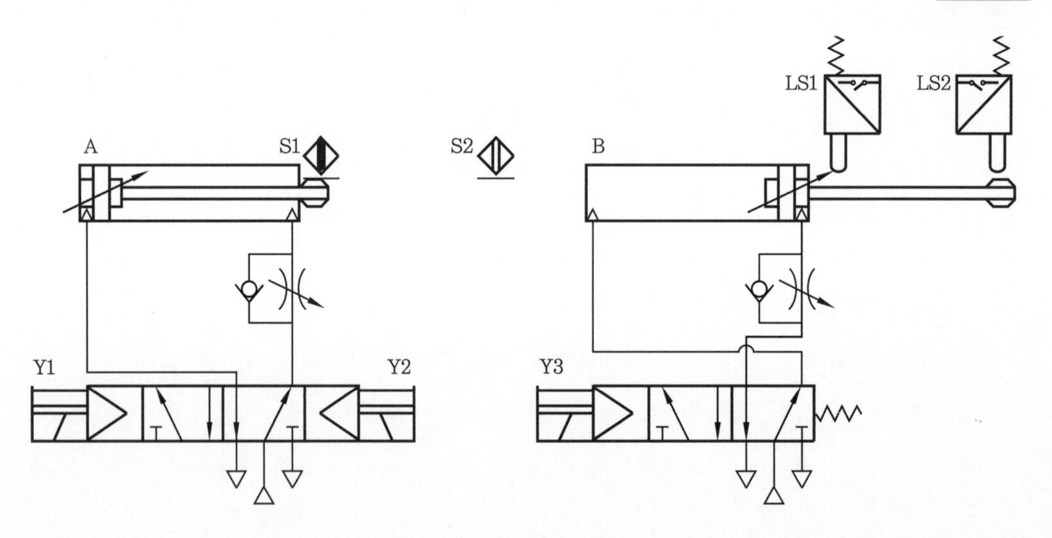

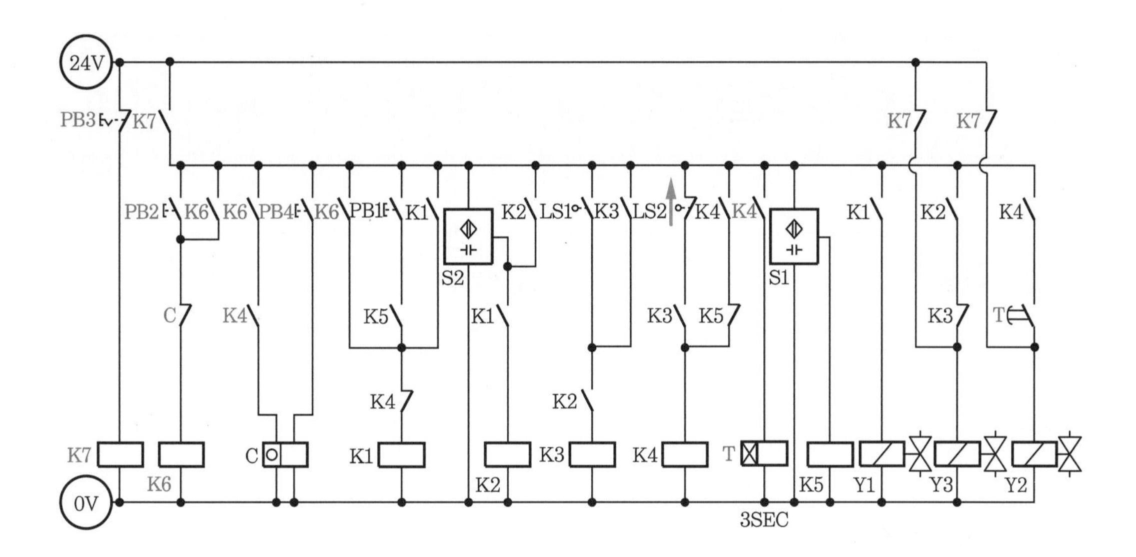
24V
0V
PB3
PB2
PB4
PB1
LS1
LS2
K1
K2
K3
K4
K5
K6
K7
C
T
S1
S2
Y1
Y2
Y3
3SEC

국가기술자격 실기시험문제 ⑭

자격종목	설비보전기사	과제명	전기 공기압 회로 설계 및 구성 작업

3 도면

(1) 공기압 회로도

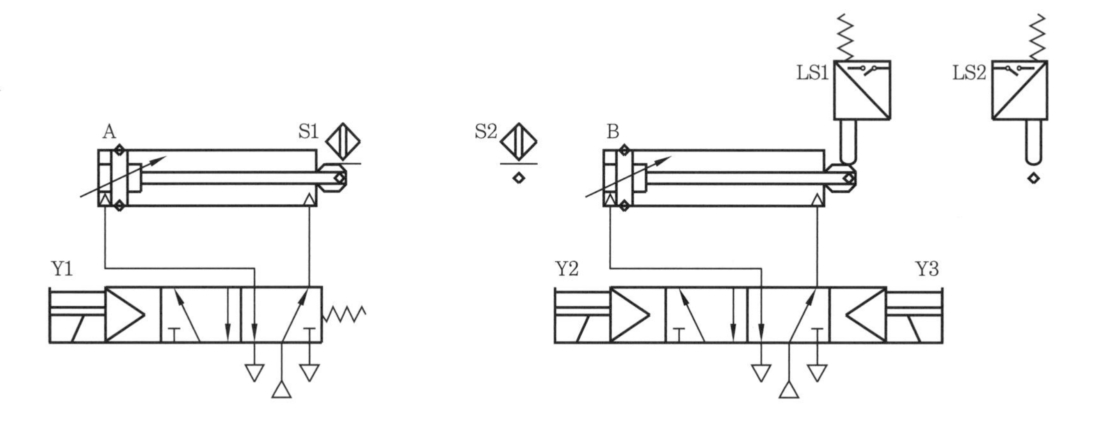

(2) 전기 회로도

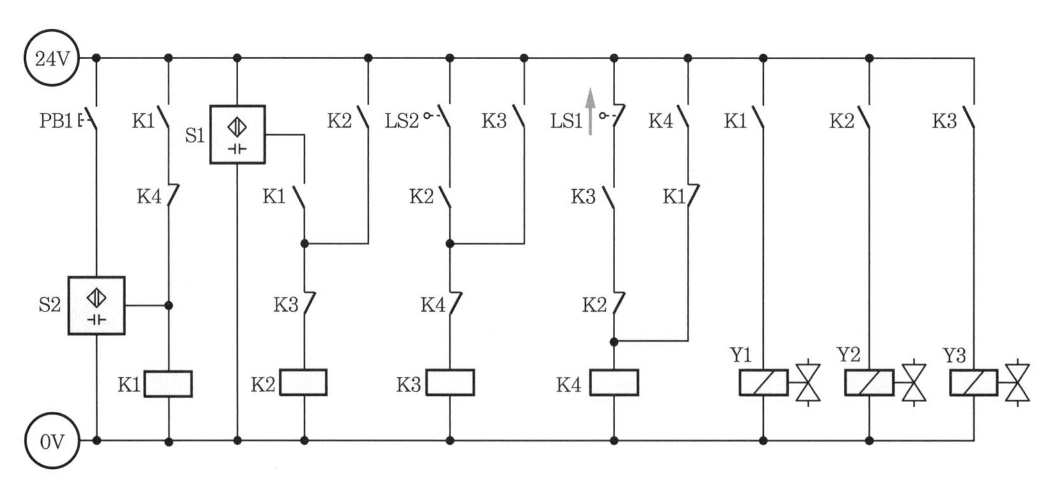

(3) 기본 제어 동작

① 초기 상태에서 PB1 스위치를 ON-OFF하면 다음 변위 단계 선도와 같이 동작합니다.

② 변위 단계 선도

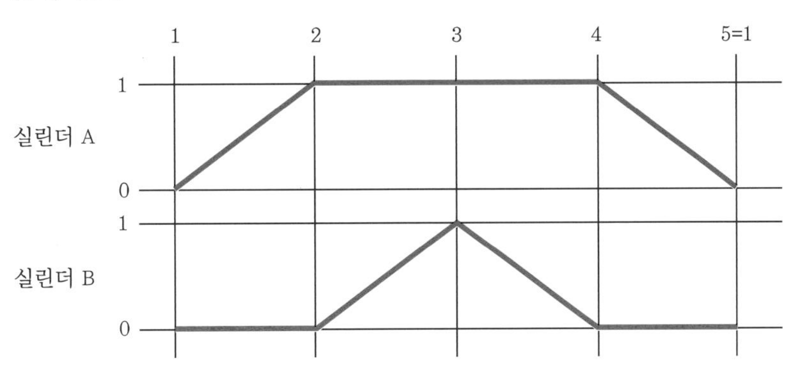

(4) 응용 제어 동작

※ 기본 제어 동작을 다음 조건과 같이 변경하시오.

① 기존 회로에 타이머를 사용하여 다음 변위 단계 선도와 같이 동작되도록 합니다.

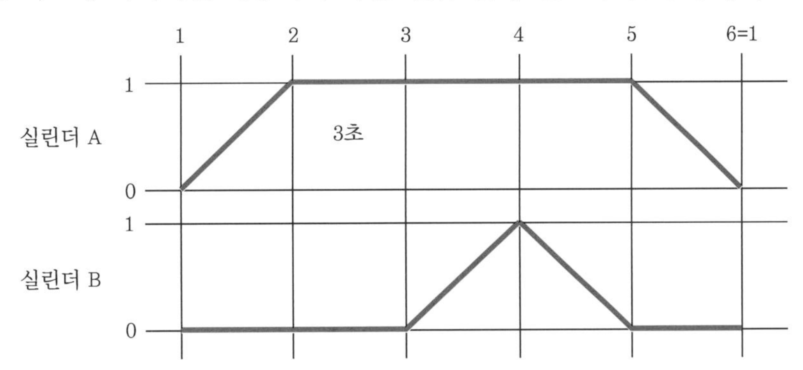

② 연속 스위치와 비상 스위치를 추가하여 다음과 같이 동작하도록 합니다.

(가) 연속 스위치를 선택하면 기본 제어 동작이 연속 사이클로 동작되어야 합니다.

(나) 연속 작업에서 비상 스위치가 동작되면 모든 실린더는 후진되어야 합니다.

(다) 비상 스위치를 해제하면 시스템은 초기화되어야 합니다.

③ 실린더 A의 전·후진 속도와 실린더 B의 전·후진 속도를 조절할 수 있도록 배기 공기 교축(meter-out) 회로를 추가합니다.

(1) 기본 회로도 수정 : 1열 S2-a를 S1-a로, 3열 S1-a를 S2-a로, 9열 자기 유지 회로 K1-b 아래 분기를 8열 K3-a 아래로 수정

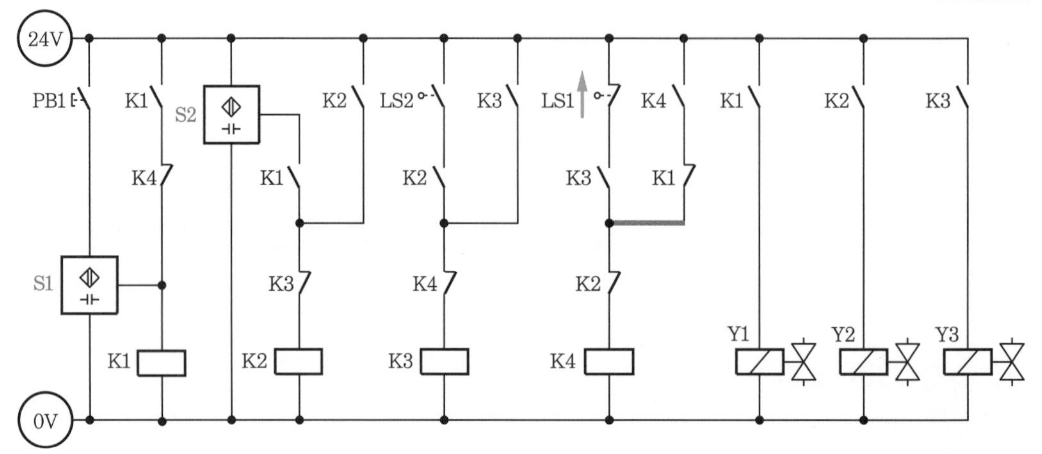

(2) 응용 회로도

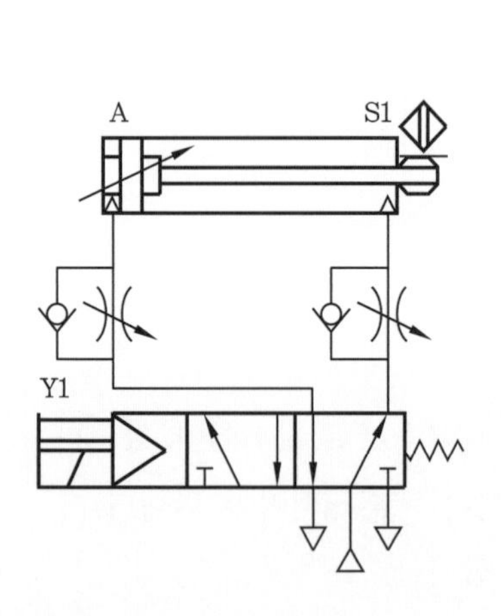

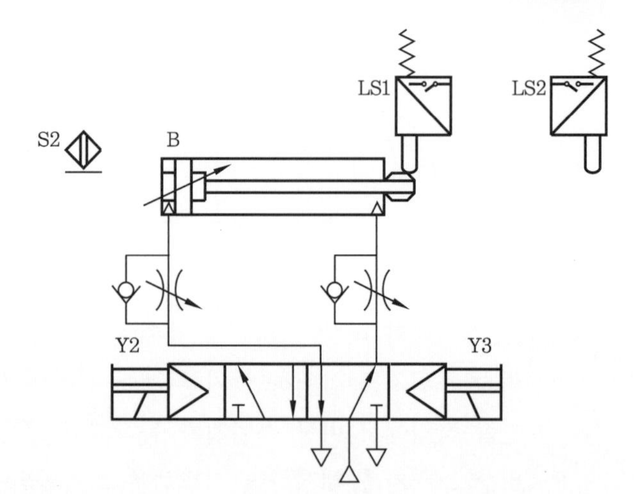

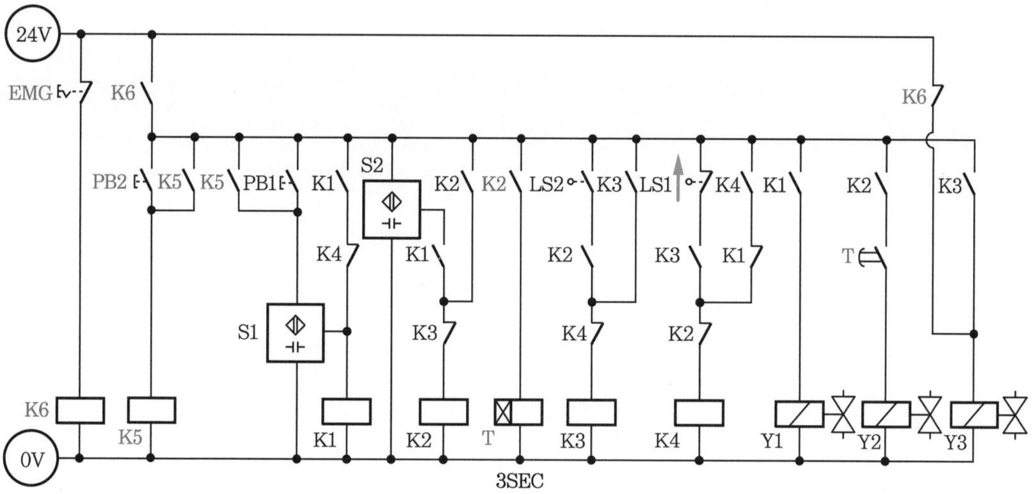

작업 시 유의사항

① 리밋 스위치 LS1은 a 접점이다.
② 응용 작업 중 접점 삽입 시 접점의 위치를 확인하고 리드선이 빠지지 않도록 유의한다.
③ 응용 작업 중 한방향 유량 제어 밸브의 방향에 유의한다.

설비보전기사 실기

PART 3 전기 유압 회로 설계 및 구성 작업

- 국가기술자격 실기시험문제 ①~⑭

국가기술자격 실기시험문제 ①

자격종목	설비보전기사	과제명	전기 유압 회로 설계 및 구성 작업

※ 문제지는 시험 종료 후 본인이 가져갈 수 있습니다.

비번호		시험일시		시험장명	

※ 시험시간 : [제2과제] 1시간

1 요구사항

- 지급된 재료 및 시설을 사용하여 아래 작업을 완성하시오.
- 작품을 제출한 후에는 재작업을 할 수 없음을 유의하여 작업하시오.

(1) 유압기기 배치

① 유압 회로도와 같이 유압기기를 선정하여 고정판에 배치하시오. (단, 유압기기는 수평 또는 수직 방향으로 수험자가 임의로 배치하고, 리밋 스위치는 방향성을 고려하여 설치하시오.)

② 유압호스를 사용하여 기기를 연결하시오. (단, 유압호스가 시스템 동작에 영향을 주지 않도록 정리하시오.)

③ 유압 공급압력은 4±0.2 MPa로 설정하시오.

④ 작업이 완료된 상태에서 유압을 공급했을 때 유압유의 누설이 발생하지 않도록 하시오.

(2) 유압 회로 설계 및 구성

① 주어진 전기 회로도 중 오류 부분은 수험자가 정정하여 기본 제어 동작을 만족하도록 시스템을 구성하시오. (단, 릴레이의 개수가 증가되거나 감소되지 않도록 작업하시오.)

② 응용 제어 동작을 만족하도록 시스템을 변경하시오.

③ 전기 배선은 전원의 극성에 따라 +24 V는 적색, -0 V는 청색(또는 흑색)의 리드선을 구별하여 사용하시오.
④ 작업이 완료된 상태에서 전원을 투입했을 때 쇼트가 발생하지 않도록 하시오.
⑤ 지정되지 않은 누름 버튼 스위치는 자동복귀형 스위치를 사용하시오. (단, 비상정지 스위치 등 해제 동작이 필요한 스위치는 유지형 스위치를 사용할 수 있습니다.)
⑥ 모든 동작은 전원을 유지한 상태에서 재동작이 가능하도록 회로를 구성하시오.

2 수험자 유의사항

※ 다음의 유의사항을 고려하여 요구사항을 완성하시오.
① 시험 시작 전 장비 이상 유무를 확인합니다.
② 시험 중 반드시 시험감독위원의 지시에 따라야 하며, 시험시간 동안 시험감독위원의 지시가 없는 한 시험장을 임의로 이탈할 수 없습니다.
③ 시험에 필요한 기기 이외의 부품이나 장비에 임의로 접촉하지 않도록 주의하시기 바랍니다.
④ 유압 호스의 제거는 공급압력을 차단한 후 실시하시기 바랍니다.
⑤ 전기 연결의 합선 시 즉시 전원공급 장치의 전원을 차단하시기 바랍니다.
⑥ 액추에이터의 작동 부분에는 전선 및 호스가 접촉되지 않도록 주의하여야 합니다.
⑦ 수험자는 작업이 완료되면 시험감독위원의 확인을 받아야 하고, 시험감독위원의 지시에 따라 동작시킬 수 있어야 합니다. (단, 평가 시 전원이 유지된 상태에서 2회 이상 동작 시도하여 동일하게 정상 동작이 되어야 하며, 1회만 동작하고 2회 이상 시도 시 정상적으로 동작하지 않으면 인정하지 않습니다.)
⑧ 기본 제어 동작을 완성하고 반드시 시험감독위원의 평가를 받은 후 응용 제어 동작을 수행하여야 합니다.
⑨ 평가 종료 후 작업한 자리의 부품을 정리하여 모든 상태를 초기 상태로 정리하시기 바랍니다.
⑩ 다음 사항은 실격에 해당하여 채점 대상에서 제외됩니다.
㈎ 수험자 본인이 수험 도중 시험에 대한 기권 의사를 표현하는 경우
㈏ 실기시험 과정 중 1개 과정이라도 불참한 경우
㈐ 시설·장비의 조작 또는 재료의 취급이 미숙하여 위해를 일으킬 것으로 시험감독위원 전원이 합의하여 판단한 경우

(라) 시험감독위원의 지시에 불응한 경우
(마) 기본 제어 동작을 시험감독위원에게 확인받지 않고 다음 작업을 진행한 경우
(바) 설비보전기사 실기 과제 중 한 과제라도 응시하지 않은 경우
(사) 설비보전기사 실기 과제 "전기 공기압 회로 설계 및 구성 작업, 전기 유압 회로 설계 및 구성 작업" 중 하나라도 0점인 과제가 있는 경우
(아) 작업을 수험자가 직접 하지 않고 다른 사람으로부터 도움을 받아 작업을 할 경우
(자) 시험 중 타인과 대화를 하거나 다른 수험자의 작품을 고의적으로 모방하는 경우
(차) 시험 중 휴대폰을 사용하거나 인터넷 및 네트워크 환경을 이용할 경우
(카) 시험 중 시험감독위원의 지시 없이 시험장을 이탈한 경우
(타) 시험장 물품을 시험감독위원의 허락 없이 반출한 경우
(파) 본인의 지참공구 외에 타인의 공구를 빌려서 사용한 경우
(하) 지급된 재료 이외의 재료를 사용한 경우
(거) 시험시간 내에 작품을 제출하지 못한 경우
(너) 기본 제어 동작을 유압 회로도와 기능이 상이한 기기로 구성하거나 기기를 누락하여 구성한 경우
(더) 기본 제어 동작이 문제와 일치하지 않는 작품

3 도면

(1) 유압 회로도

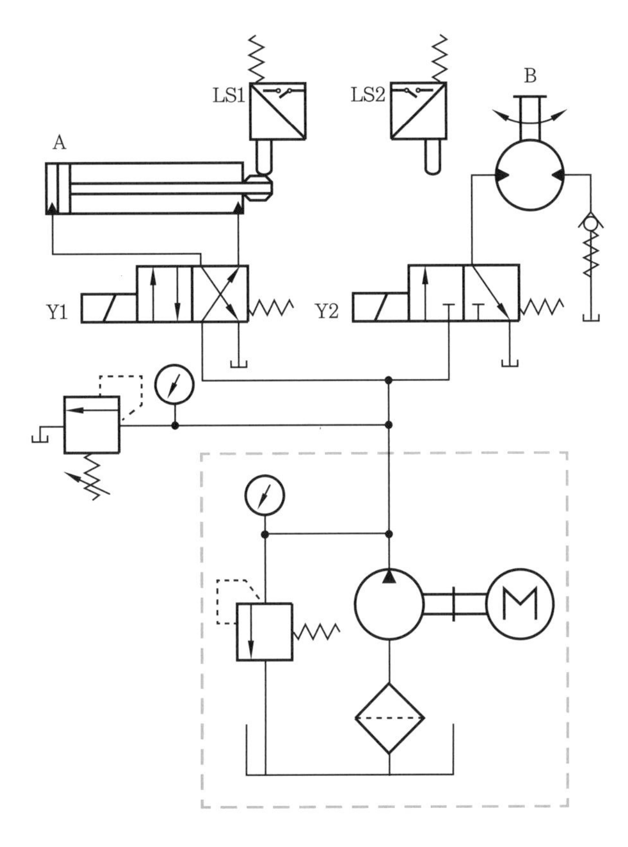

(2) 전기 회로도

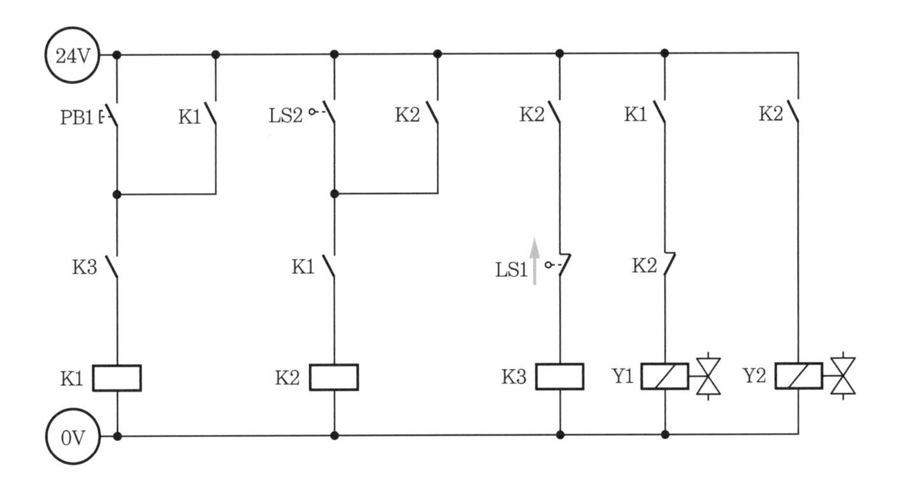

(3) 기본 제어 동작

① 초기 상태에서 PB1 스위치를 ON-OFF하면 다음 변위 단계 선도와 같이 동작합니다.

② 변위 단계 선도

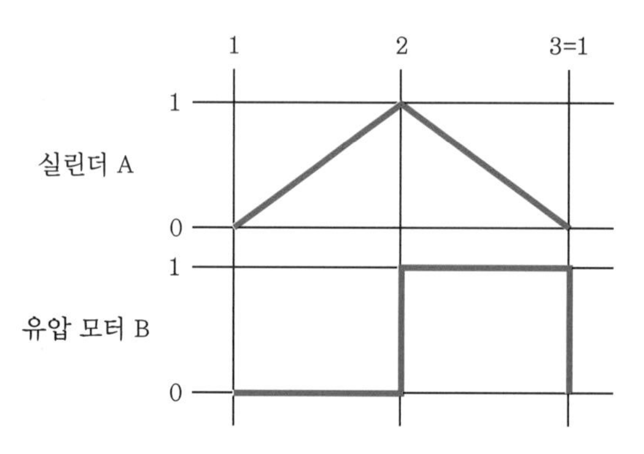

(4) 응용 제어 동작

※ 기본 제어 동작을 다음 조건과 같이 변경하시오.

① 누름 버튼 스위치(PB2)(유지형 스위치 사용 가능)와 압력 스위치(PS) 및 기타 부품을 추가하여 다음과 같이 동작되도록 합니다.

㈎ 누름 버튼 스위치(PB2)를 한 번 누르면 기본 제어 동작이 연속(반복 자동행정)으로 동작합니다.

㈏ 누름 버튼 스위치(PB2)를 다시 누르면 모두 초기 상태가 되어야 합니다.

㈐ 실린더 A가 전진 완료 후 전진측 공급압력이 3 MPa(30 kgf/cm^2) 이상 되어야 실린더 A가 후진되고 유압 모터 B가 회전하도록 압력 스위치를 사용하여 회로를 구성합니다.

② 실린더 A의 후진 속도가 7초가 되도록 meter-out 회로를 구성하여 속도를 조정합니다.

(1) 기본 회로도 수정 : 1열 K3-a 접점을 K3-b로 수정

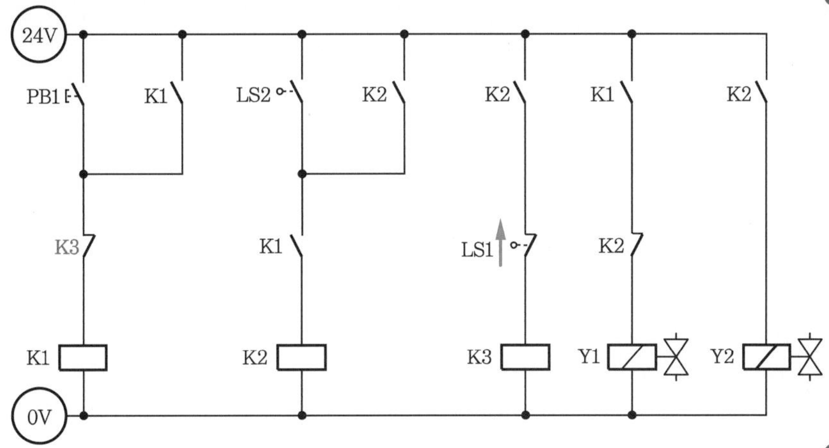

(2) 응용 회로도

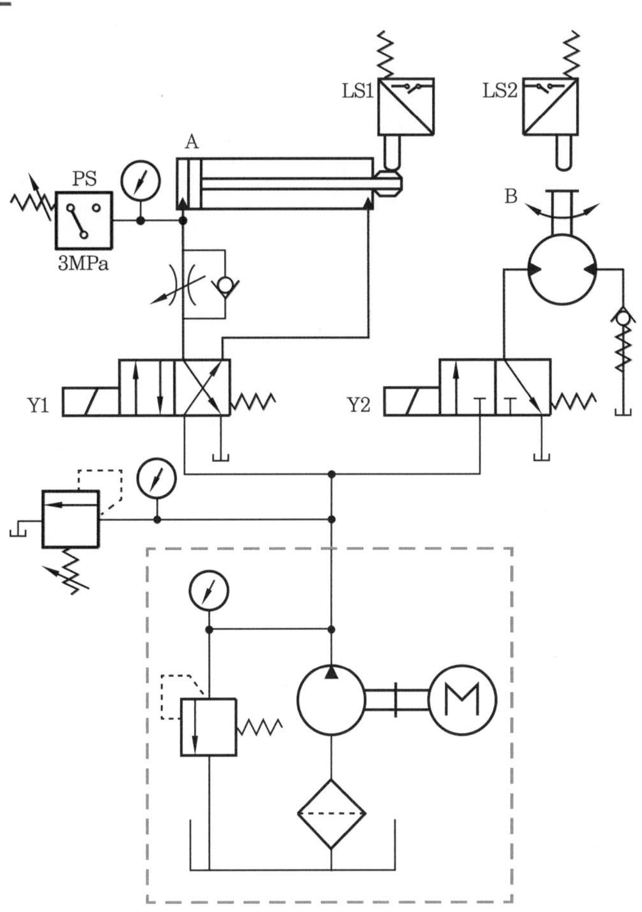

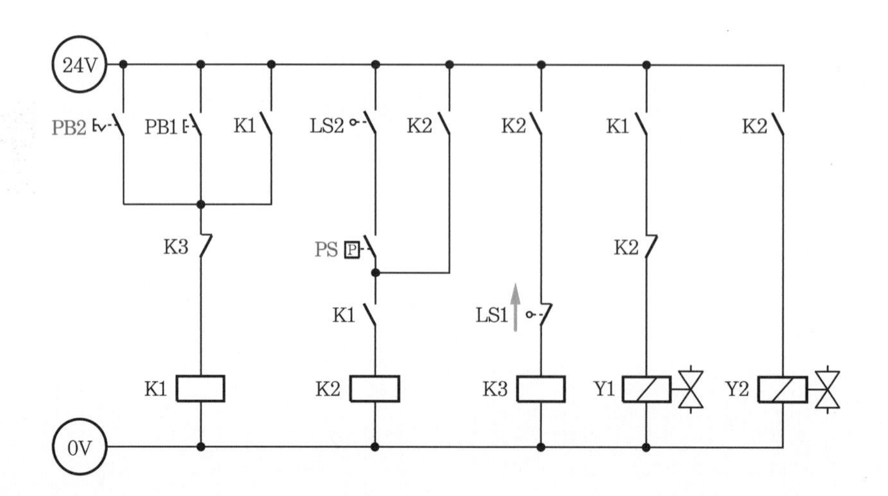

작업 시 유의사항

① 체크 밸브를 잊지 않고 부착하며, 이때 방향에 주의한다.
② 리밋 스위치 LS1은 a 접점이다.
③ 응용 작업에서 릴리프 밸브를 설치하여 설정압을 3 MPa로 설정한 후 압력 스위치의 세팅이 끝나면 압력 스위치와 배선을 해체한 다음 실린더 전진측에 압력 게이지를 설치한 후 배관한다.
④ 릴리프 밸브의 설정압을 4 MPa로 재설정한다.
⑤ 한방향 유량 제어 밸브의 체크 밸브 방향을 반드시 확인하여 설치해야 한다.
⑥ PB2 스위치는 자기 유지형인 디텐트 스위치를 사용한다.

국가기술자격 실기시험문제 ②

자격종목	설비보전기사	과제명	전기 유압 회로 설계 및 구성 작업

3 도면

(1) 유압 회로도

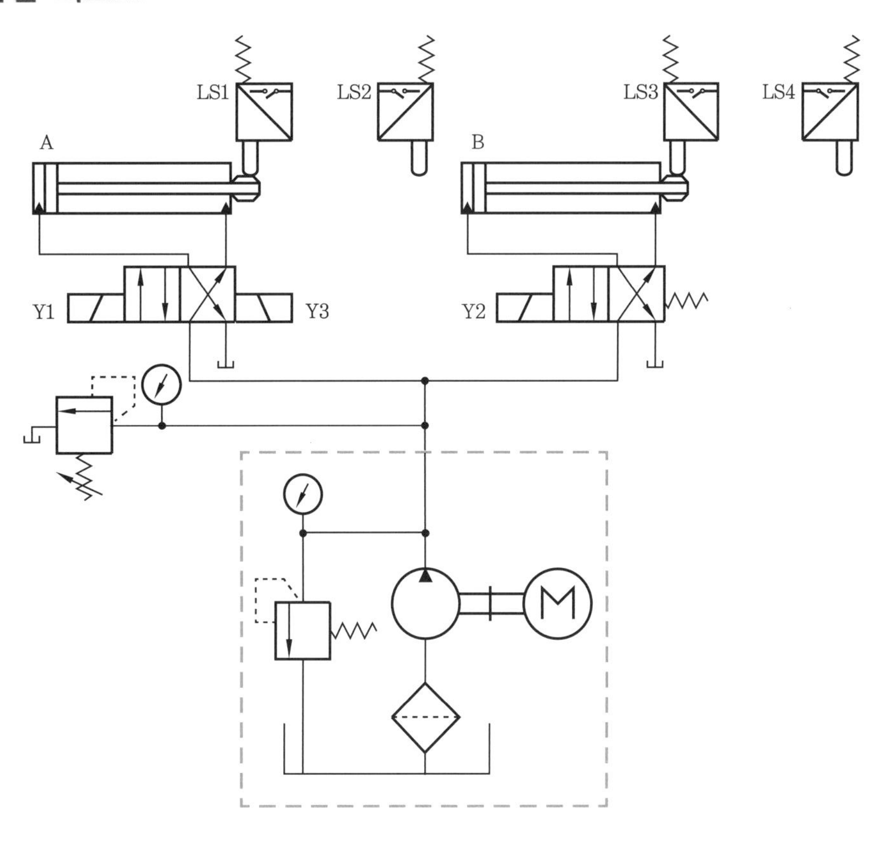

(2) 전기 회로도

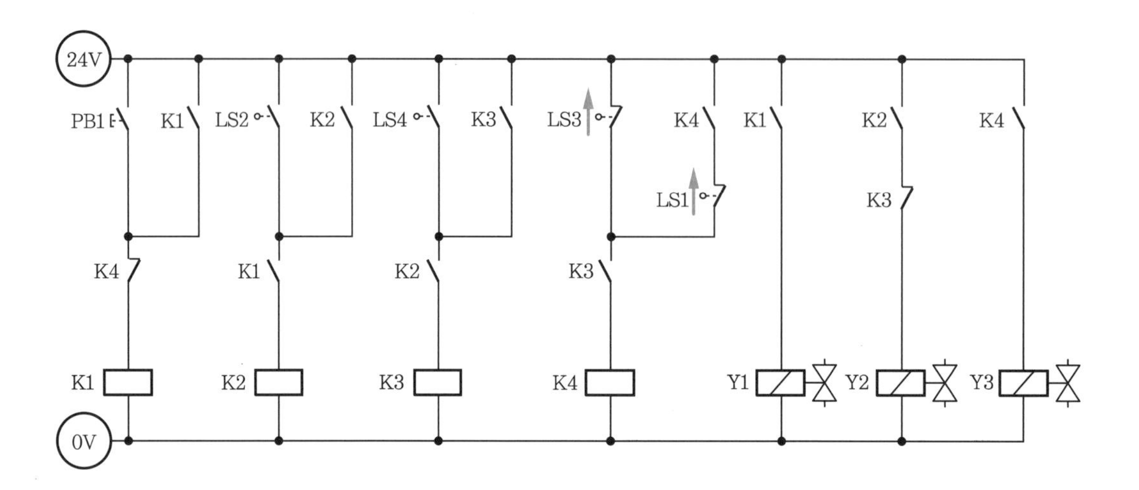

(3) 기본 제어 동작

① 초기 상태에서 PB1 스위치를 ON-OFF하면 다음 변위 단계 선도와 같이 동작합니다.

② 변위 단계 선도

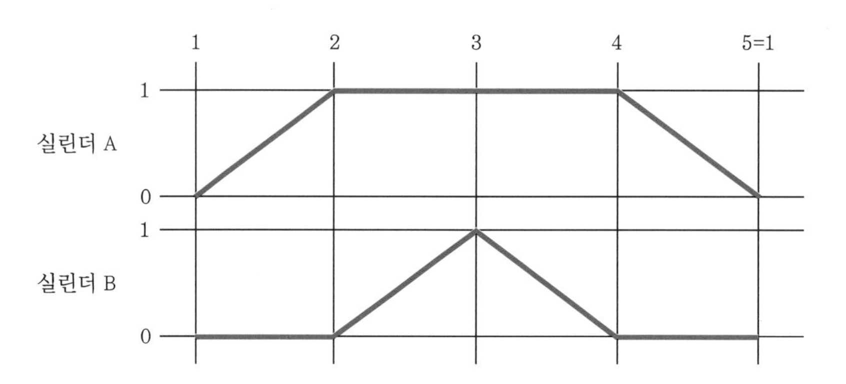

(4) 응용 제어 동작

※ 기본 제어 동작을 다음 조건과 같이 변경하시오.

① 누름 버튼 스위치를 추가하여 다음과 같이 동작합니다.

㈎ 누름 버튼 스위치(PB2)를 한 번 누르면 기본 제어 동작이 연속 동작하여야 합니다.

㈏ 누름 버튼 스위치(PB3)를 한 번 누르면 행정이 완료된 후 정지하여야 합니다.

② 실린더 B측 압력라인(P)에 감압 밸브를 설치하여 유압 회로도를 변경하고, 감압 밸브의 압력이 2 MPa(20 kgf/cm^2)(오차±0.1 MPa)이 되도록 조정합니다.

(1) 기본 회로도 수정 : 8열 LS1 a를 b로, 8열 LS1 자기 유지 교착점을 7열 K3-a 아래로 수정

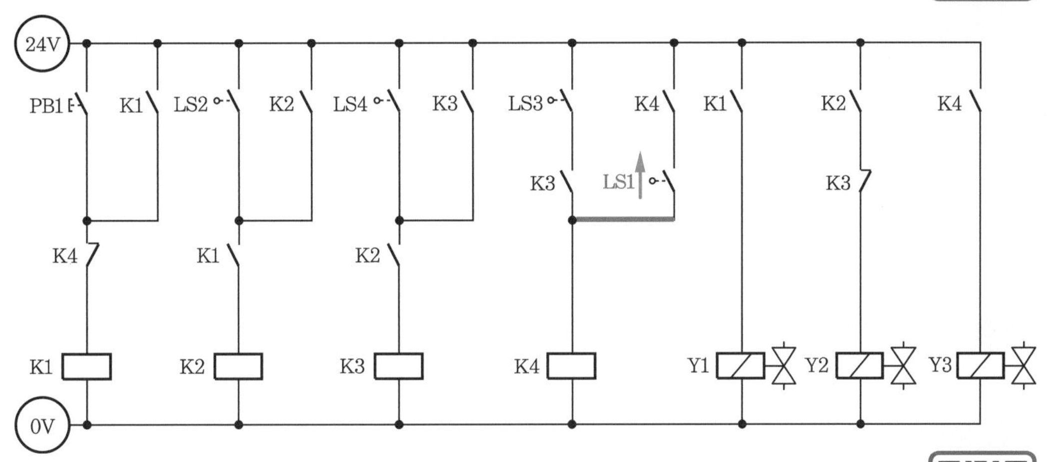

(2) 응용 회로도

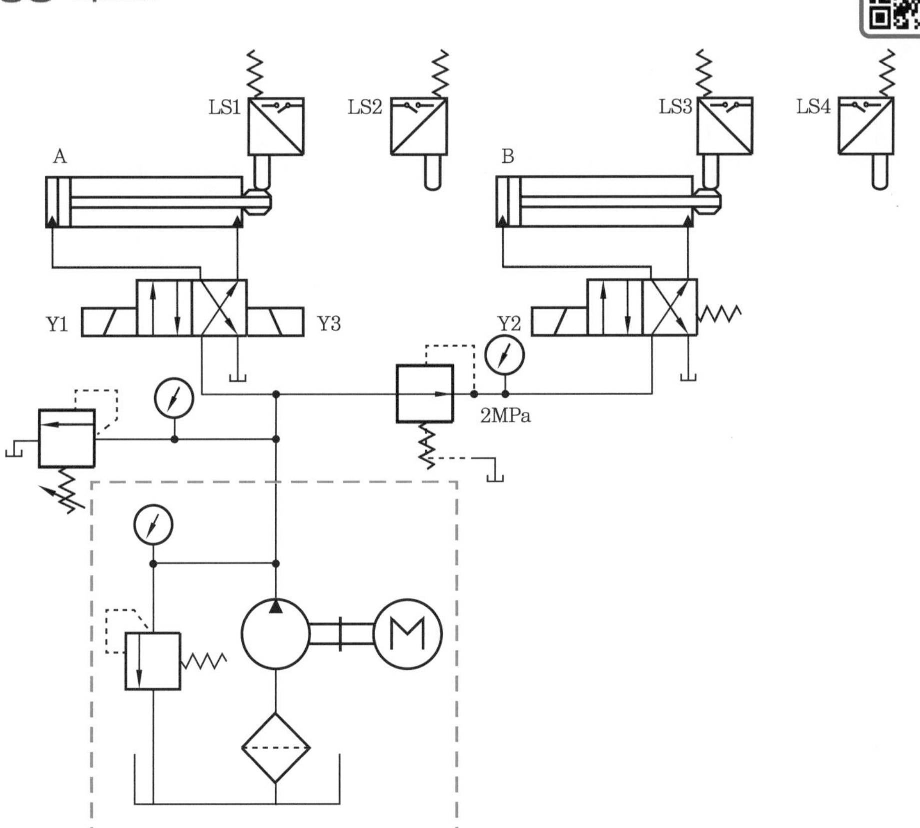

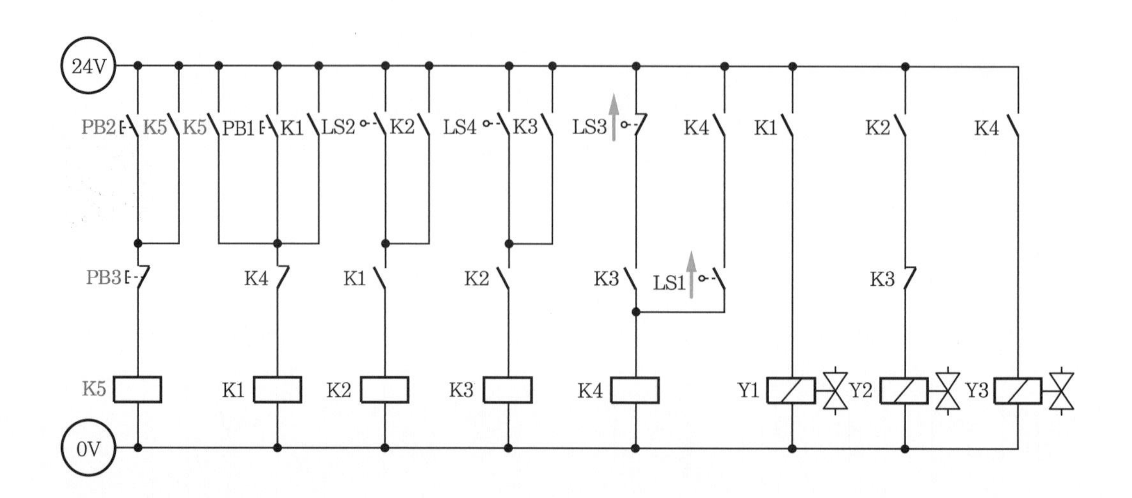

작업 시 유의사항

① 리밋 스위치 LS3은 a 접점, LS1은 b 접점이다.

② 솔레노이드 밸브의 배열이 Y1, Y3, Y2이므로 솔레노이드 밸브 Y2와 솔레노이드 밸브 Y3의 위치를 반드시 확인하고 배선해야 한다.

③ 응용 작업 시 압력 게이지 부착 분배기에 연결되어 있는 호스 중 4/2 WAY 단동 솔레노이드 밸브 Y2의 P 포트에 연결되어 있는 호스를 분리하고, 감압 밸브 및 압력 게이지를 설치한 후 호스를 도면과 같이 연결한다.

④ 펌프를 가동시킨 후 감압 밸브 출구에 있는 압력 게이지가 2 MPa이 되도록 감압 밸브의 조정 손잡이를 조작한다.

⑤ 3WAY 감압 밸브는 반드시 드레인 포트를 유압 호스로 탱크에 연결해야 한다.

국가기술자격 실기시험문제 ③

자격종목	설비보전기사	과제명	전기 유압 회로 설계 및 구성 작업

3 도면

(1) 유압 회로도

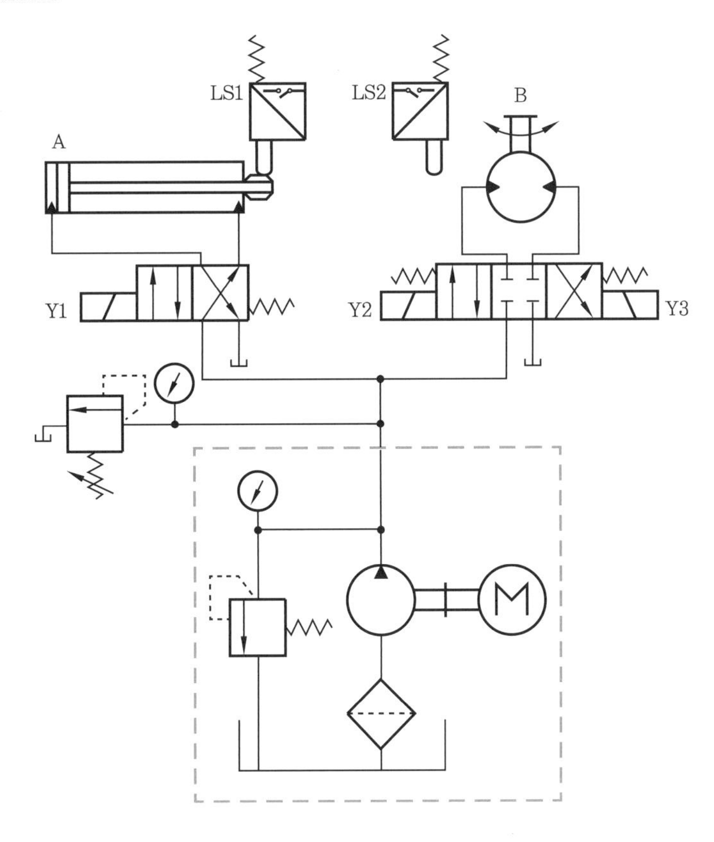

(2) 전기 회로도

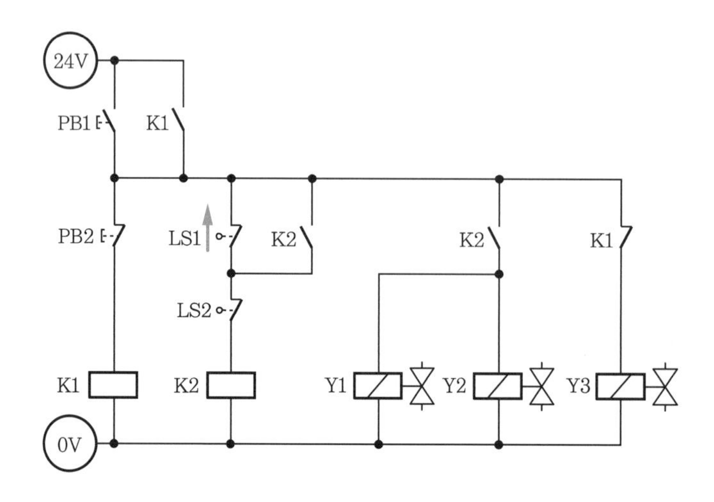

(3) 기본 제어 동작

① 초기 상태에서 시작 스위치(PB1)를 ON-OFF하면 다음 변위 단계 선도의 동작이 연속 사이클로 계속 동작되어야 합니다. (단, 정회전은 축방향에서 볼 때 시계방향, 역회전은 반시계방향입니다.)

② 정지 스위치(PB2)를 ON-OFF하면 연속 동작을 멈추고 초기 상태로 되어야 합니다.

③ 변위 단계 선도

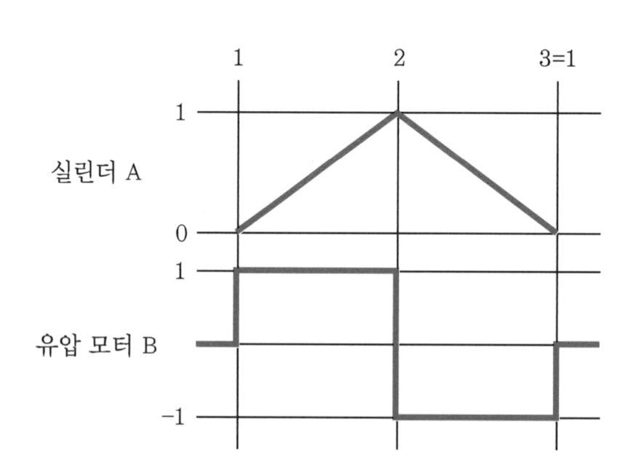

(4) 응용 제어 동작

※ 기본 제어 동작을 다음 조건과 같이 변경하시오.

① 기본 회로에 타이머 릴레이 및 기타 부품을 추가하여 다음과 같이 동작되도록 합니다.

㈎ 시작 스위치(PB1)를 ON-OFF하여 기본 제어 동작을 실행시킵니다.

㈏ 실린더 A 전진 완료 5초 후 실린더 A는 후진합니다. (단, 실린더 전·후진 시 모터는 기본 제어 동작과 같이 동작합니다.)

② 유압 모터 B의 정지 시 발생되는 서지 압력을 방지하기 위하여 작업라인 B에 압력 릴리프 밸브 및 체크 밸브를 설치하여 서지압 방지 회로를 구성합니다.

㈎ 설치된 릴리프 밸브의 압력은 2 MPa(20 kgf/cm^2)로 설정하고, 압력계를 설치하여 확인합니다.

(1) 기본 회로도 수정 : 7열 K1-b를 K2-b로 수정

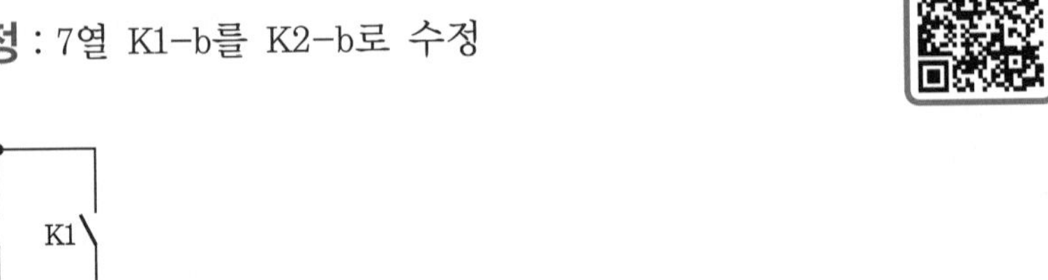

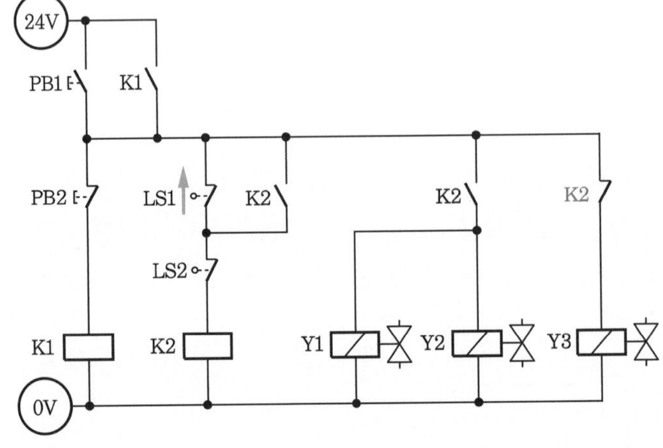

(2) 응용 회로도

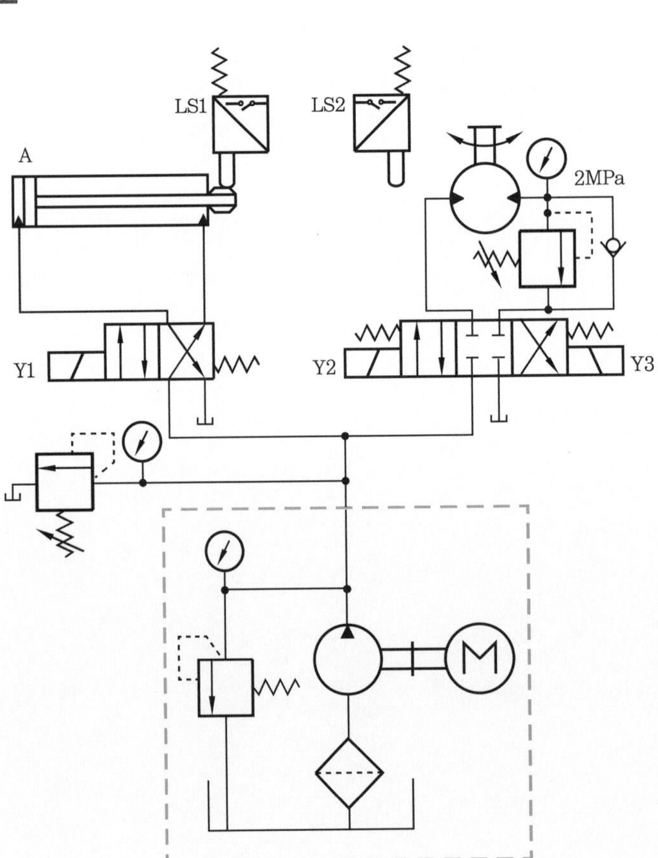

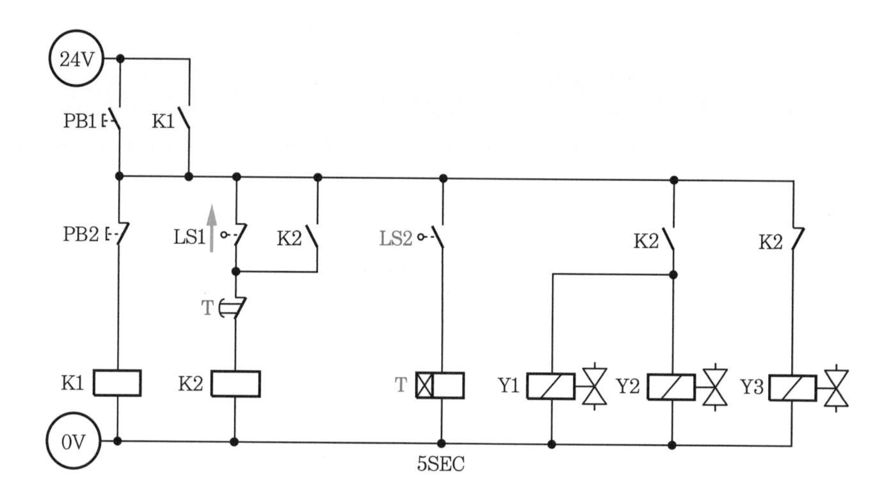

작업 시 유의사항

① 모터의 회전 방향이 다를 경우 유압 호스를 서로 바꾸어 연결한다.

② 전원공급기에서 전원 연결선은 PB1과 릴레이 K1-a 접점에만 공급해야 한다.

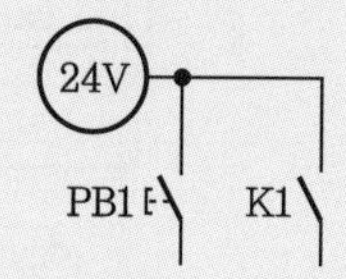

③ 리밋 스위치 LS1은 a 접점이다.

④ 기본 회로에서 LS2는 b 접점이며, 응용 회로에서는 a 접점으로 교체해야 한다.

⑤ 응용 회로에서 릴리프 밸브의 P 포트 호스를 제거하고 제2의 릴리프 밸브를 설치하여 2 MPa로 조정한 후 도면과 같이 유압 호스를 연결하고, 다시 제1의 릴리프 밸브의 호스를 연결하여 4 MPa의 압력을 확인한다.

⑥ 타이머는 여자 지연 타이머를 사용한다.

⑦ 응용 작업에서 릴리프 밸브만 모터 B라인에 설치하면 CCW 회전은 되지 않으므로 반드시 체크 밸브를 설치하며 이때 각 밸브의 방향에 유의한다.

국가기술자격 실기시험문제 ④

자격종목	설비보전기사	과제명	전기 유압 회로 설계 및 구성 작업

3 도면

(1) 유압 회로도

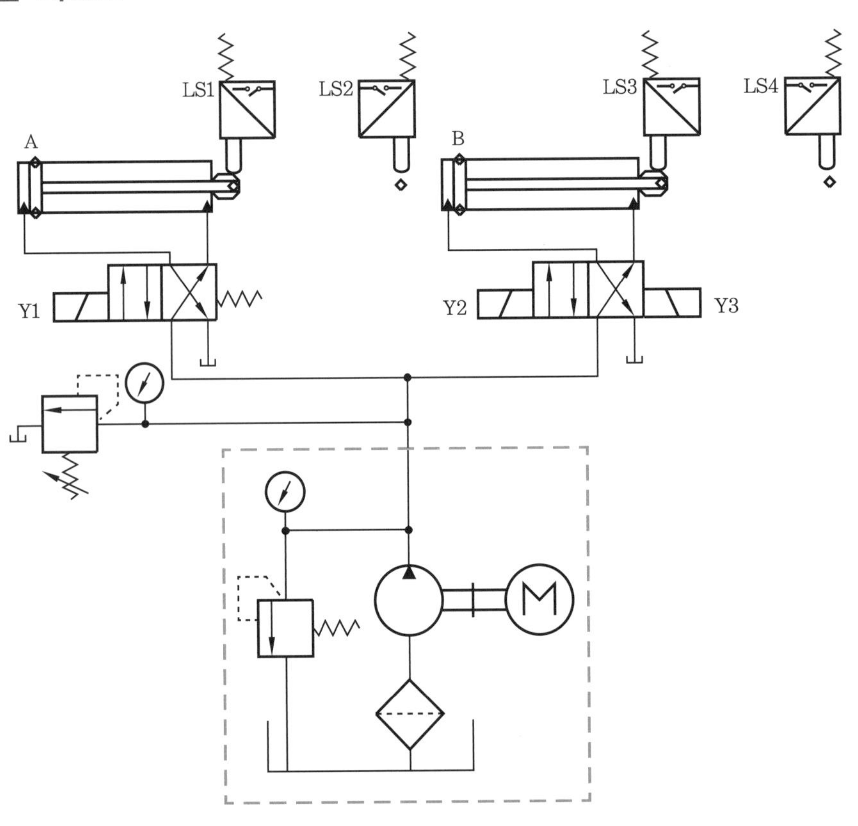

(2) 전기 회로도

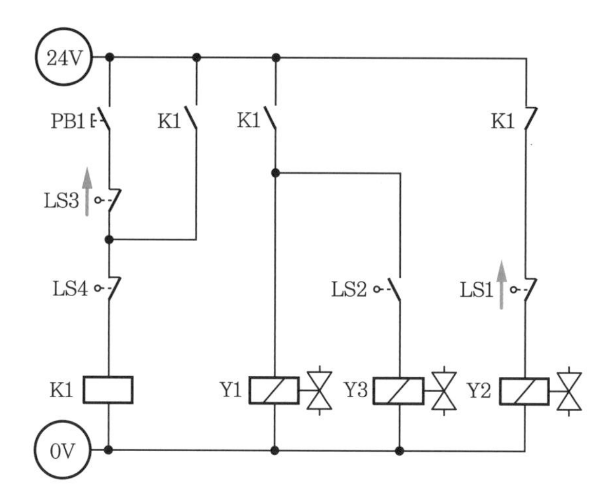

(3) 기본 제어 동작

① 초기 상태에서 PB1 스위치를 ON-OFF하면 다음 변위 단계 선도와 같이 동작합니다.

② 변위 단계 선도

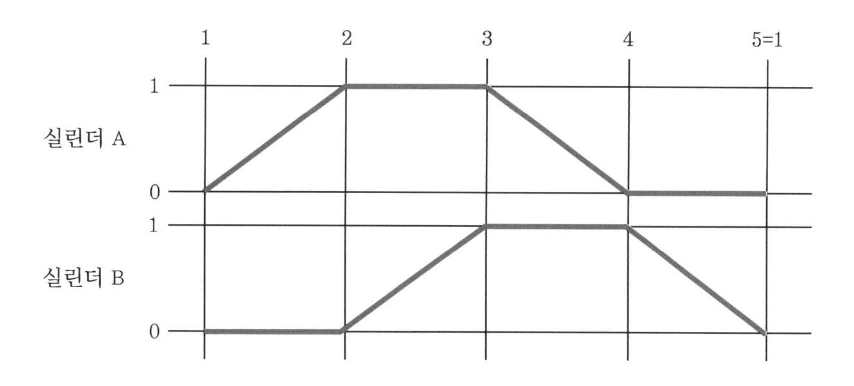

(4) 응용 제어 동작

※ 기본 제어 동작을 다음 조건과 같이 변경하시오.

① 누름 버튼 스위치를 추가하여 다음과 같이 동작합니다.

㈎ 연속 동작 스위치(PB2)를 1회 ON-OFF하면 기본 제어 동작이 연속 동작하여야 합니다.

㈏ 정지 스위치(PB3)를 1회 ON-OFF하면 해당 행정이 완료된 후 정지하여야 합니다.

② 실린더 B의 로드측이 하중에 의하여 종속된 상태로 낙하하지 않도록 카운터 밸런스 밸브를 부착하고, 카운터 밸런스 밸브의 압력은 3 MPa(30 kgf/cm^2)로 설정하고, 압력계를 설치하여 확인합니다.

(1) 기본 회로도 수정 : 4열 Y3를 Y2로, 5열 Y2를 Y3로 수정

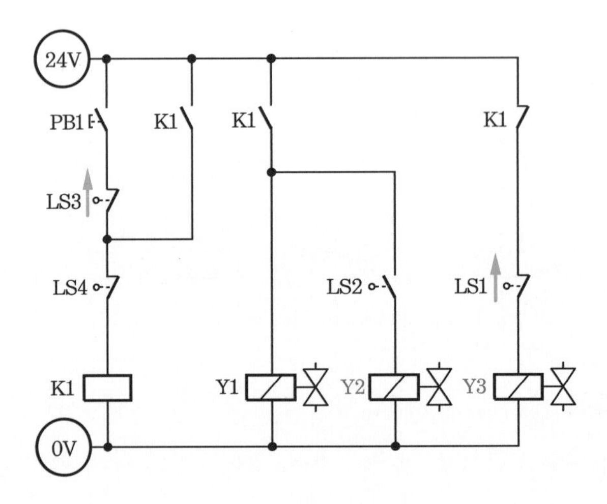

(2) 응용 회로도

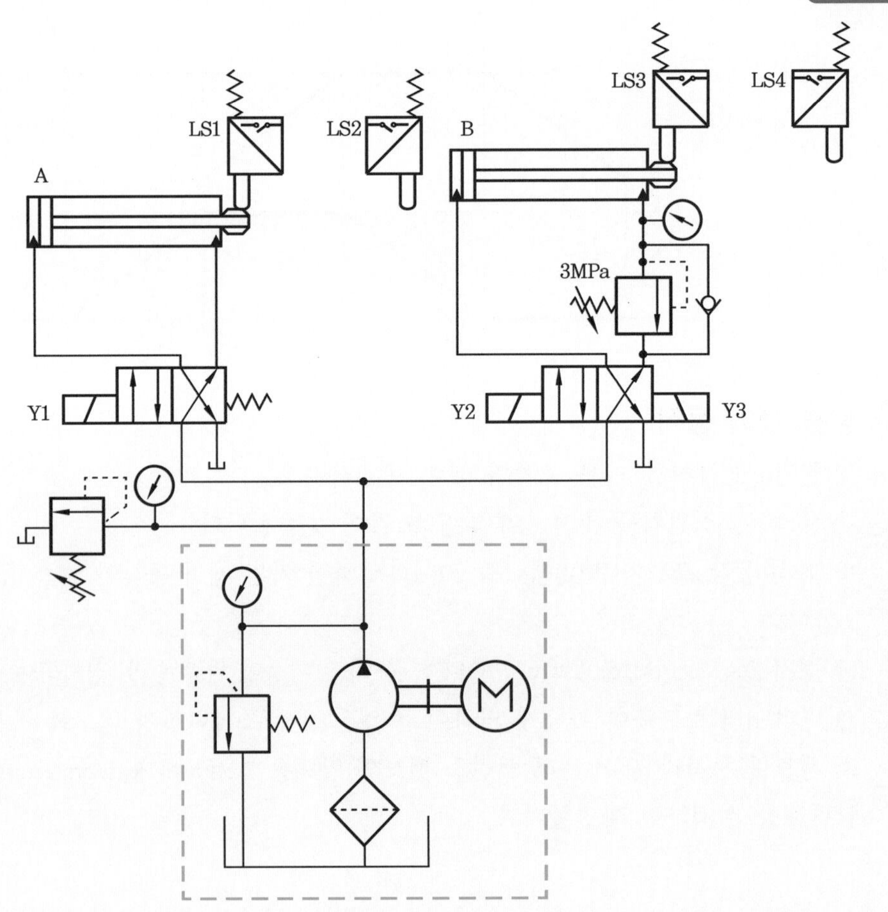

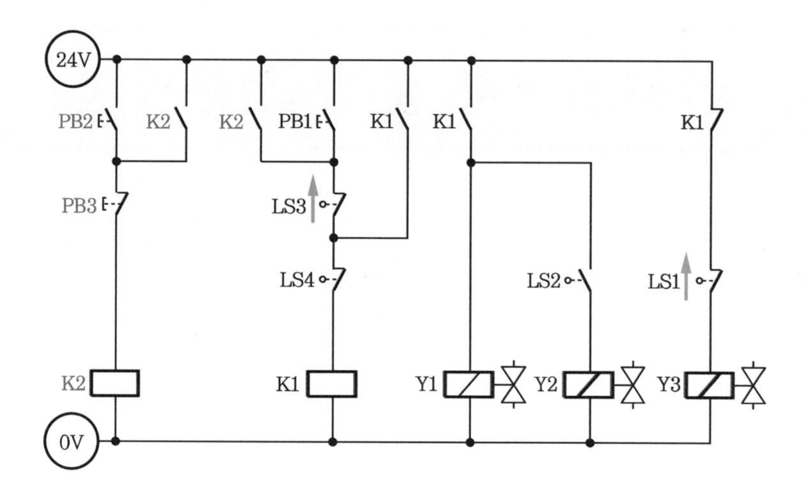

작업 시 유의사항

① 리밋 스위치 LS1과 LS2, LS3은 a 접점이고, LS4는 b 접점이다.
② 응용 회로에서 카운터 밸런스 밸브나 릴리프 밸브는 미리 압력을 기본 작업 전 설정한 후 분리하여 테이블에 놓고, 릴리프 밸브의 호스를 연결하여 4 MPa의 압력을 설정하는 것이 시간적으로 유리하다.

국가기술자격 실기시험문제 ⑤

자격종목	설비보전기사	과제명	전기 유압 회로 설계 및 구성 작업

3 도면

(1) 유압 회로도

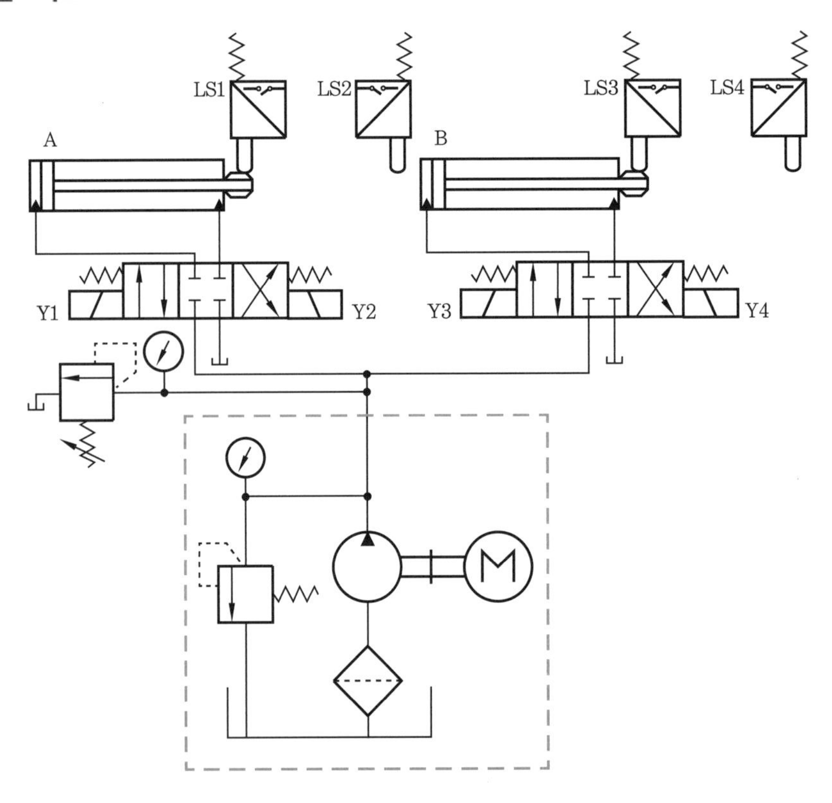

(2) 전기 회로도

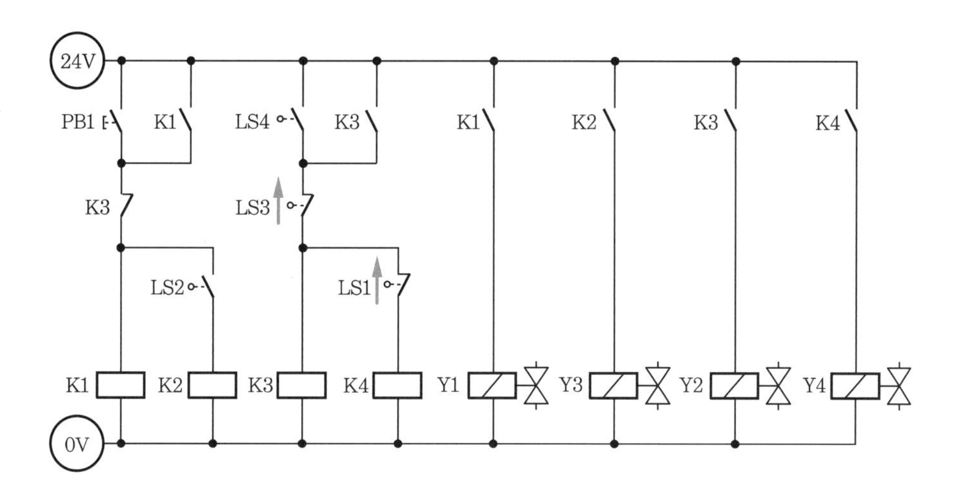

(3) 기본 제어 동작

① 초기 상태에서 PB1 스위치를 ON-OFF하면 다음 변위 단계 선도와 같이 동작합니다.

② 변위 단계 선도

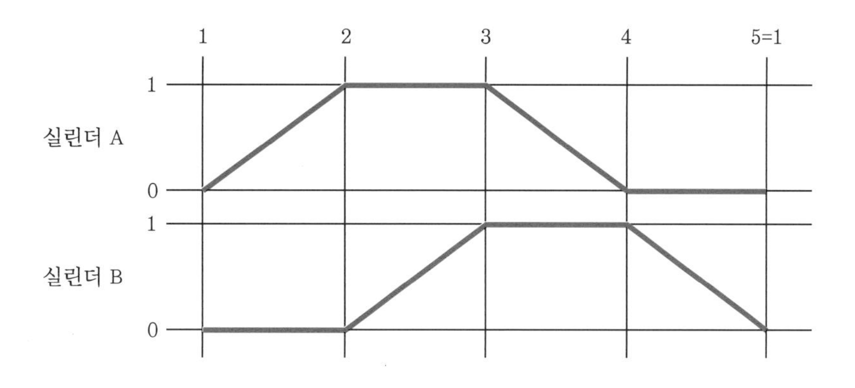

(4) 응용 제어 동작

※ 기본 제어 동작을 다음 조건과 같이 변경하시오.

① 비상정지 스위치(유지형 스위치 가능) 및 기타 부품을 추가하여 다음과 같이 동작되도록 합니다.

㈎ 기본 제어 동작 상태에서 비상정지 스위치(PB2)를 한 번 누르면(ON) 동작이 즉시 정지되어야 합니다.

㈏ 비상정지 스위치(PB2)를 해제하면 초기 상태로 복귀하여 시작 스위치(PB1)를 ON-OFF하면 기본 제어 동작이 되어야 합니다.

㈐ 비상정지 스위치가 동작 중일 때는 작업자가 알 수 있도록 램프가 점등되어야 합니다.

② 실린더 A와 실린더 B의 전진 속도를 meter-in 방법에 의해 조정할 수 있게 유압 회로도를 변경·조정합니다.

(1) 기본 회로도 수정 : 3열 LS3-a를 LS3-b로 수정

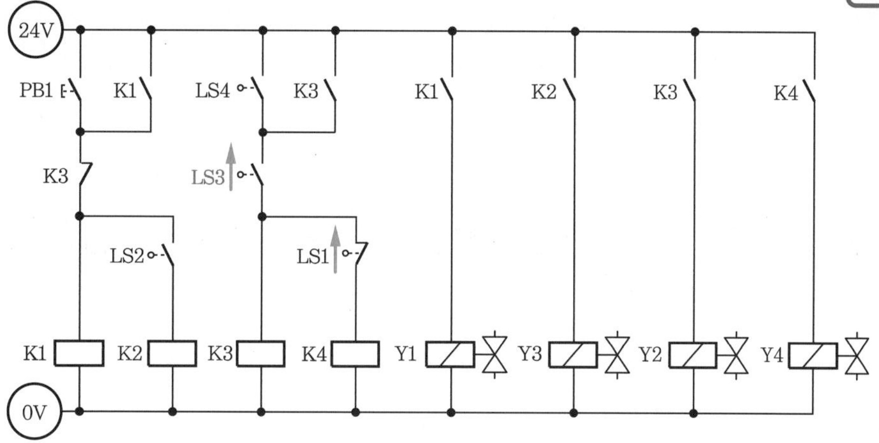

(2) 응용 회로도

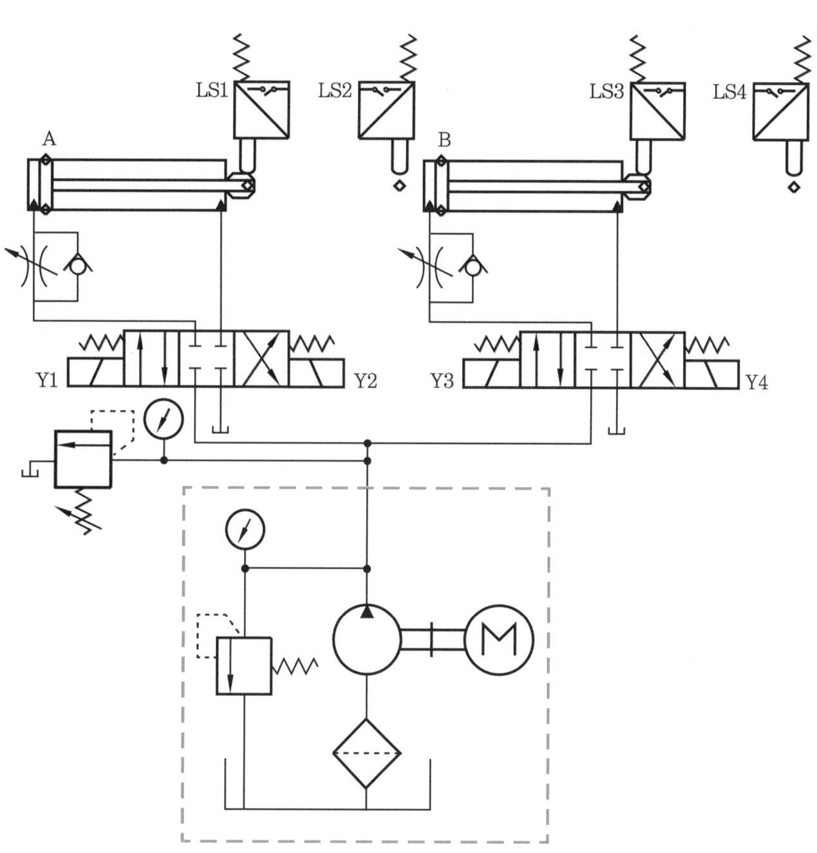

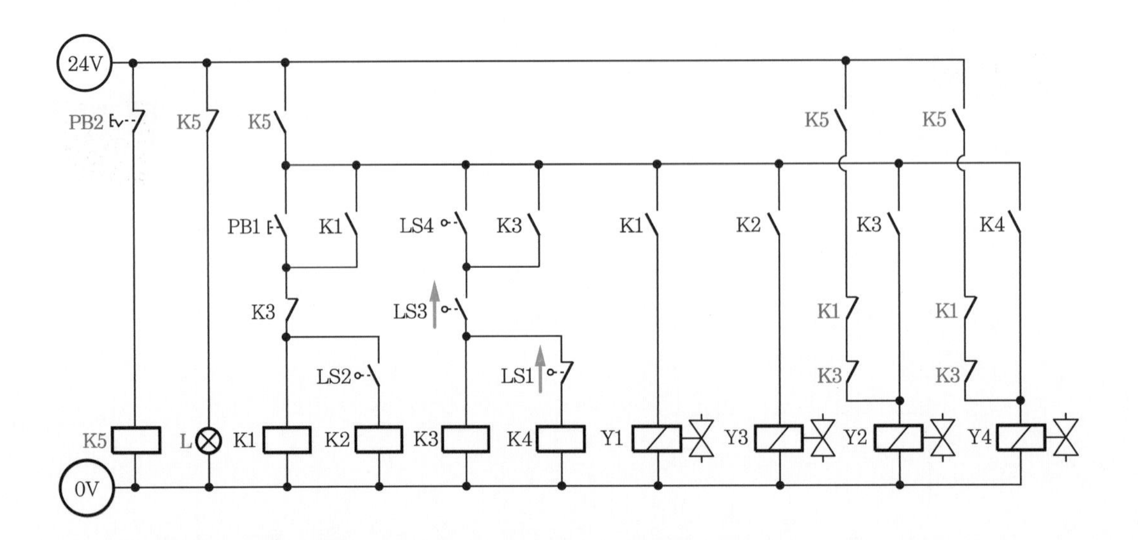

작업 시 유의사항

① 리밋 스위치 LS1은 a 접점, LS3은 b 접점이다.

② 응용 회로에서 한방향 유량 제어 밸브를 설치할 때 방향과 위치를 반드시 확인해야 한다. 이 회로는 미터 인 전진 속도 제어이다.

③ 비상정지 회로에만 제어되는 두 개의 K5 a 접점은 반드시 전기 회로도와 같은 수량을 사용해야 한다.

국가기술자격 실기시험문제 ⑥

자격종목	설비보전기사	과제명	전기 유압 회로 설계 및 구성 작업

3 도면

(1) 유압 회로도

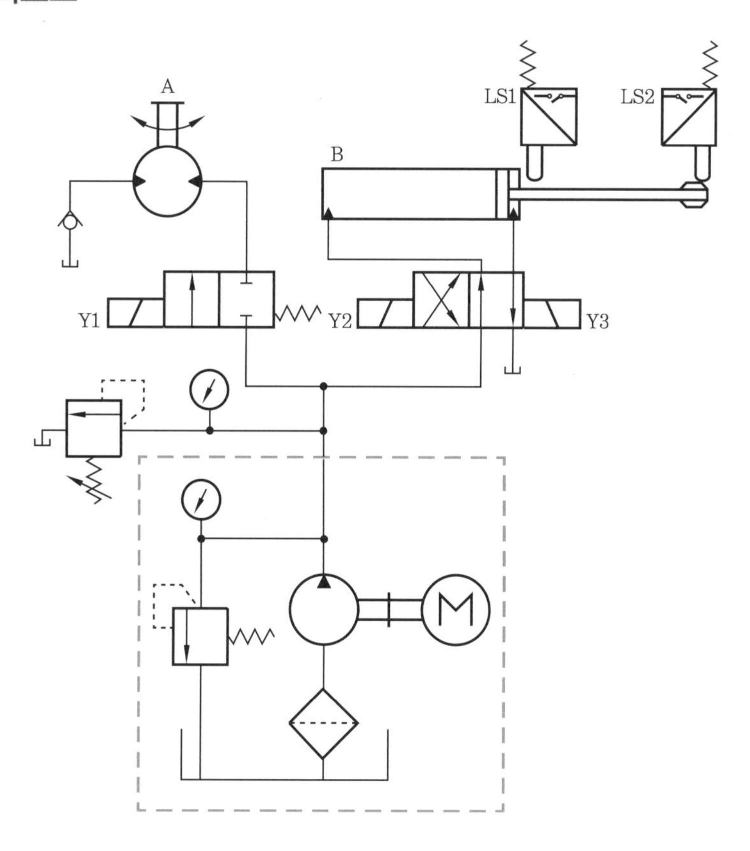

(2) 전기 회로도

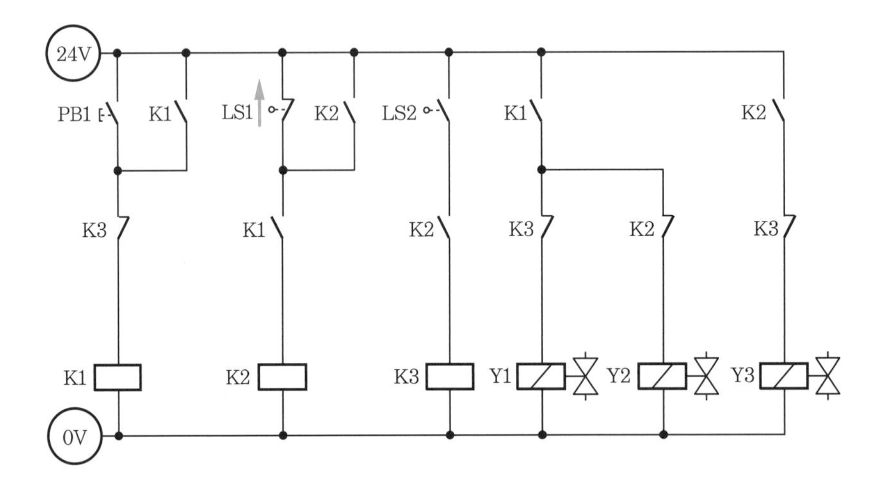

(3) 기본 제어 동작

① 초기 상태에서 시작 스위치(PB1)를 ON-OFF하면 아래 변위 단계 선도와 같이 동작합니다. (단, 모터 A는 축방향에서 볼 때 시계방향은 정회전, 반시계방향은 역회전이며, 유압 회로도와 관계없이 정회전이 되도록 작업하시오.)

② 변위 단계 선도

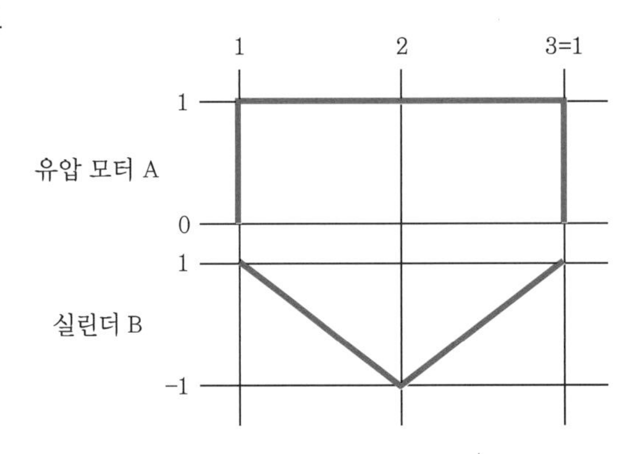

(4) 응용 제어 동작

※ 기본 제어 동작을 다음 조건과 같이 변경하시오.

① 누름 버튼 스위치를 추가하여 다음과 같이 동작합니다.

㈎ 누름 버튼 스위치(PB2)를 1회 ON-OFF하면 기본 제어 동작이 연속 동작하여야 합니다.

㈏ 누름 버튼 스위치(PB3)를 1회 ON-OFF하면 행정이 완료된 후 정지하여야 합니다.

② 유압 모터의 출구측에 릴리프 밸브를 설치하여 출구측 압력이 2 MPa(20 kgf/cm^2)이 되도록 유압 회로도를 변경·조정합니다.

(1) **기본 회로도 수정** : 3열 LS1 화살표 삭제-a 접점, 5열 LS2 화살표 삽입-a 접점으로 수정

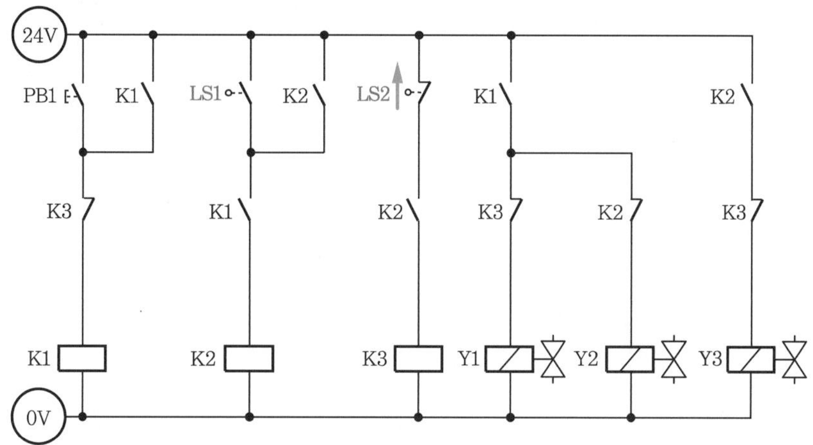

(2) **응용 회로도**

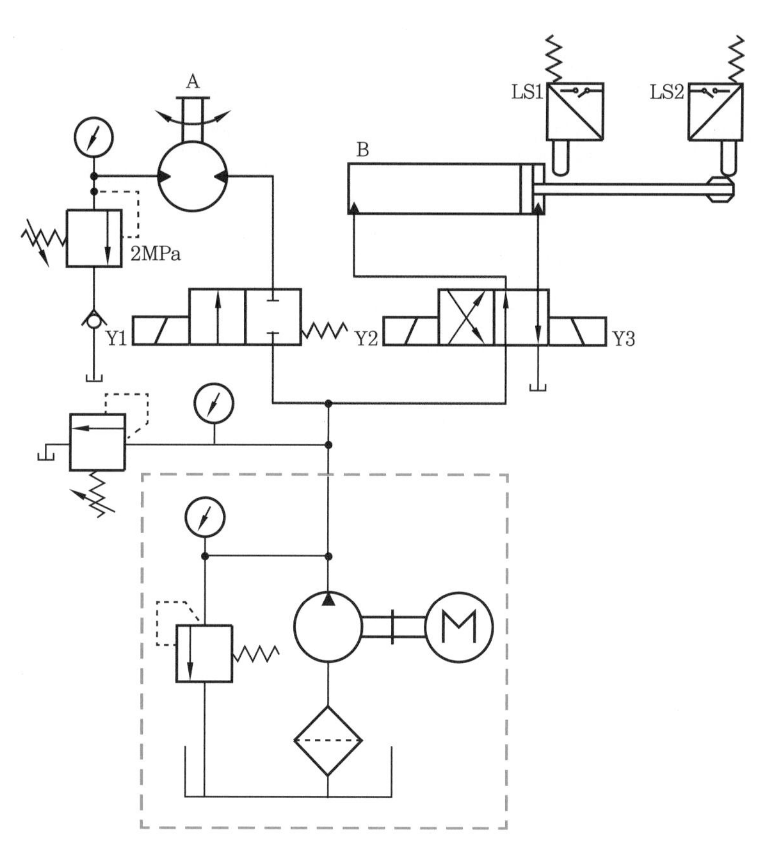

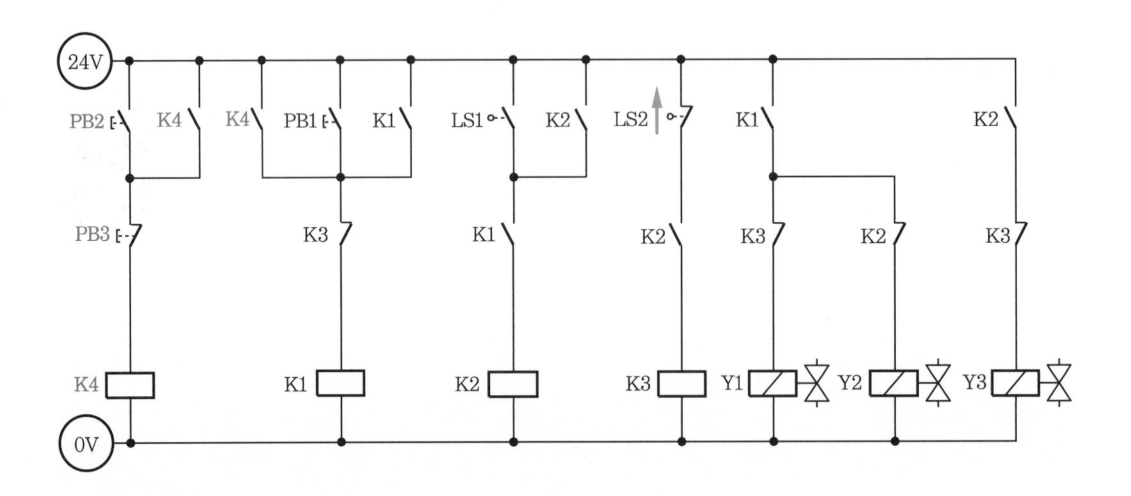

작업 시 유의사항

① 회로도의 4/2 WAY 솔레노이드 밸브는 초기 상태가 열려 있는 것이므로 준비된 밸브의 초기 상태가 닫혀 있는 경우에는 밸브의 A 포트와 B 포트의 연결을 반대로 한다. 즉, 실린더 피스톤 헤드측 포트와 밸브 B 포트를, 실린더 로드측 포트와 밸브 A 포트를 유압 호스로 연결한다.

② 리밋 스위치 LS2는 a 접점이다.

③ 응용 회로에서 2 MPa용 릴리프 밸브를 먼저 설정 후 분리하여 테이블에 놓고, 기본 회로와 같이 4 MPa용 릴리프 밸브를 설치, 조정하는 것이 편리하다.

④ 체크 밸브의 방향에 유의한다.

국가기술자격 실기시험문제 ⑦

자격종목	설비보전기사	과제명	전기 유압 회로 설계 및 구성 작업

3 도면

(1) 유압 회로도

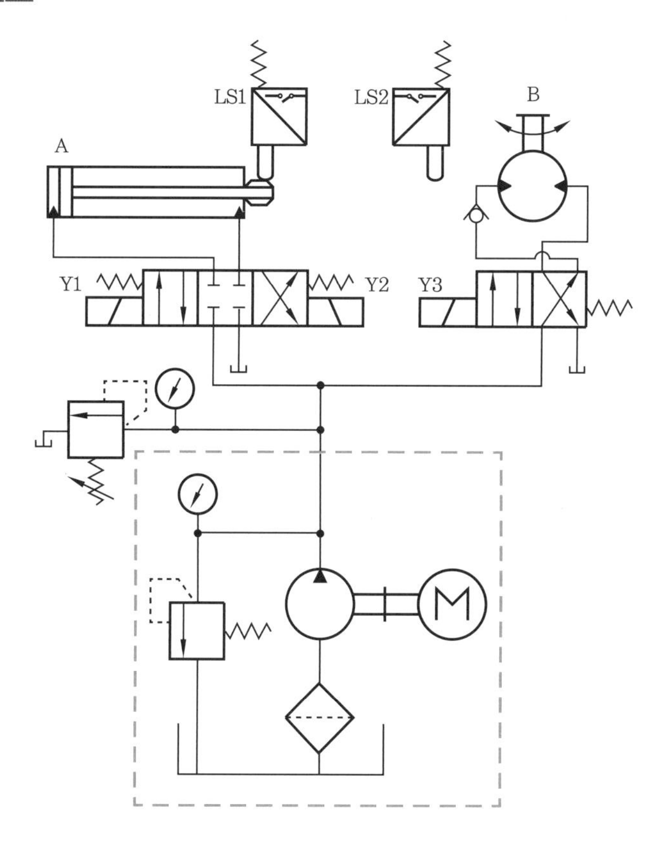

(2) 전기 회로도

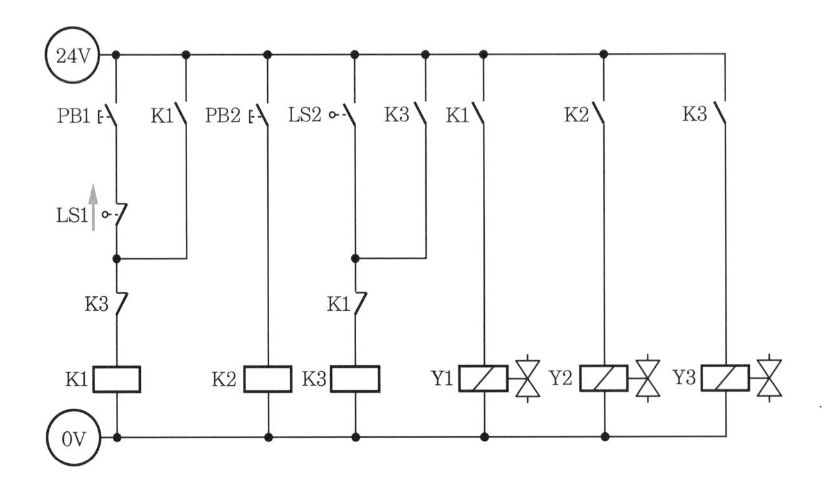

(3) 기본 제어 동작

① 초기 상태에서 PB2(유지형 스위치 가능)를 ON하면 램프 1이 점등되고, PB2를 해제(OFF)하면 램프 1이 소등됩니다. 시작 스위치(PB1)를 ON-OFF하면 실린더 A가 전진하고 실린더 A가 전진 완료 후 유압 모터 B가 회전합니다. PB2를 ON하면 램프 1 점등, 실린더 A 후진, 유압 모터 정지가 동시에 이루어집니다. 작동이 완료되면 PB2를 해제(OFF)하여 초기 상태로 되어야 합니다.

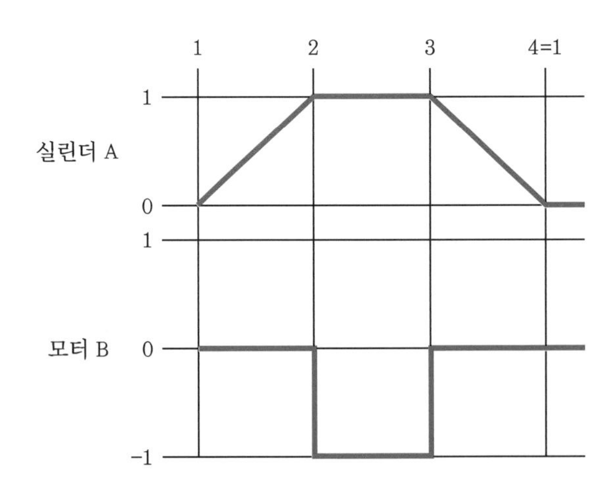

(4) 응용 제어 동작

※ 기본 제어 동작을 다음 조건과 같이 변경하시오.

① 비상정지 스위치(유지형 스위치 가능) 및 기타 부품을 추가하여 다음과 같이 동작되도록 합니다.

㈎ 기본 제어 동작 상태에서 비상정지 스위치(PB3)를 한 번 누르면(ON) 동작이 즉시 정지되어야 합니다.

㈏ 비상정지 스위치가 동작 중일 때는 작업자가 알 수 있도록 램프 2가 점등되고, 비상정지 스위치를 해제하면 램프 2가 소등됩니다.

㈐ PB2를 이용하여 시스템을 초기화합니다.

㈑ 시스템이 초기화된 이후에는 기본 제어 동작이 되어야 합니다.

② 실린더 A의 전진 속도와 유압 모터 B의 회전 속도를 meter-in 방법에 의해 조정할 수 있게 유압 회로도를 변경합니다.

(1) 기본 회로도 수정 : 1열 K3-b를 K2-b로, 3열 PB2를 디텐트 스위치로 교체, 오른쪽 램프 추가, 4열 K1-b를 K2-b로 수정

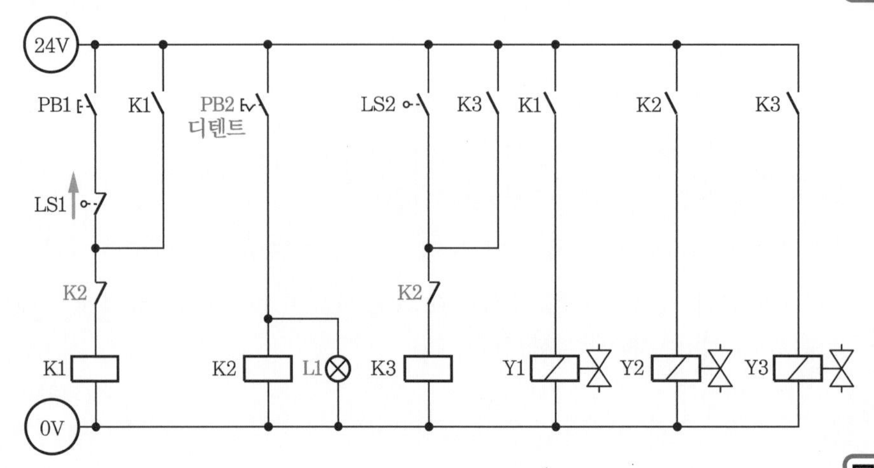

(2) 응용 회로도

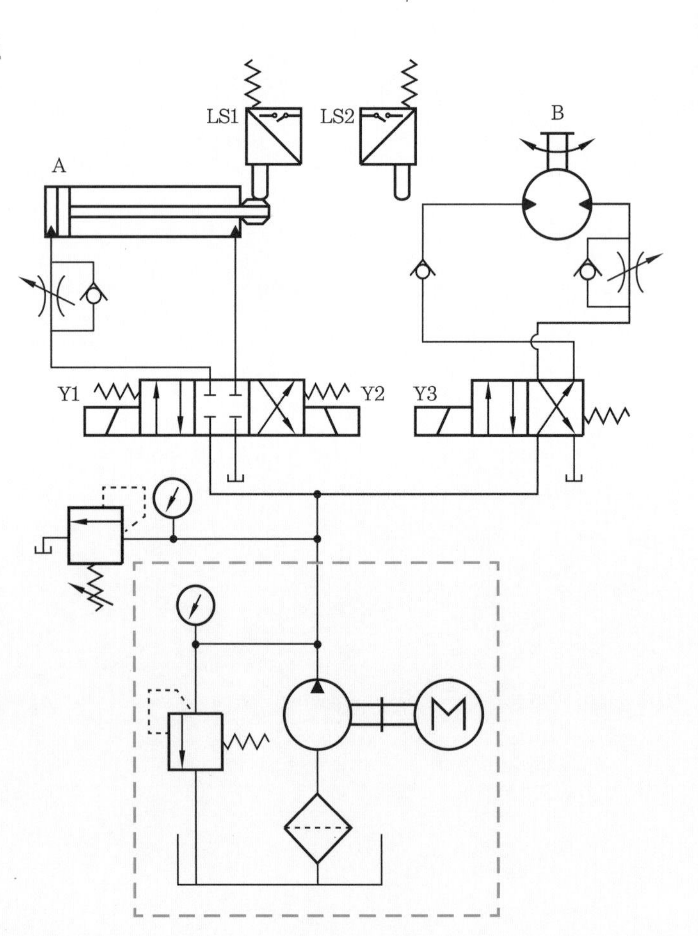

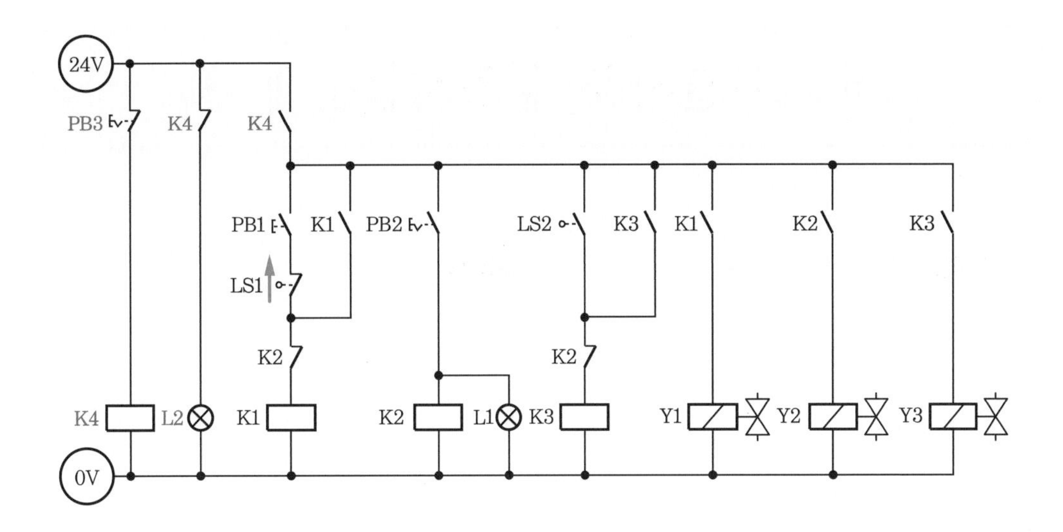

작업 시 유의사항

① 체크 밸브의 방향에 유의한다.
② 리밋 스위치 LS1은 a 접점이다.
③ PB2와 PB3는 자기 유지형, 즉 디텐트 스위치이다.
④ 한방향 유량 제어 밸브의 위치와 방향에 유의한다.

국가기술자격 실기시험문제 ⑧

자격종목	설비보전기사	과제명	전기 유압 회로 설계 및 구성 작업

3 도면

(1) 유압 회로도

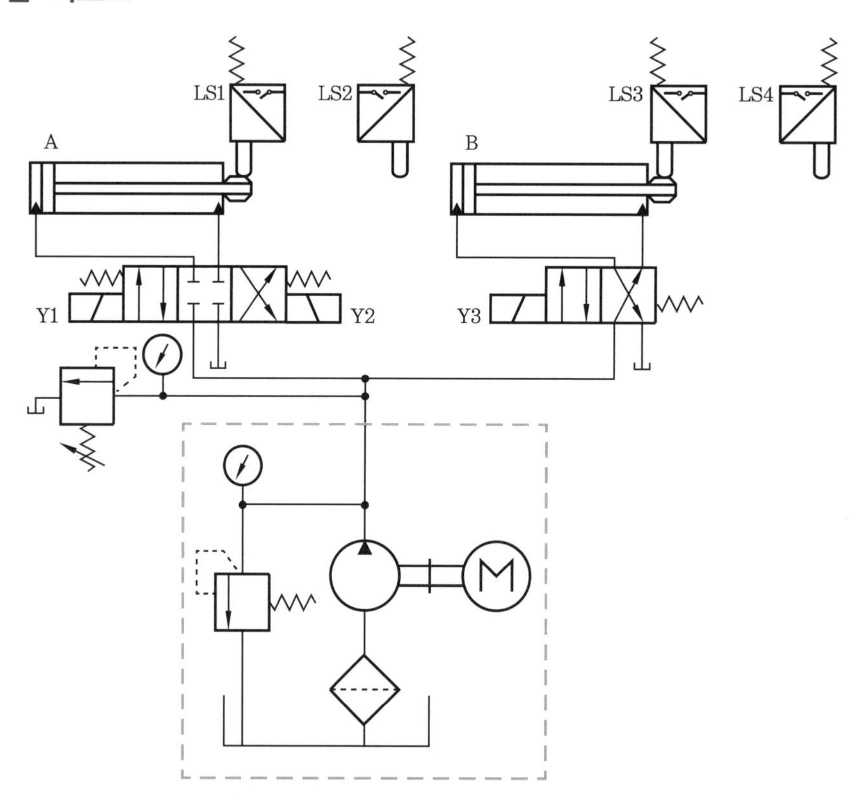

(2) 전기 회로도

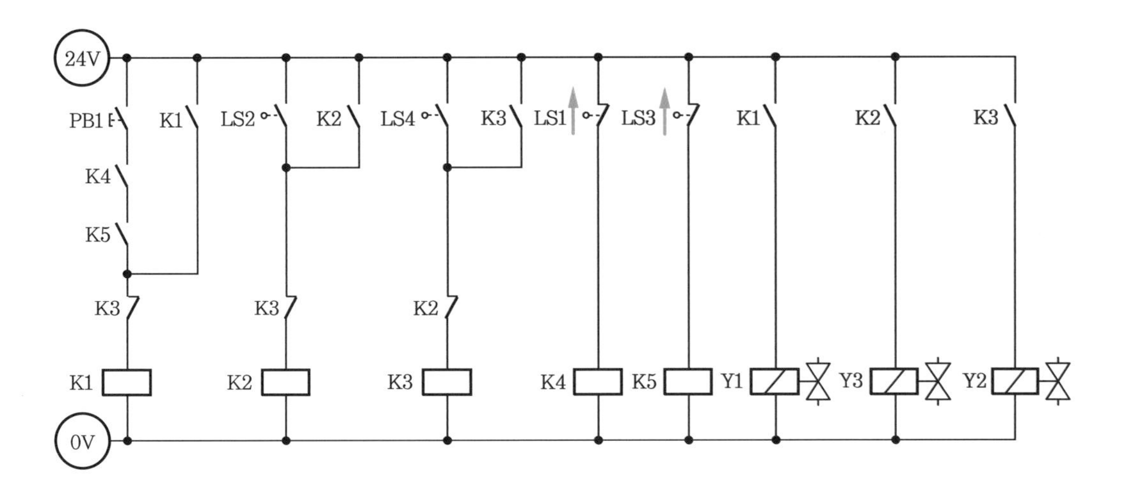

(3) 기본 제어 동작

① 초기 상태에서 PB1 스위치를 ON–OFF하면 다음 변위 단계 선도와 같이 동작합니다.

② 변위 단계 선도

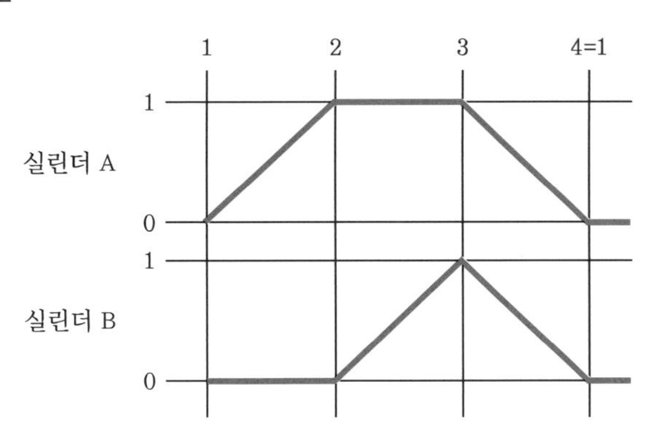

(4) 응용 제어 동작

※ 기본 제어 동작을 다음 조건과 같이 변경하시오.

① 비상정지 스위치(유지형 스위치 가능), 타이머 및 기타 부품을 추가하여 다음과 같이 동작되도록 합니다.

㈎ 기존 회로에 타이머를 사용하여 아래 변위 단계 선도와 같이 동작합니다.

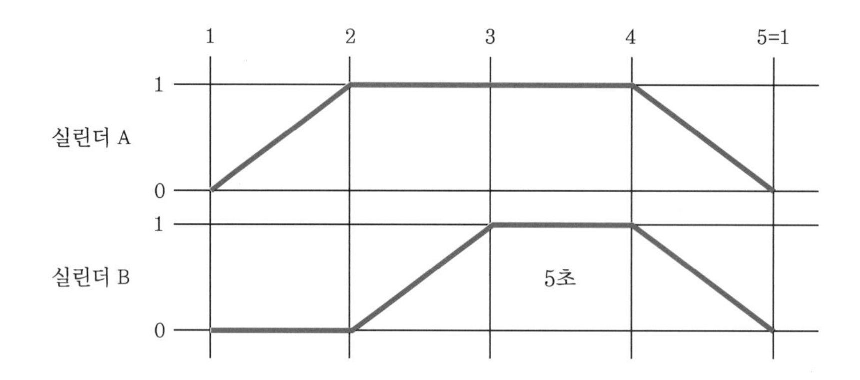

㈏ 기본 제어 동작 상태에서 비상정지 스위치(PB2)를 한 번 누르면(ON) 동작이 즉시 정지되어야 합니다. (단, 실린더 B는 즉시 후진합니다.)

㈐ 비상정지 스위치(PB2)를 해제하면 시스템은 초기화됩니다.

② 실린더 A와 B의 전진 속도를 meter-in 방법에 의해 조정할 수 있게 유압 회로도를 변경합니다.

(1) 기본 회로도 수정 : 5열 K2-b를 K4-b로 수정

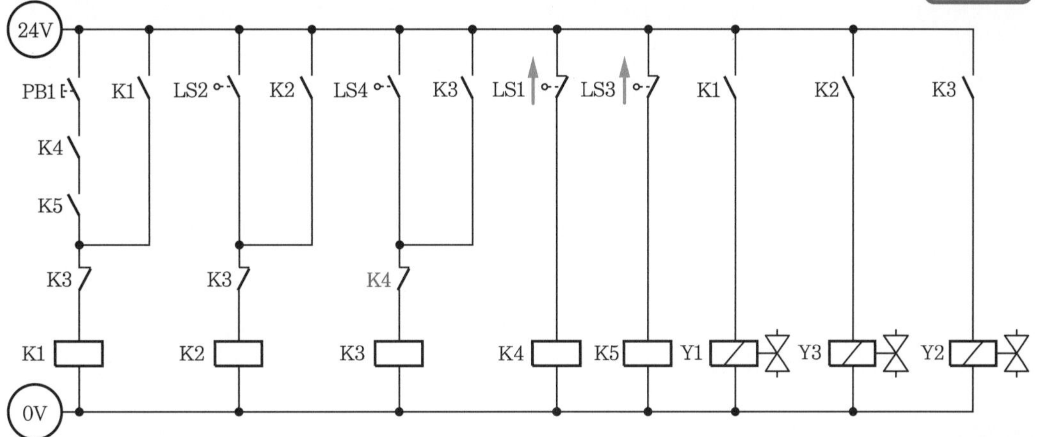

(2) 응용 회로도

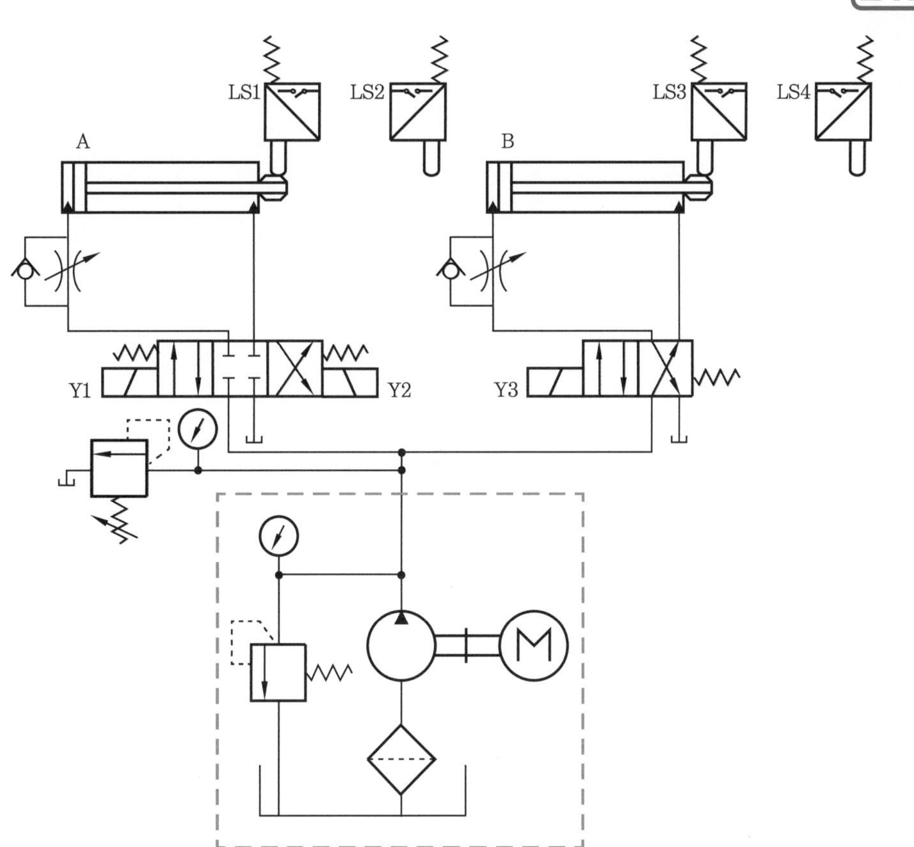

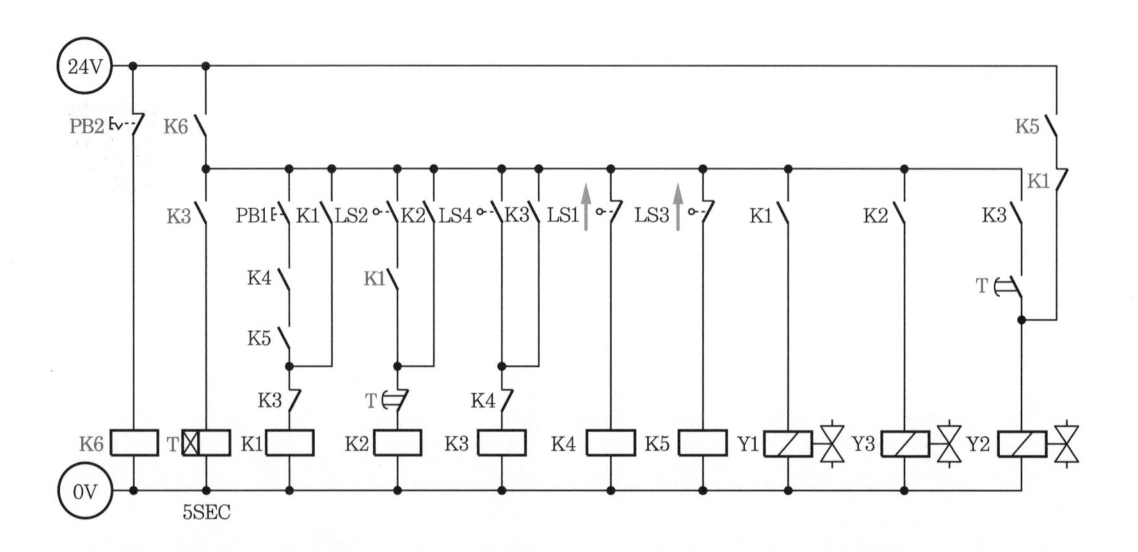

작업 시 유의사항

① 리밋 스위치 LS1, LS3은 a 접점이다.
② 한방향 유량 제어 밸브의 위치와 방향에 유의한다.
③ 타이머는 여자 지연 타이머를 사용한다.
④ 타이머 접점 삽입 시 리드선 빠짐에 유의한다.

국가기술자격 실기시험문제 ⑨

자격종목	설비보전기사	과제명	전기 유압 회로 설계 및 구성 작업

3 도면

(1) 유압 회로도

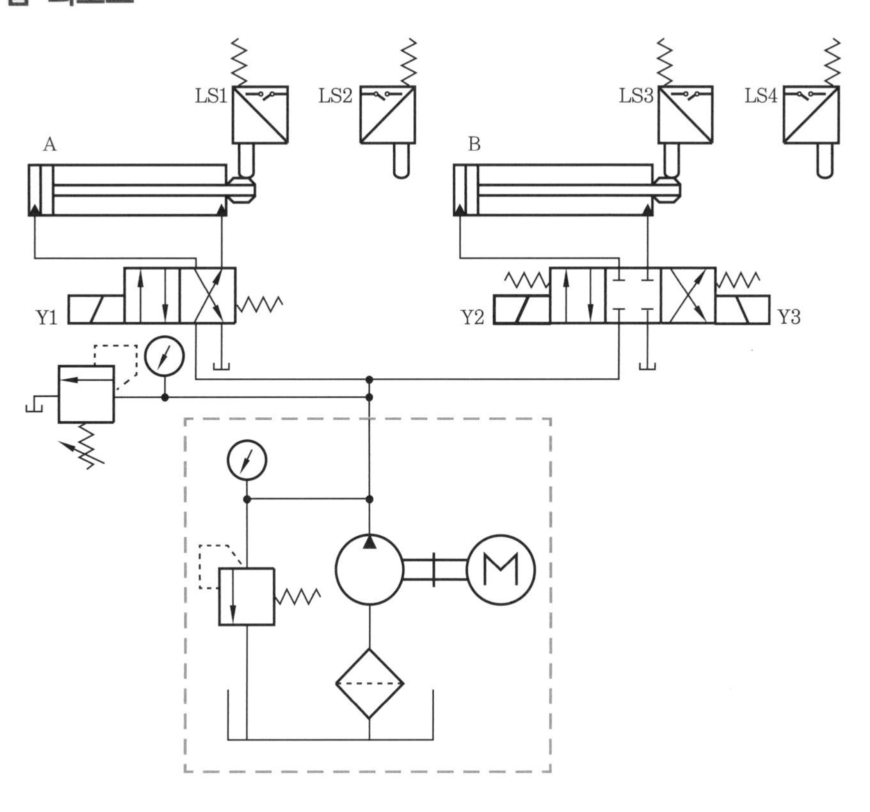

(2) 전기 회로도

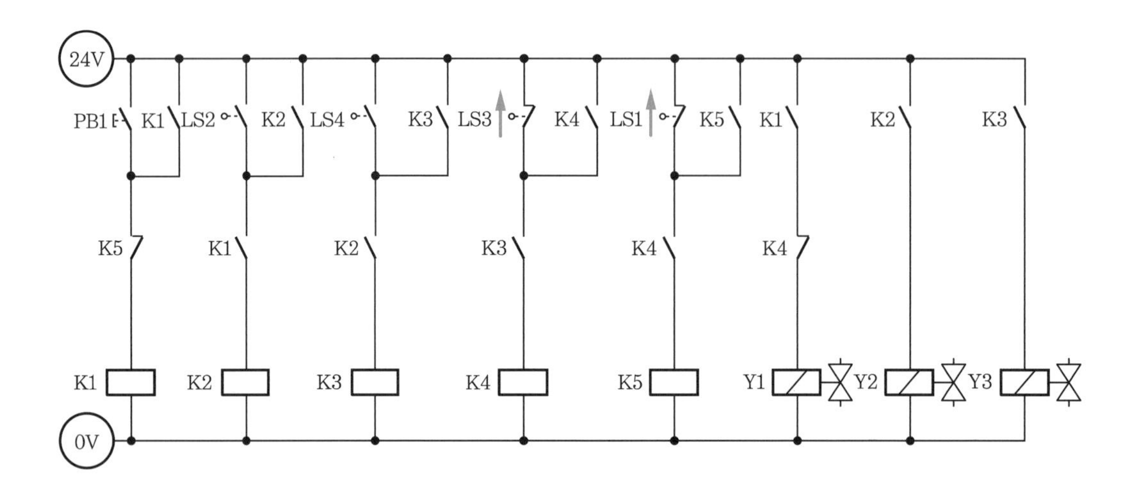

(3) 기본 제어 동작

① 초기 상태에서 PB1 스위치를 ON-OFF하면 다음 변위 단계 선도와 같이 동작합니다.

② 변위 단계 선도

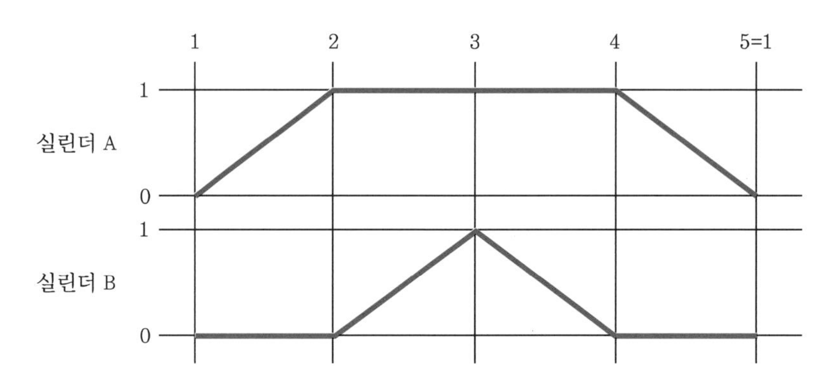

(4) 응용 제어 동작

※ 기본 제어 동작을 다음 조건과 같이 변경하시오.

① 시작 스위치(PB1) 외에 스위치(PB2) 및 비상정지 스위치(PB3)(유지형 스위치 가능) 기타 부품을 추가하여 다음과 같이 제어합니다.

㈎ 후입력 우선 회로를 구성하고 실린더 A가 전진 중에 스위치(PB2)를 1회 ON-OFF하면 실린더 A는 즉시 후진하고 실린더 B는 정지하여야 합니다.

㈏ 기본 제어 동작 상태에서 비상정지 스위치(PB3)를 한 번 누르면 동작이 즉시 정지되어야 합니다. (단, 실린더 A는 즉시 후진합니다.)

㈐ 비상정지 스위치(PB3)를 해제하면 기본 제어 동작이 되어야 합니다.

② 실린더 A의 rod측에 pilot 조작 check valve를 이용하여 locking 회로를 구성하고, 실린더 B의 전진 속도를 meter-out 방법에 의해 조정할 수 있게 유압 회로를 변경하고 전진 속도는 5초가 되도록 조정합니다.

(1) 기본 회로도 수정 : 12열 K2 아래 K3-b 추가하여 수정

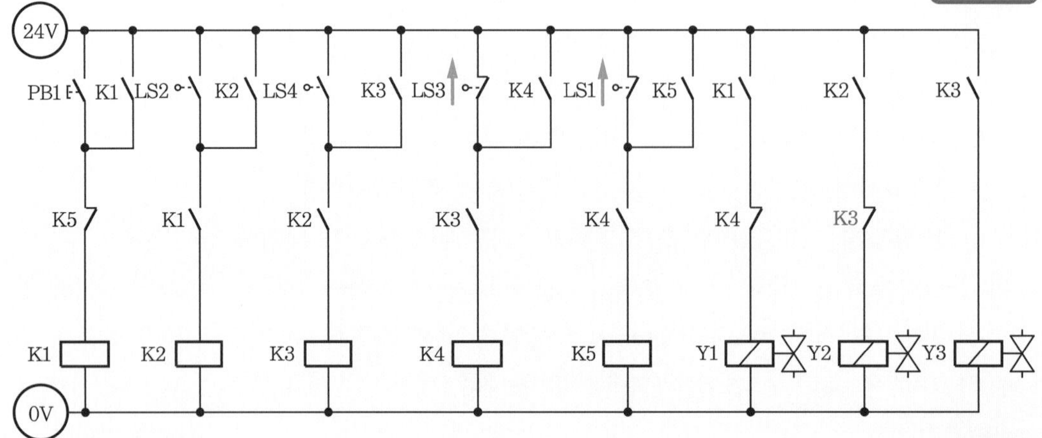

(2) 응용 회로도

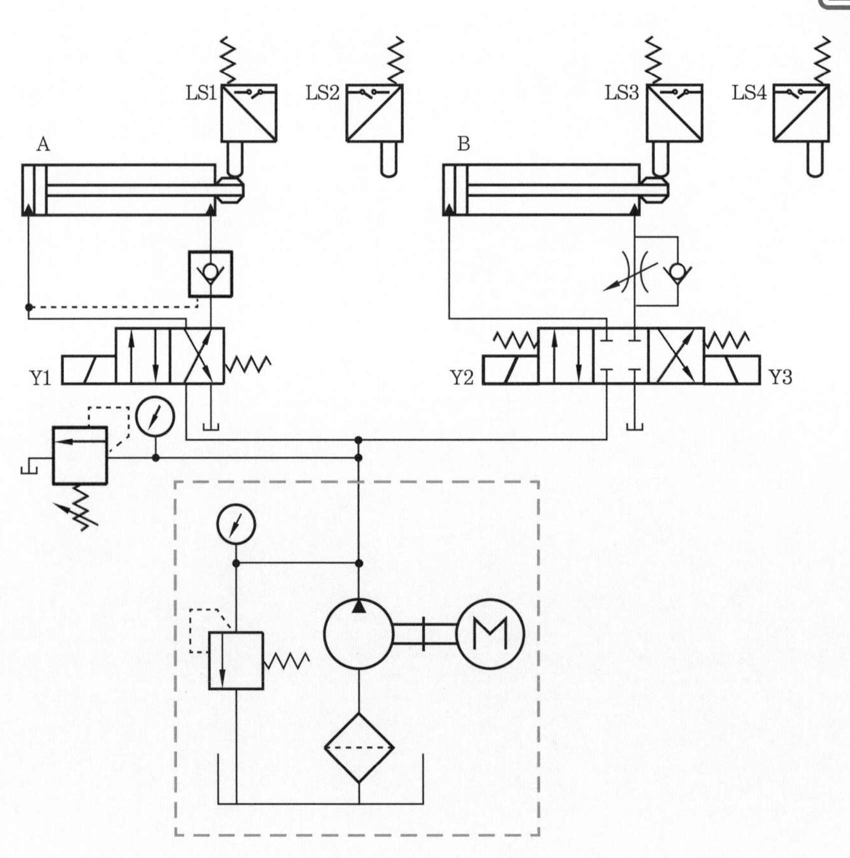

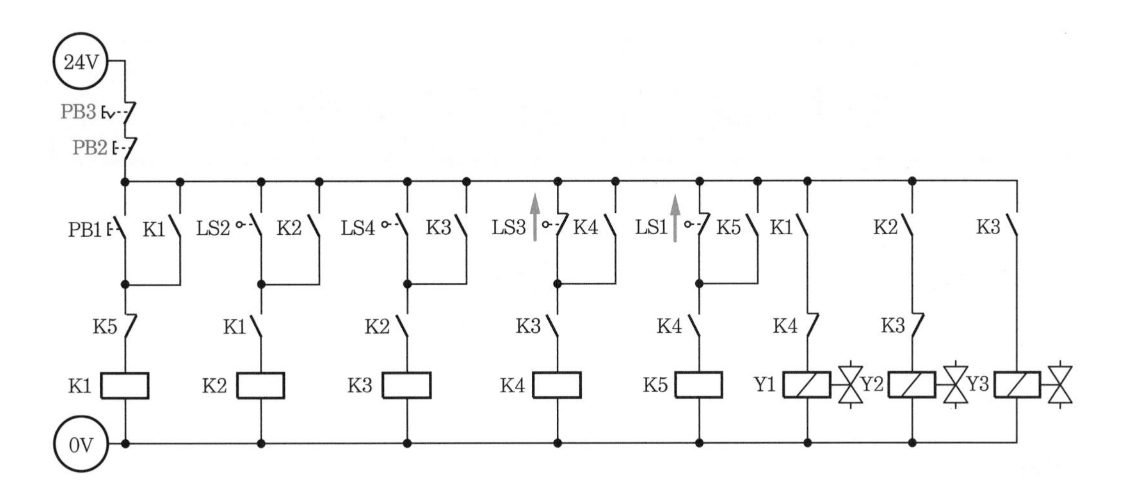

작업 시 유의사항

① 리밋 스위치 LS1, LS3은 a 접점이다.
② 한방향 유량 제어 밸브의 위치와 방향에 유의한다.
③ T 커넥터는 Y1 솔레노이드 밸브 A 포트에 삽입하는 것이 편리하다.
④ PB3 스위치는 자기 유지형, 즉 디텐트 스위치를 사용한다.

국가기술자격 실기시험문제 ⑩

자격종목	설비보전기사	과제명	전기 유압 회로 설계 및 구성 작업

3 도면

(1) 유압 회로도

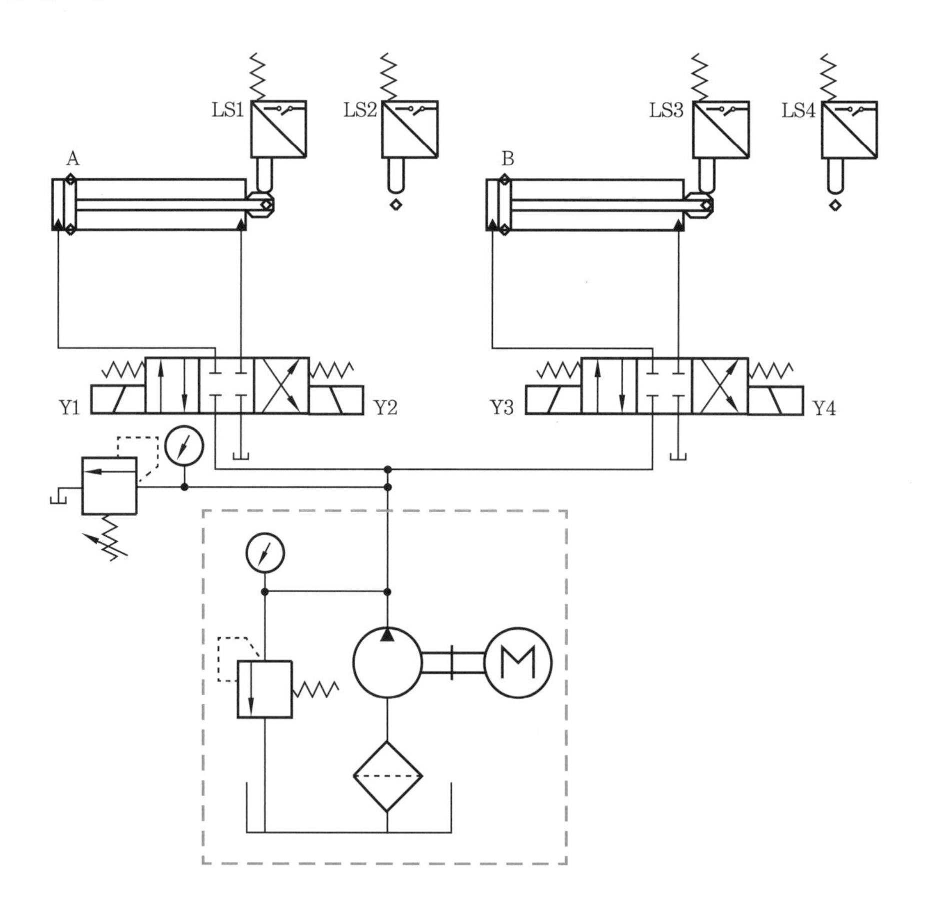

(2) 전기 회로도

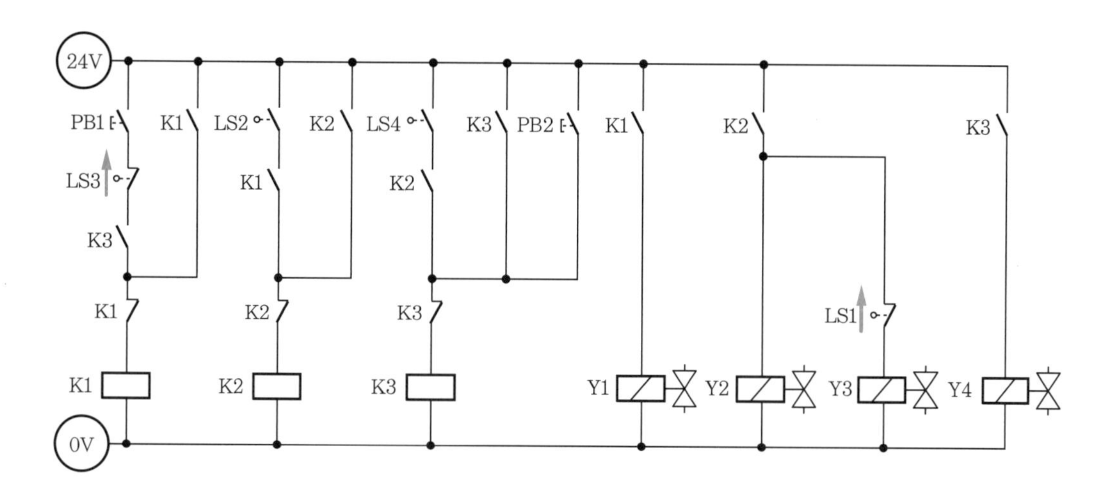

(3) 기본 제어 동작

① 초기 상태에서 PB2 스위치를 ON-OFF한 후 시작 스위치(PB1)를 ON-OFF하면 다음 변위 단계 선도와 같이 동작합니다.

② 변위 단계 선도

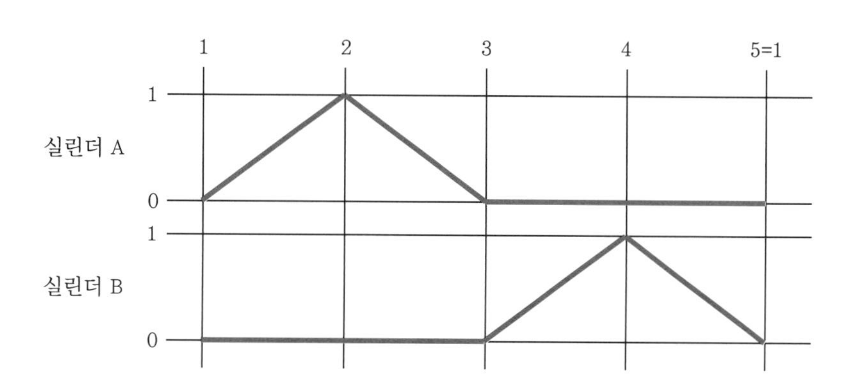

(4) 응용 제어 동작

※ 기본 제어 동작을 다음 조건과 같이 변경하시오.

① 타이머 및 압력 스위치를 추가하여 다음과 같이 동작합니다.

㈎ 기존 회로에 타이머를 사용하여 다음 변위 단계 선도와 같이 동작되도록 합니다.

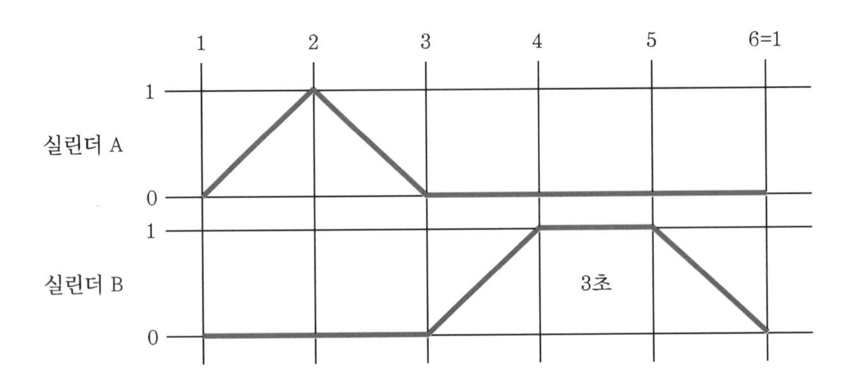

㈏ 실린더 A가 전진 완료 후 전진측 공급압력이 3 MPa(30 kgf/cm^2) 이상 되어야 실린더 A가 후진되도록 압력 스위치를 사용하여 회로를 구성합니다.

② 실린더 A, B의 전진 속도를 meter-out 방법에 의해 조정할 수 있게 유압 회로도를 구성합니다.

풀이

(1) 기본 회로도 수정 : 1열 K1-b를 K2-b로, 3열 K2-b를 K3-b로, 5열 K3-b를 K1-b로 수정

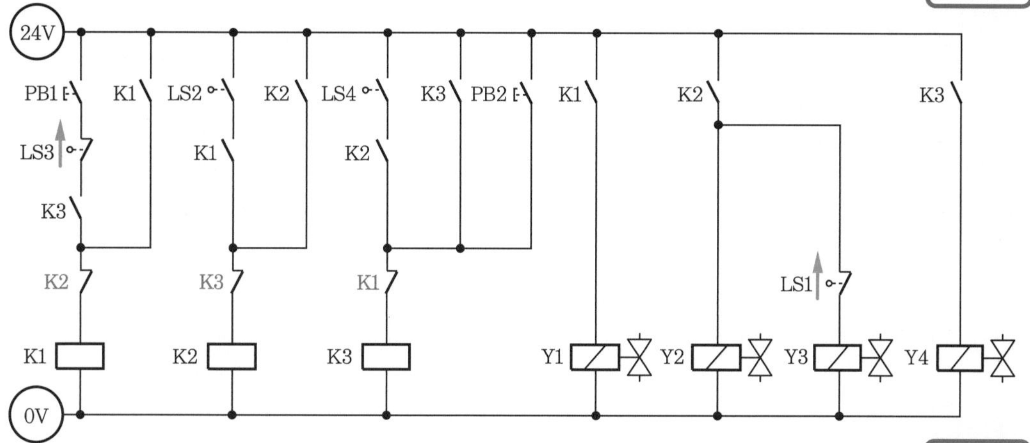

(2) 응용 회로도

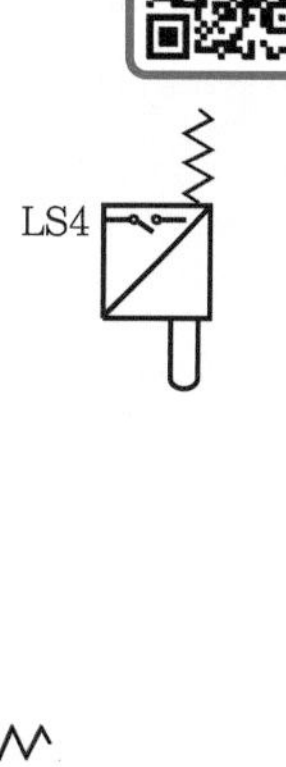

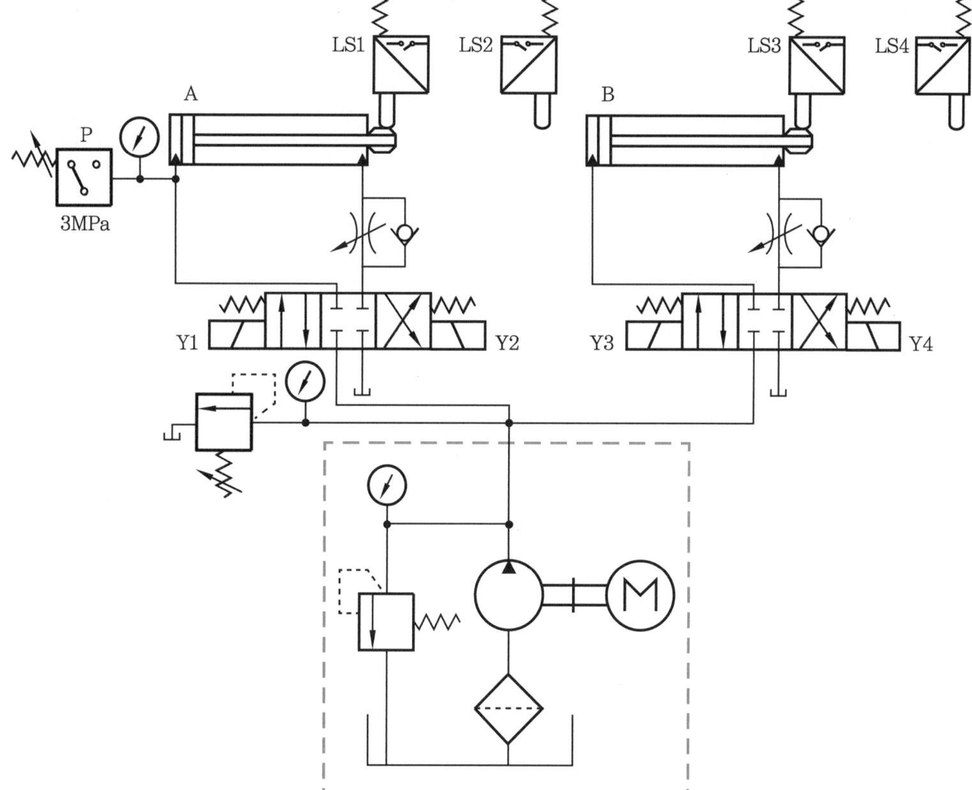

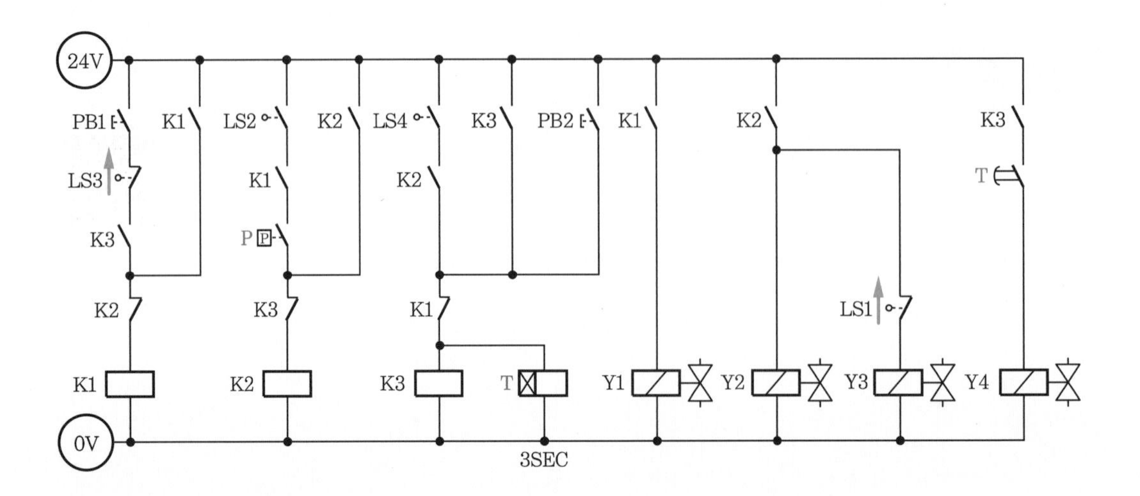

작업 시 유의사항

① 리밋 스위치 LS1, LS3은 a 접점이다.
② 릴리프 밸브를 3 MPa로 압력을 조정한 후 압력 스위치 세팅을 완료하고, 세팅이 끝나면 압력 스위치와 배선을 해체하여 테이블에 놓고 릴리프 밸브의 압력 4 MPa를 재설정한다.
③ 응용 회로에서 한방향 유량 제어 밸브의 위치와 방향에 유의한다.
④ T 커넥터는 A 실린더 피스톤 헤드측 포트에 삽입하는 것이 편리하다.
⑤ 타이머는 여자 지연 타이머이다.

국가기술자격 실기시험문제 ⑪

자격종목	설비보전기사	과제명	전기 유압 회로 설계 및 구성 작업

3 도면

(1) 유압 회로도

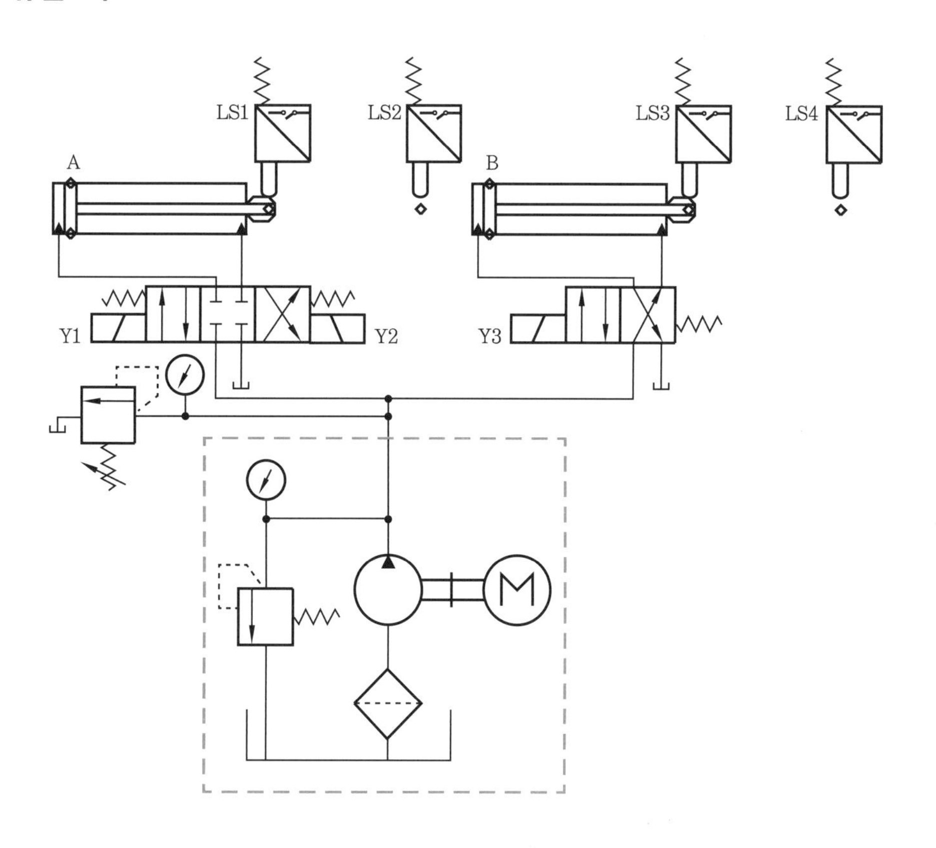

(2) 전기 회로도

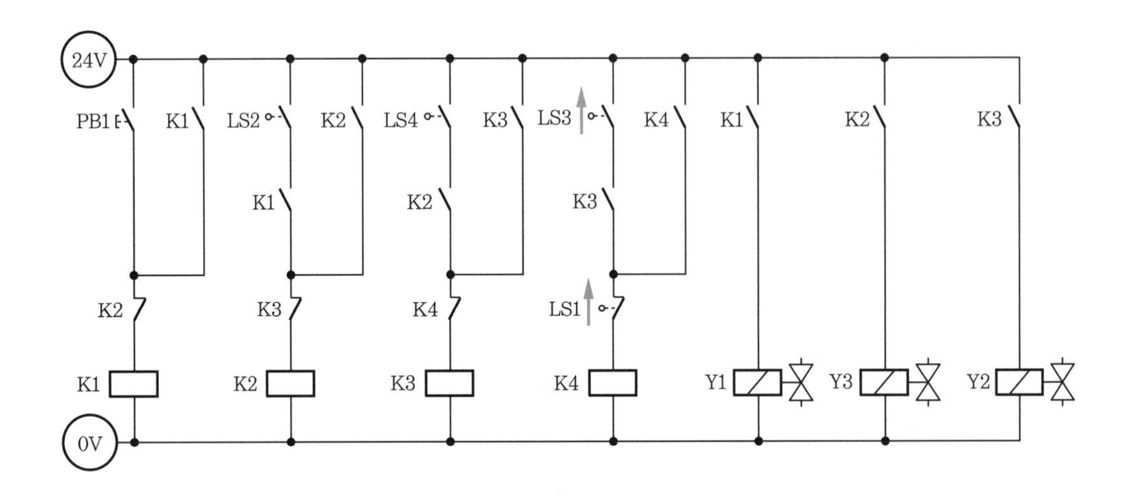

(3) 기본 제어 동작

① 초기 상태에서 PB1 스위치를 ON-OFF하면 다음 변위 단계 선도와 같이 동작합니다.

② 변위 단계 선도

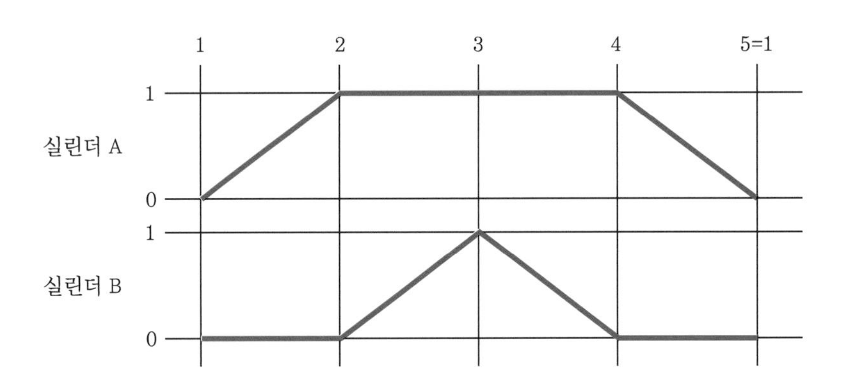

(4) 응용 제어 동작

※ 기본 제어 동작을 다음 조건과 같이 변경하시오.

① 누름 버튼 스위치를 추가하여 다음과 같이 동작합니다.

㈎ 누름 버튼 스위치(PB2)를 1회 ON-OFF하면 기본 제어 동작이 연속 동작하여야 합니다.

㈏ 누름 버튼 스위치(PB3)를 1회 ON-OFF하면 행정이 완료된 후 정지하여야 합니다.

㈐ 타이머를 사용하여 실린더 B가 전진 완료하면 3초 후에 후진하도록 회로를 구성합니다.

② 실린더 A, B의 전진 속도를 meter-out 방법에 의해 조정할 수 있게 유압 회로도를 구성합니다.

(1) 기본 회로도 수정 : 1열 LS1-a를 PB1 밑에 삽입, 7열 LS3-b를 LS3-a로, LS1을 K1-b로, 11열 K3을 K4로 수정

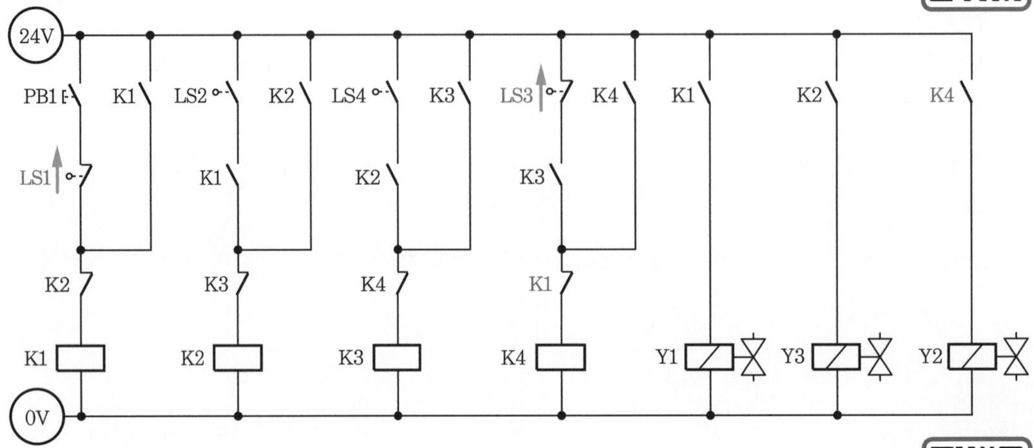

(2) 응용 회로도

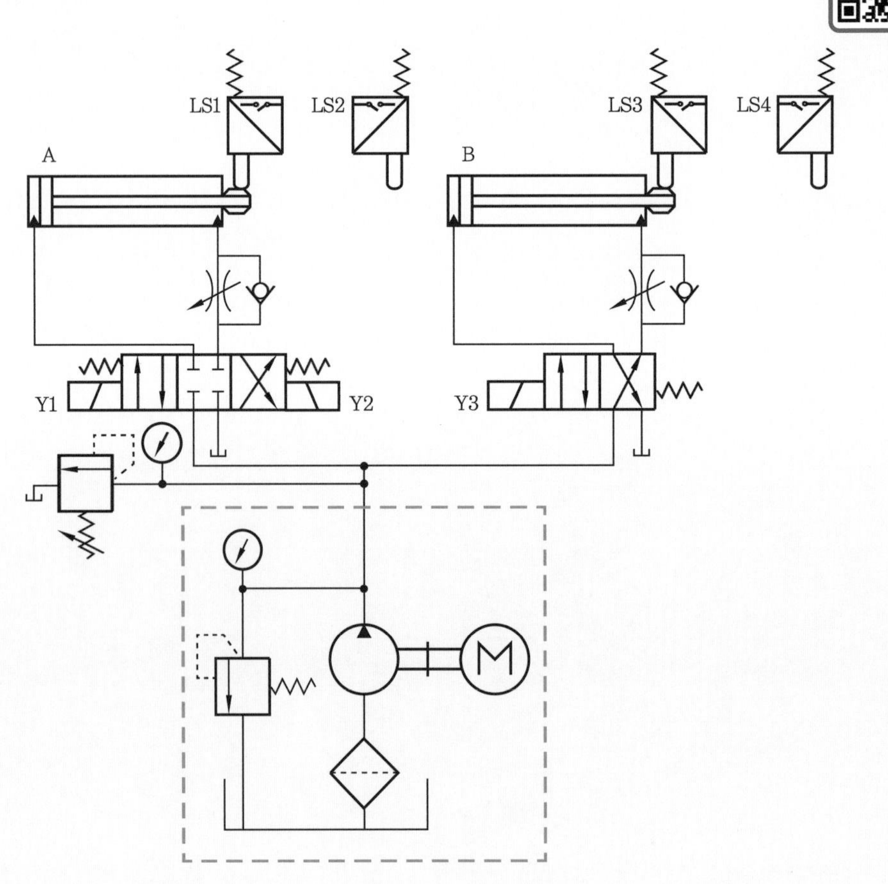

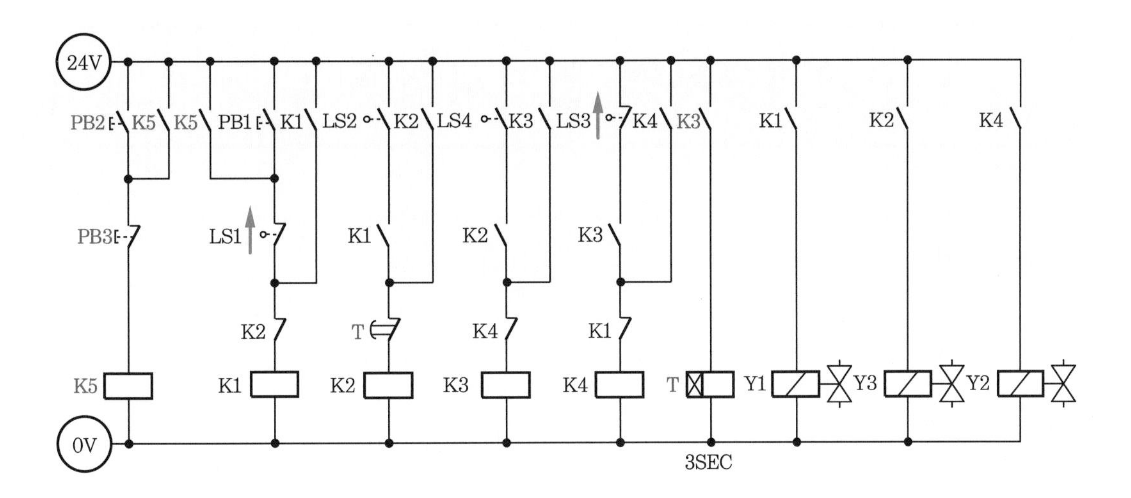

작업 시 유의사항

① 리밋 스위치 LS1, LS3은 a 접점이다.
② 한방향 유량 제어 밸브의 위치와 방향에 유의한다.
③ 타이머는 여자 지연 타이머이다.

국가기술자격 실기시험문제 ⑫

자격종목	설비보전기사	과제명	전기 유압 회로 설계 및 구성 작업

3 도면

(1) 유압 회로도

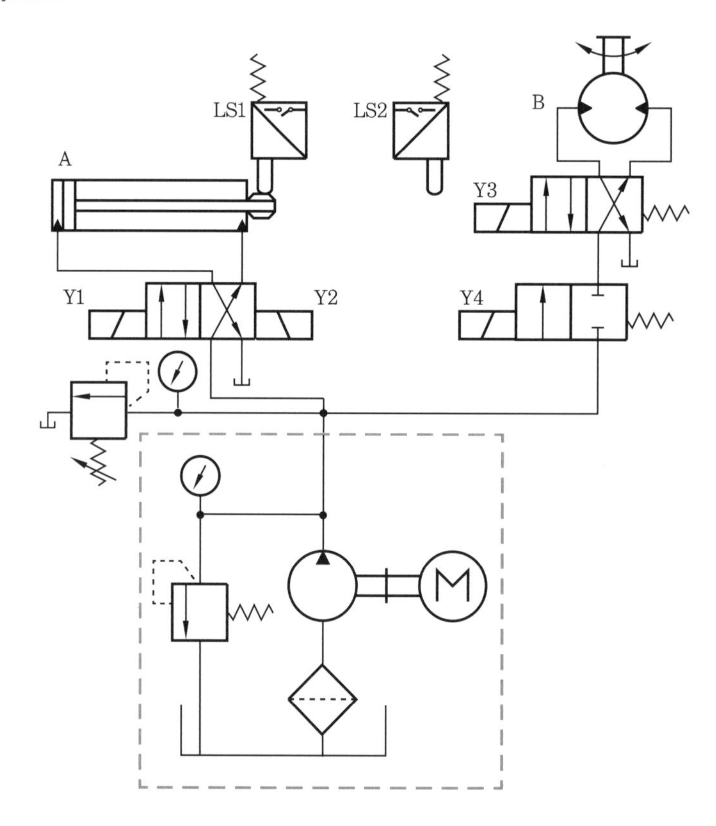

(2) 전기 회로도

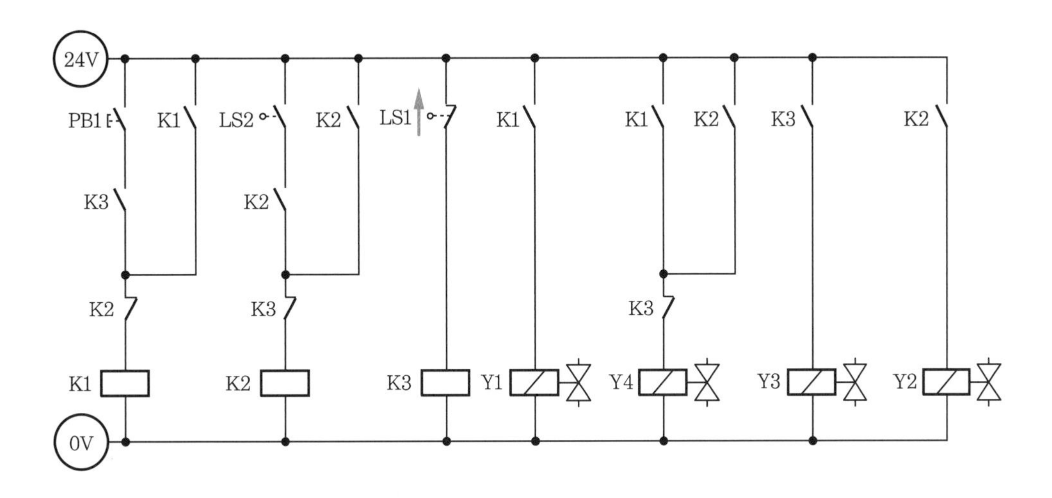

(3) 기본 제어 동작

① 초기 상태에서 시작 스위치(PB1)를 ON-OFF하면 유압 실린더 A가 전진과 동시에 유압 모터 B는 시계방향으로 회전하고, 유압 실린더 A가 전진 완료 후, 후진과 동시에 유압 모터 B는 반시계방향으로 회전하며, 유압 실린더 A가 후진 완료되면 유압 모터 B는 정지되어야 합니다.

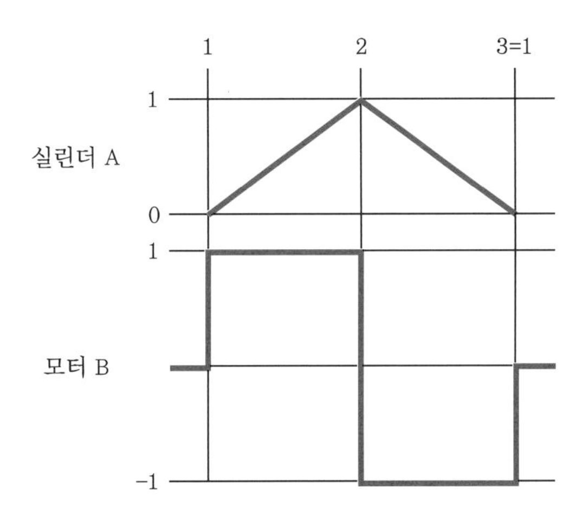

(4) 응용 제어 동작

※ 기본 제어 동작을 다음 조건과 같이 변경하시오.

① 연속 동작 스위치(PB2)와 연속 정지 스위치(PB3)를 추가하여 다음과 같이 동작되도록 해야 합니다.

㈎ 연속 동작 스위치(PB2)를 1회 ON-OFF하면 기본 제어 동작이 연속(반복 자동 행정)으로 동작합니다.

㈏ 연속 정지 스위치(PB3)를 1회 ON-OFF하면 실린더 A는 전진 완료 후 정지하고, 모터 B는 즉시 정지하여야 합니다.

② 유압 실린더 A의 전·후진 속도를 meter-in 방법에 의해 조정할 수 있게 유압 회로를 변경하고, 전진 속도는 7초, 후진 속도는 5초가 되도록 조정하며, 유압 모터 B의 정·역방향 회전 속도가 동일하도록 압력라인에 양방향 유량 제어 밸브를 설치하여 속도를 조정할 수 있게 유압 회로를 변경하고 조정합니다.

(1) 기본 회로도 수정 : 3열 K2 삭제, 7열 K3-b 삭제, 9열 K3를 K1로 수정

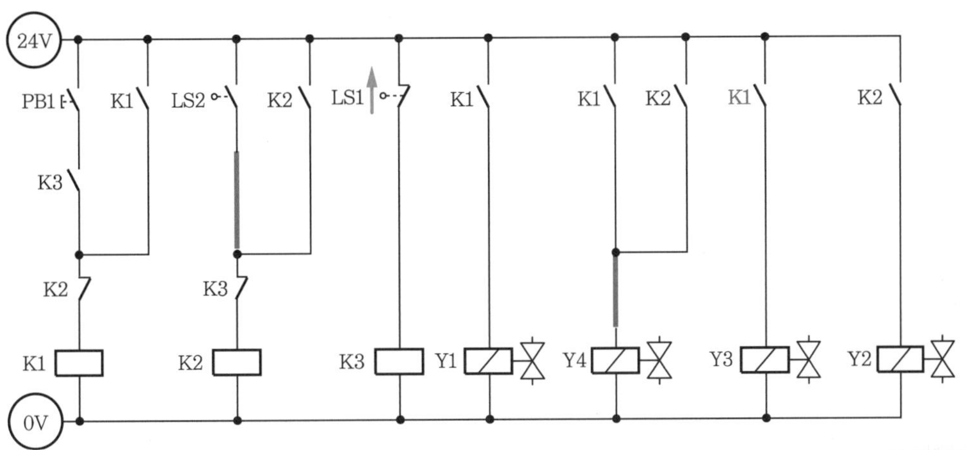

(2) 응용 회로도

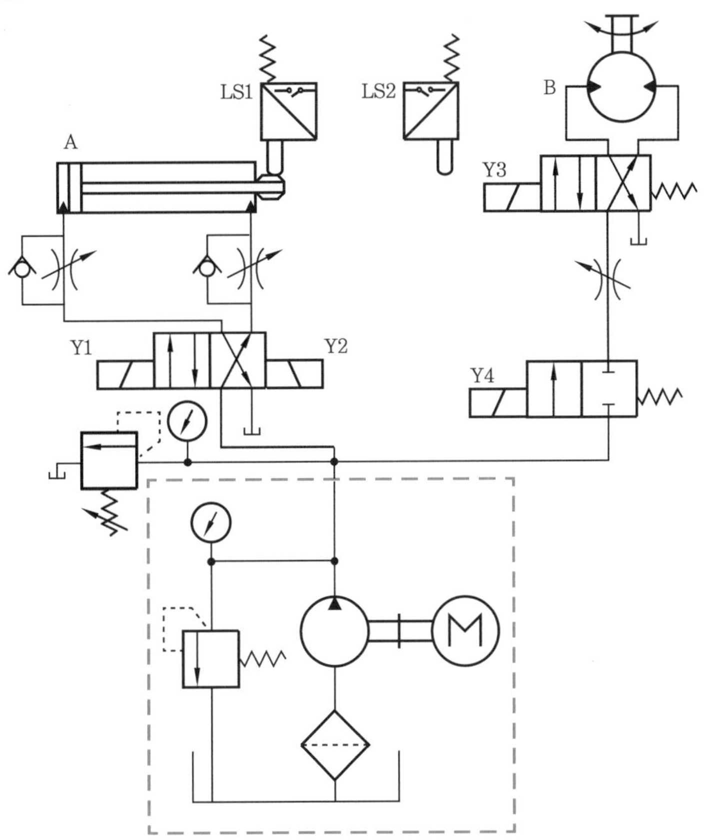

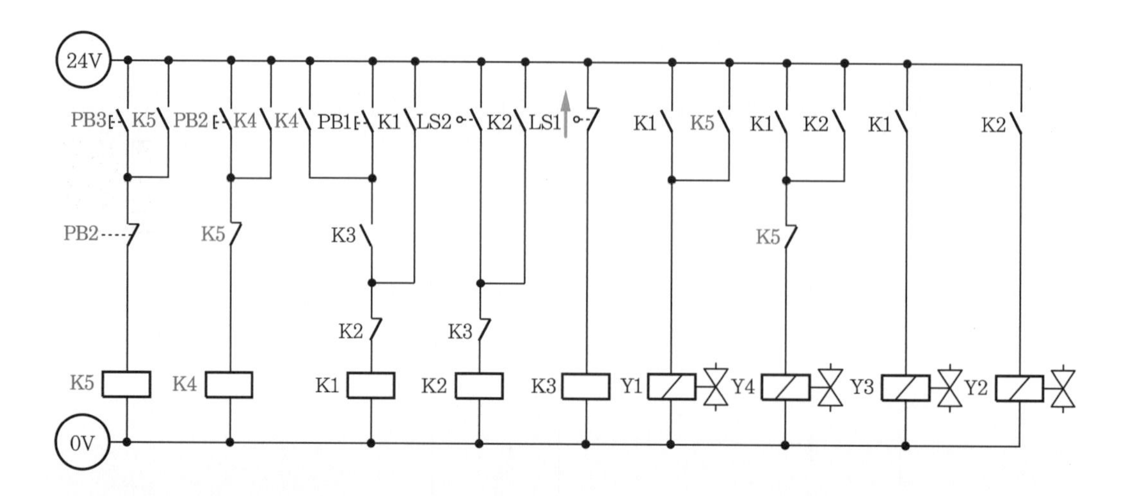

작업 시 유의사항

① 2/2 WAY 솔레노이드 NC형 밸브는 NO형이 선택되지 않도록 주의한다.
② 모터 회전 방향이 다를 경우 4/3 WAY 단동 솔레노이드 밸브 Y3의 A 포트와 B 포트에 연결되어 있는 유압호스를 교체하여 연결한다.
③ 리밋 스위치 LS1은 a 접점이다.
④ 응용 회로에서 한방향 유량 제어 밸브의 위치와 방향에 유의한다.
⑤ 양방향 유량 제어 밸브는 4/3 WAY 단동 솔레노이드 밸브 Y3의 P 포트에 설치한다.
⑥ PB2 스위치의 접점 2개는 각각 배선하며, 스위치를 ON-OFF하면 동작은 동일하게 된다.

국가기술자격 실기시험문제 ⑬

자격종목	설비보전기사	과제명	전기 유압 회로 설계 및 구성 작업

3 도면

(1) 유압 회로도

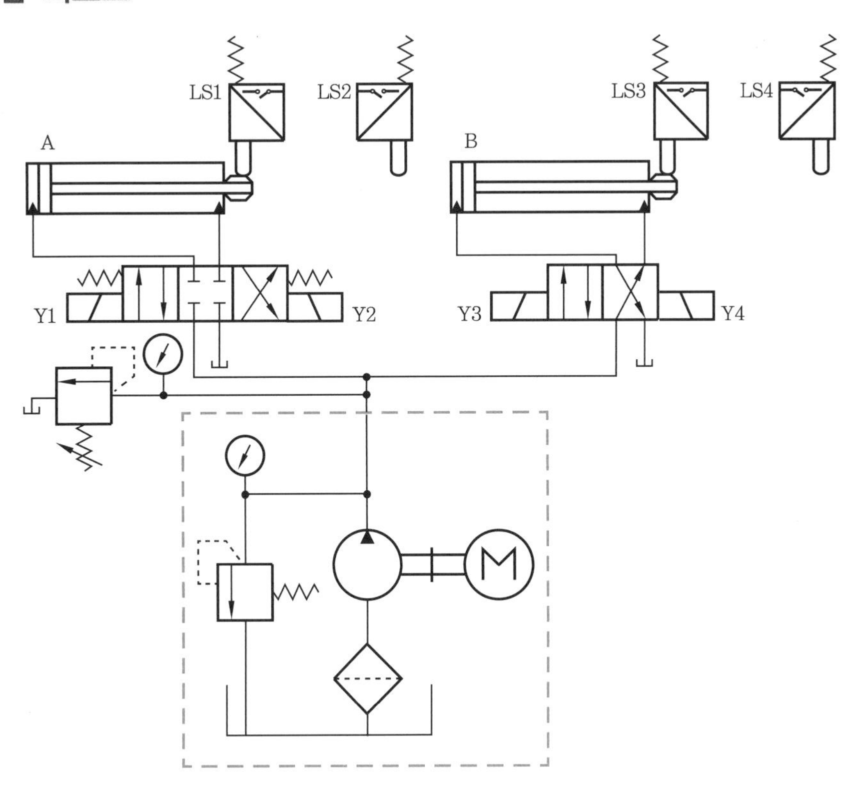

(2) 전기 회로도

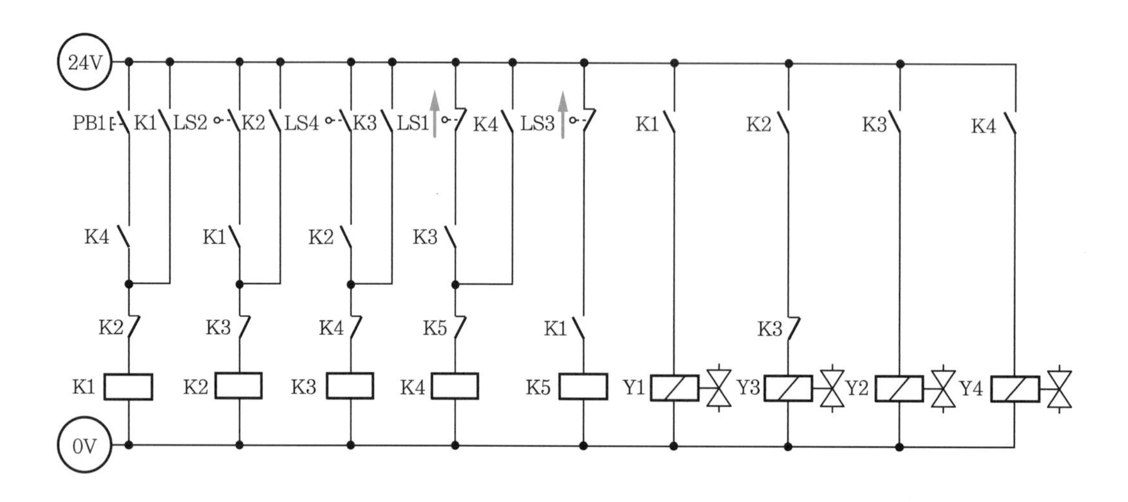

(3) 기본 제어 동작

① 초기 상태에서 PB1 스위치를 ON-OFF하면 다음 변위 단계 선도와 같이 동작합니다.

② 변위 단계 선도

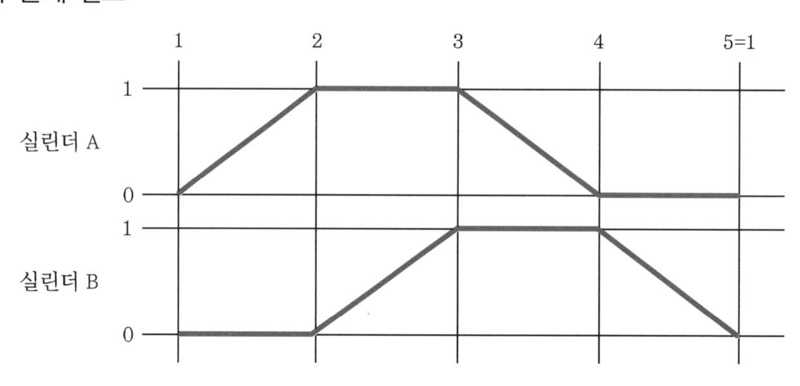

(4) 응용 제어 동작

※ 기본 제어 동작을 다음 조건과 같이 변경하시오.

① 연속 동작 스위치(PB2)와 카운터 릴레이 및 기타 부품을 추가하여 다음과 같이 동작되도록 하여야 합니다.

㈎ 연속 동작 스위치(PB2)를 1회 ON-OFF하면 기본 제어 동작이 연속(반복 자동 행정)으로 3회 동작되도록 하여야 합니다.

㈏ 연속 동작 스위치(PB2)를 1회 ON-OFF하면 연속 동작이 처음부터 다시 이루어져야 합니다.

② 실린더 A가 전진할 때 전진측에 압력 제어 밸브(릴리프 밸브)를 설치, 안전 회로를 구성하고 압력은 3 MPa(30 kgf/cm^2)로 설정 회로를 구성하고, 실린더 B의 후진 속도가 5초가 되도록 meter-out 회로를 구성하여 속도를 조정합니다.

풀이

(1) 기본 회로도 수정 : 1열 K4를 K5로 수정, 9열 K1-a 삭제, 11열 K3 삭제

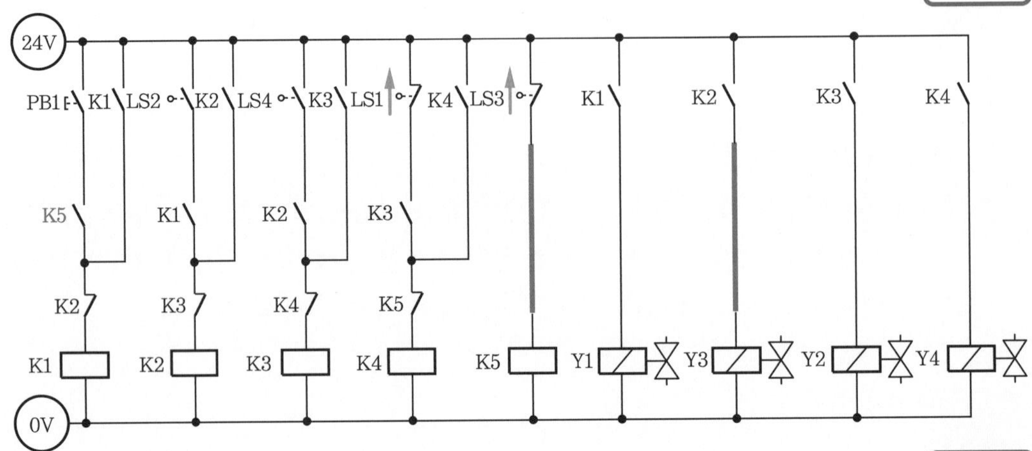

(2) 응용 회로도

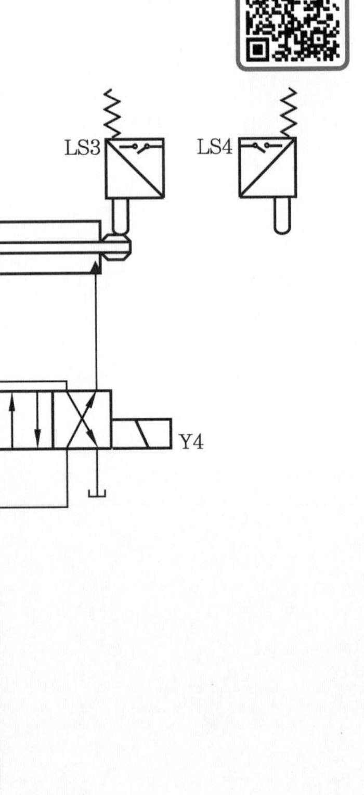

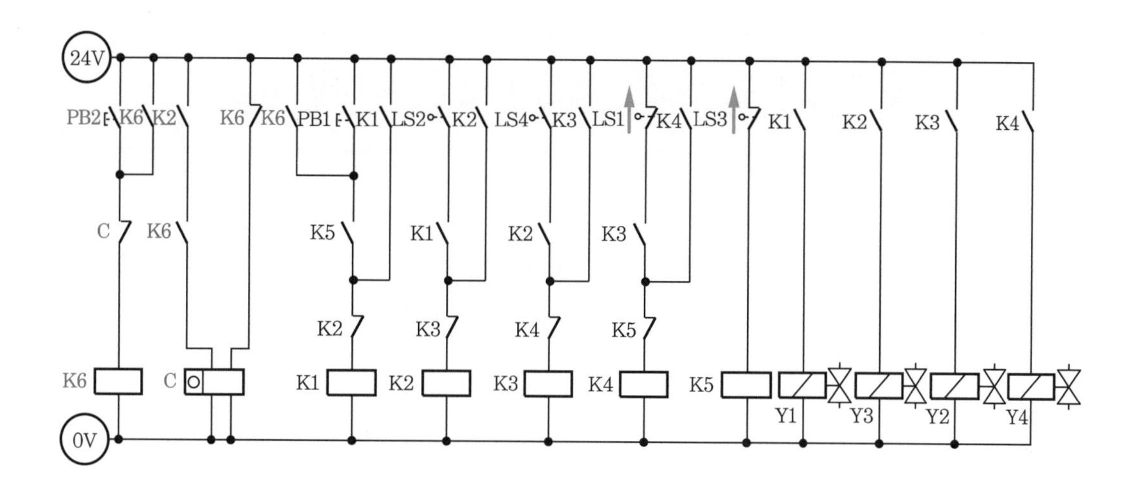

작업 시 유의사항

① 리밋 스위치 LS1과 LS3은 a 접점이다.
② 응용 제어에서 방향 유량 제어 밸브의 위치와 방향에 유의한다.
③ 기본 제어 작업 중 3MPa용 릴리프 밸브를 먼저 조정하고, 분리하여 테이블에 넣고, 4 MPa 용 릴리프 밸브를 설치, 설정한다.
④ 3열의 릴레이 K6 a 접점은 단속 운전할 때에도 카운터가 계수되는 것을 방지하기 위함 이다.
⑤ 4열의 릴레이 K6 a 접점은 카운터 리셋 코일에 연결되는 것이다.

국가기술자격 실기시험문제 ⑭

자격종목	설비보전기사	과제명	전기 유압 회로 설계 및 구성 작업

3 도면

(1) 유압 회로도

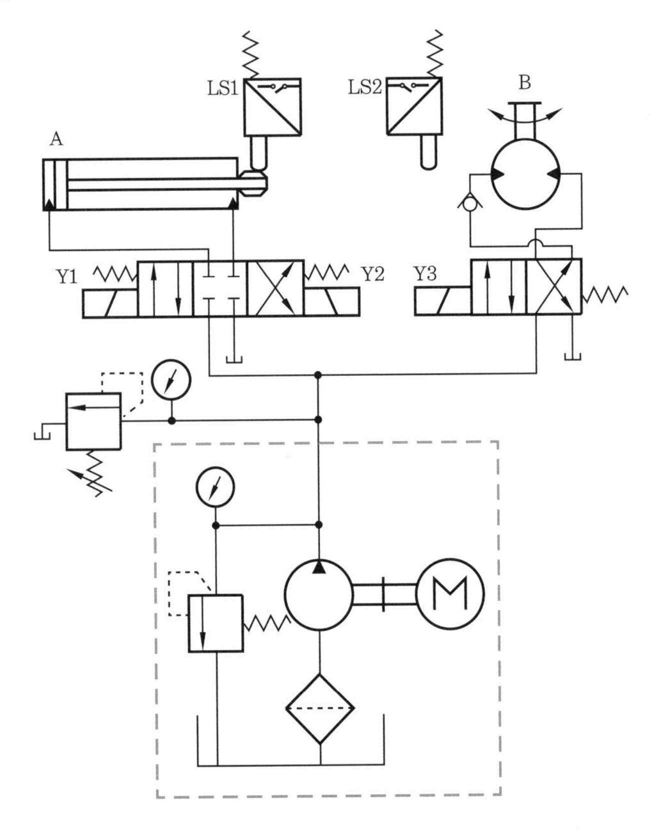

(2) 전기 회로도

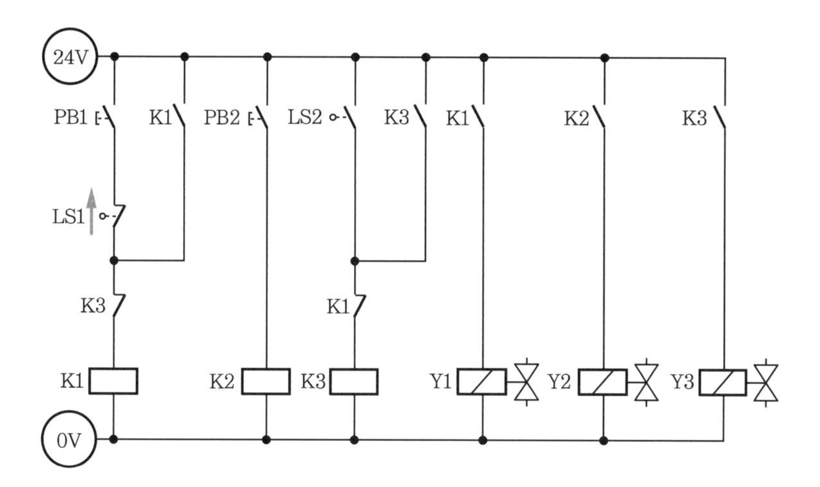

(3) 기본 제어 동작

① 초기 상태에서 PB2(유지형 스위치 가능)를 ON하면 램프 1이 점등되고, PB2를 해제(OFF)하면 램프 1이 소등됩니다. 시작 스위치(PB1)를 ON-OFF하면 실린더 A가 전진하고 실린더 A가 전진 완료 후 유압 모터 B가 회전합니다. PB2를 ON하면 램프 1 점등, 실린더 A 후진, 유압 모터 정지가 동시에 이루어집니다. 작동이 완료되면 PB2를 해제(OFF)하여 초기 상태로 되어야 합니다.

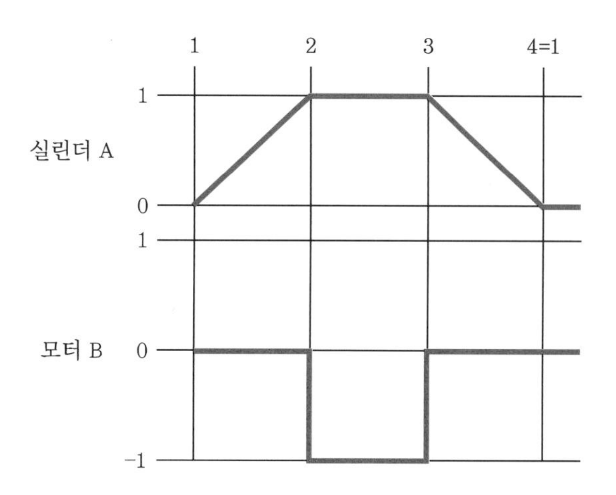

(4) 응용 제어 동작

※ 기본 제어 동작을 다음 조건과 같이 변경하시오.

① 비상정지 스위치(유지형 스위치 가능) 및 기타 부품을 추가하여 다음과 같이 동작되도록 합니다.

(가) 기본 제어 동작 상태에서 비상정지 스위치(PB3)를 한 번 누르면(ON) 동작이 즉시 정지되어야 합니다.

(나) 비상정지 스위치가 동작 중일 때는 작업자가 알 수 있도록 램프 2가 점등되고, 비상정지 스위치를 해제하면 램프 2가 소등됩니다.

(다) PB2를 이용하여 시스템을 초기화합니다.

(라) 시스템이 초기화된 이후에는 기본 제어 동작이 되어야 합니다.

② 실린더 A의 전진 속도는 meter-out, 유압 모터 B의 회전 속도는 meter-in 방법에 의해 조정할 수 있게 유압 회로도를 변경합니다.

(1) **기본 회로도 수정** : 1열 K3-b를 K2-b로, 3열 PB2를 디텐트 스위치로 교체, 오른쪽 램프 추가, 4열 K1-b를 K2-b로 수정

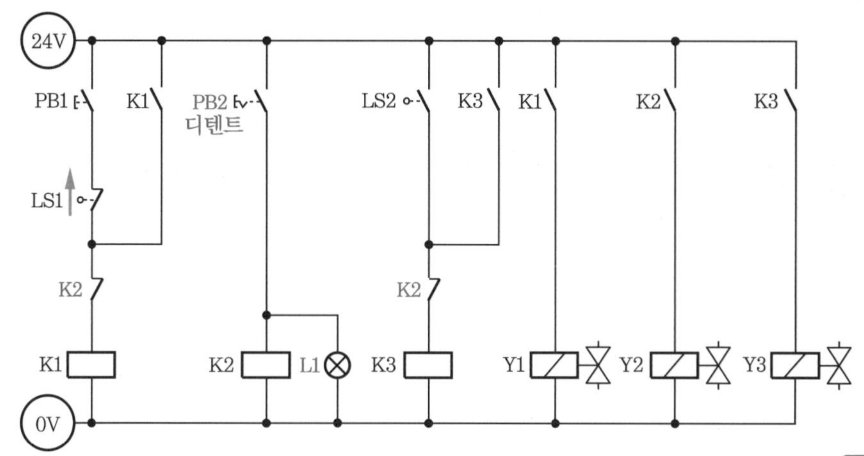

(2) **응용 회로도**

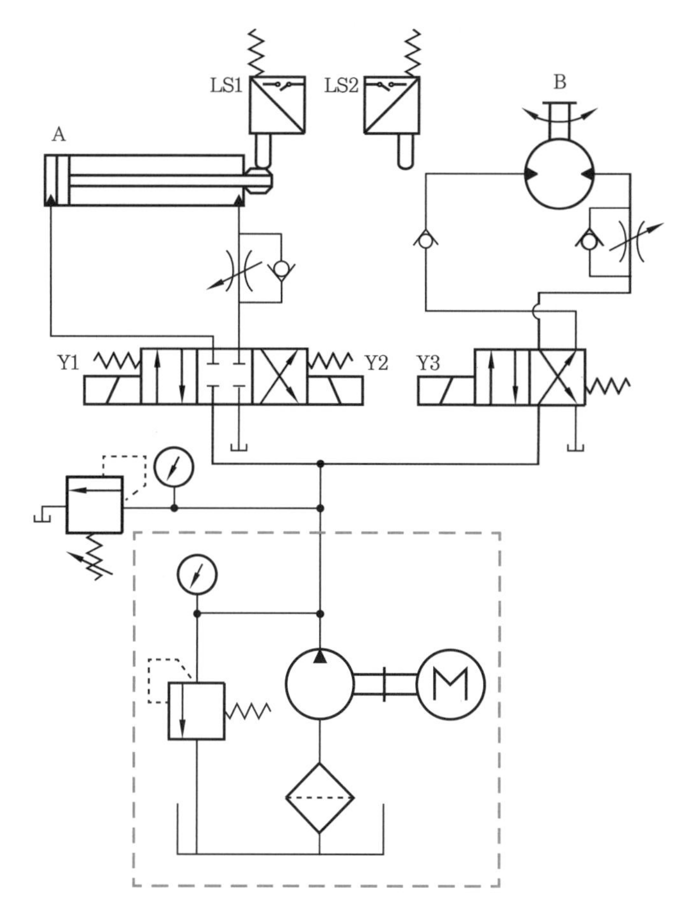

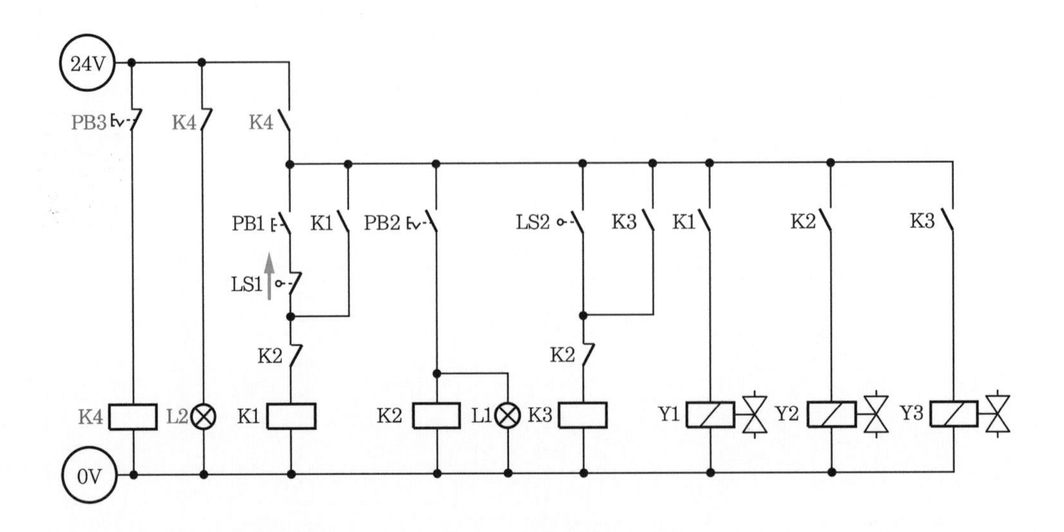

작업 시 유의사항

① 체크 밸브의 방향에 유의한다.
② 리밋 스위치 LS1은 a 접점이다.
③ PB2와 PB3은 자기 유지형, 즉 디텐트 스위치이다.
④ 한방향 유량 제어 밸브의 위치와 방향에 유의한다.

PART 4 동영상 필답형 예상문제

1 정비의 개요

01. 다음 게이지의 명칭과 측정값을 쓰시오.

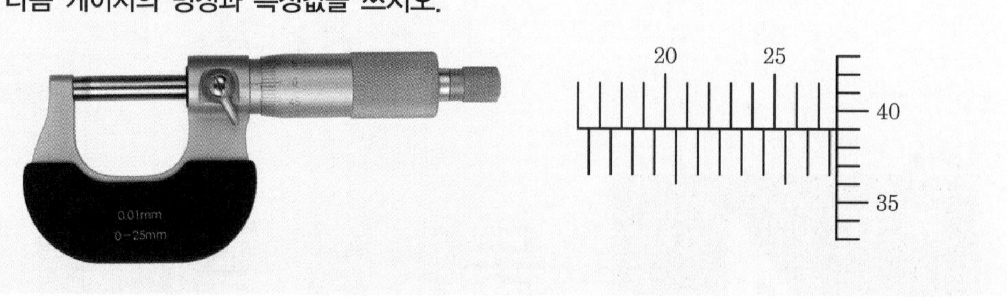

정답 ① 명칭 : 외측 마이크로미터

② 측정값 : 27.89 mm(42.79 mm, 42.94 mm, 47.89 mm, 37.79 mm, 42.89 mm)

해설

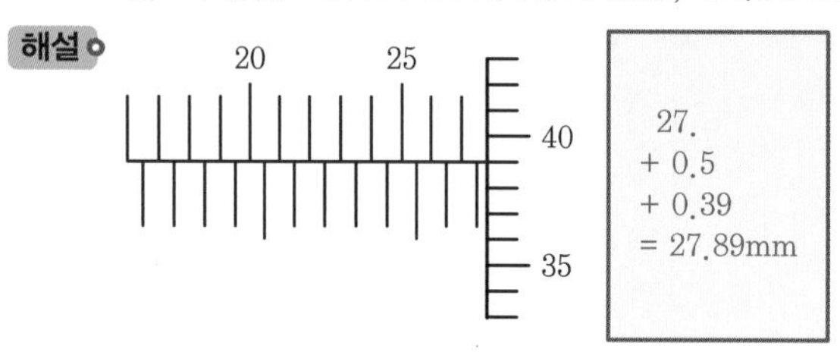

※ 단위 mm를 반드시 써야 한다.

02. 다음의 작업은 무엇을 하는 것인가?

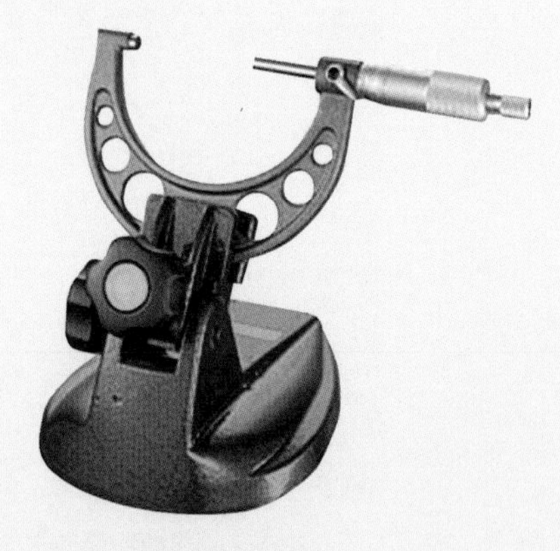

정답 게이지 블록에 의한 외측 마이크로미터 0점 조정

해설 마이크로미터 스탠드에 외측 마이크로미터를 고정시키고 게이지 블록을 삽입하여 외측 마이크로미터의 0점을 조정하는 것이다.

03. **다음 측정기의 명칭과 측정값을 쓰시오.**

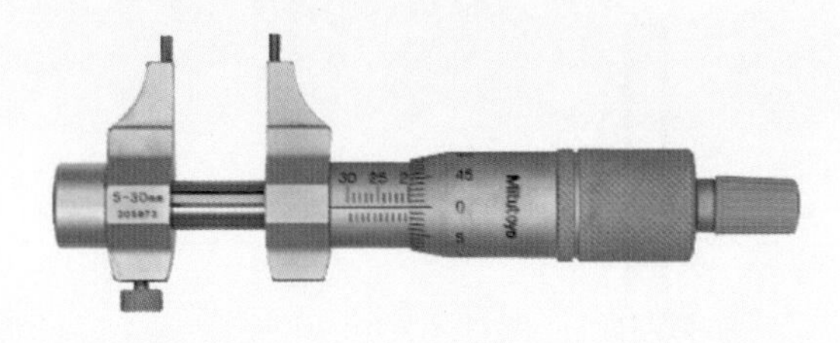

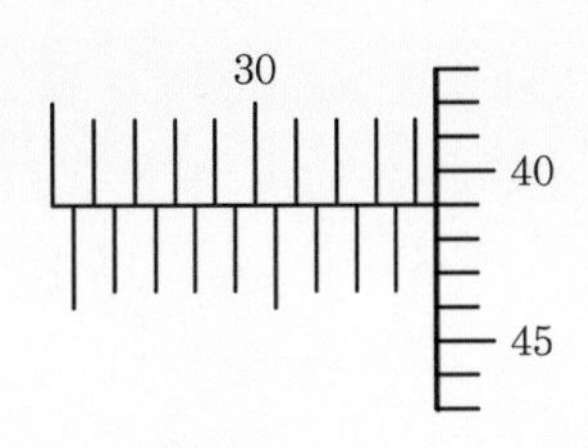

정답 ① 명칭 : 내측 마이크로미터

② 측정값 : 25.91 mm(11.82 mm)

해설

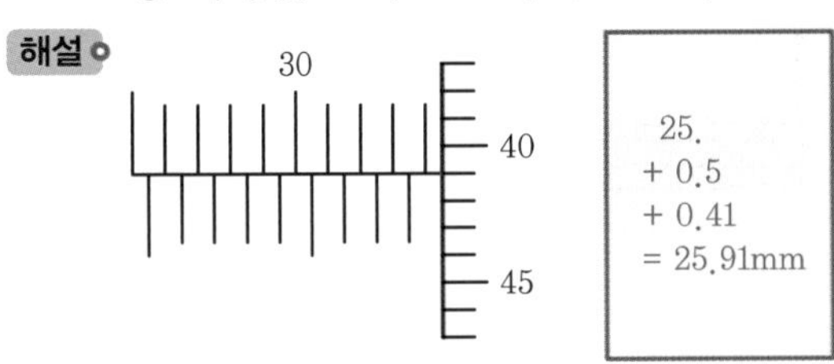

※ 단위 mm를 반드시 써야 한다.

04. **다음 버니어 캘리퍼스의 종류와 측정값 및 미세 이송기구가 부착된 것 3가지를 쓰시오.**

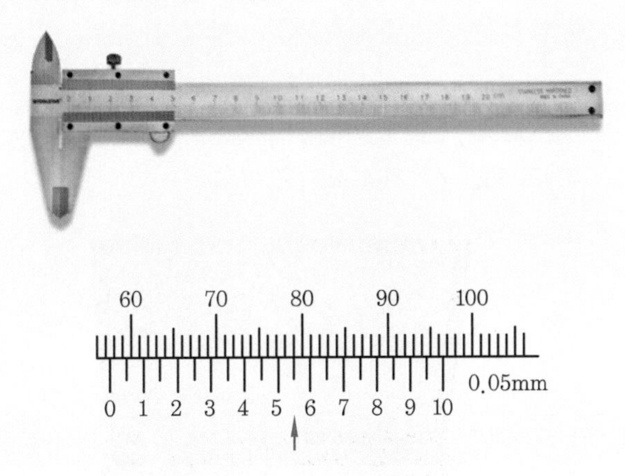

정답 ① 종류 : M1형

② 측정값 : 57.55 mm(57.1 mm, 106.6 mm, 156.6 mm)

③ 미세 이송기구가 부착된 것 : M2형, CB형, CM형

해설 부척 "0"의 위치가 있는 모척의 치수 57에 부척과 모척이 일직선상으로 되어 있는 위치의 부척의 값 5.5를 0.55로 그 값을 더한다. 단위 mm를 반드시 써야 한다.

05. 다음 공기구의 명칭과 용도, 형상 및 구조상 표준형인 것 3가지를 쓰시오.

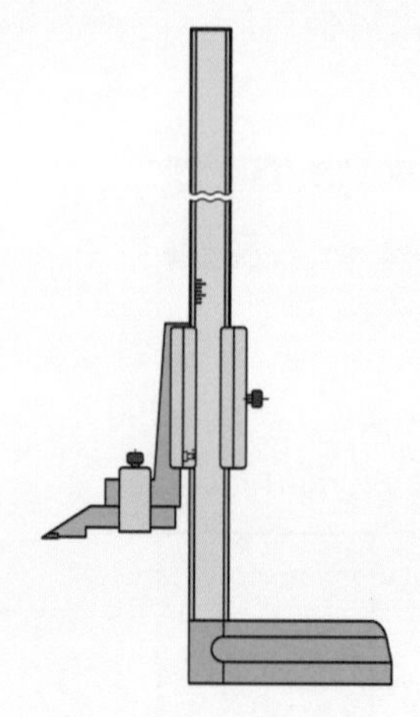

정답 ① 명칭 : 하이트 게이지
② 용도 : 금긋기, 높이 측정, 계단 길이 측정
③ 형상 및 구조상 표준형인 것 : HT형, HM형, HB형

해설 하이트 게이지는 높이 게이지, 버니어 하이트 게이지라고도 하며 스크라이버, 다이얼 게이지, 다이얼 테스트 게이지 등을 설치하여 금긋기 등의 용도로 사용한다. 게이지의 읽는 방법은 버니어 캘리퍼스와 같으며, 미세 조정 등의 구조에 따라 HT형, HM형, HB형의 종류를 가지고 있다.

06. 다음 측정기의 명칭과 등급 4가지를 쓰시오.

정답 ① 명칭 : 게이지 블록
② 등급 : K급, 0급, 1급, 2급

해설 일반적으로 블록 게이지라 하나 틀린 명칭이며, 반드시 게이지 블록이라 하고, 등급도 KS 규정이 변경되었다.

07. 다음 측정기의 명칭과 용도를 쓰시오.

정답 ① 명칭 : 실린더 게이지
② 용도 : 내경 측정

해설 실린더 게이지는 캠식 실린더 게이지, 보어 게이지라고도 하며, 내경을 측정하는 것으로 내경 치수에 맞는 핀을 조립한다. 외측 마이크로미터로 0점을 조정한 후 사용하는 것으로 내측 마이크로미터보다는 정밀한 측정기이다.

08. 다음 측정기의 명칭과 용도를 쓰시오.

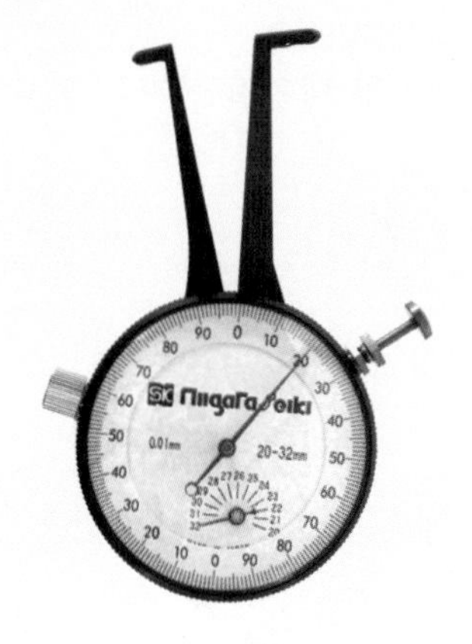

정답 ① 명칭 : 다이얼 캘리퍼 게이지
② 용도 : 내경 홈의 지름 측정

해설 다이얼 캘리퍼 게이지는 내측 마이크로미터나 실린더 게이지 등으로 측정할 수 없는 내경 홈 지름을 측정하는 데 사용하며, 지름의 크기에 따라 핀을 교체할 수도 있다.

09. 다음 측정기의 명칭을 쓰시오.

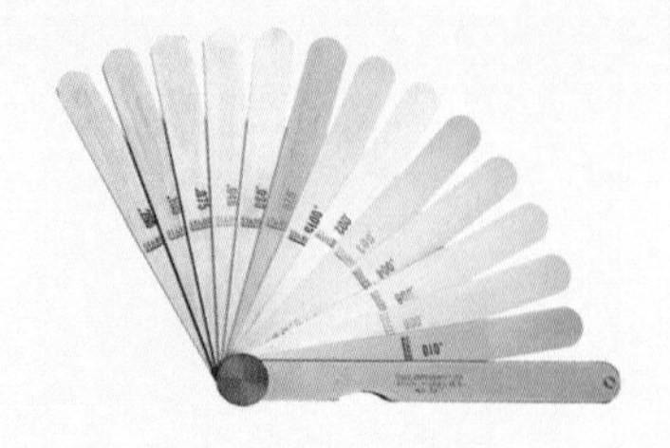

정답 틈새 게이지

해설 틈새 게이지는 두께 게이지, 티크니스 게이지, 필러 게이지라고도 하며, 길이 측정기로 측정할 수 없는 베어링의 외륜과 전동체 등의 좁은 홈을 측정할 때 사용한다.

10. 다음 공기구의 명칭을 쓰시오.

정답 테이퍼 링 게이지

해설 테이퍼 링 게이지는 규격화된 테이퍼를 가공 및 검사할 때 사용하는 기준 게이지이다.

11. 다음 측정기의 명칭과 용도를 쓰시오.

정답 ① 명칭 : 피치 게이지
② 용도 : 나사 피치 측정

해설 피치 게이지는 삼각 나사의 피치의 크기를 측정하는 것으로 mm계와 인치계가 있다.

12. 다음 기기의 명칭과 용도를 쓰시오.

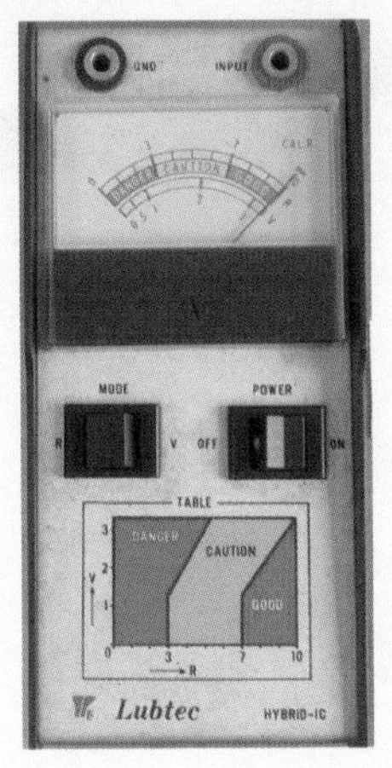

정답 ① 명칭 : 베어링 체커

② 용도 : 베어링 내 그리스 양의 적정 여부 검사

해설 베어링 체커는 볼 베어링이나 롤러 베어링 내의 그리스 충진 적정량을 판단하기 위해 사용된다.

13. 다음 공기구의 명칭과 용도 및 지시값은?

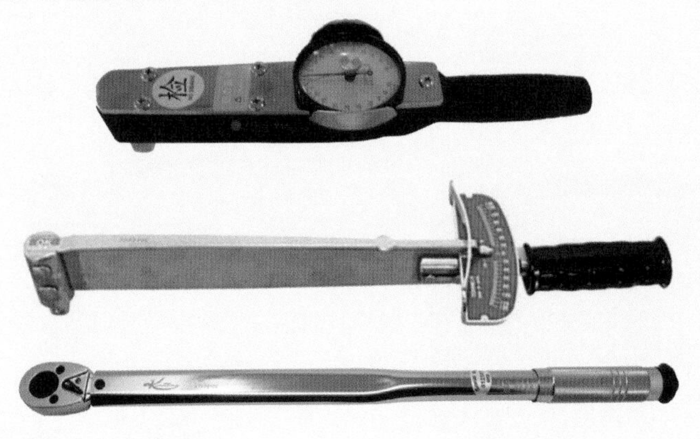

정답 ① 명칭 : 토크 렌치

② 용도 : 볼트, 너트를 일정한 힘으로 체결

③ 지시값 : 400 kgf · cm(600 kgf · cm)

해설 토크 렌치는 볼트나 너트를 일정한 힘으로 체결하는 데 사용하며, 설정값의 단위는 kgf · cm이다.

참고 문제 사진에서는 정확한 수치가 보이지 않지만 실제 시험장의 동영상에서는 정확한 수치가 보입니다.

14. 다음 공구의 명칭을 쓰시오.

정답 훅 스패너

해설 훅 스패너는 로크 너트, 마이크로미터 0점 조정, 연삭기 플랜지, 밀링 콜릿척 등에 사용된다.

15. 다음 공구의 명칭과 호칭법 및 사용상 장점 2가지를 쓰시오.

정답 ① 명칭 : 더블 오프셋 스패너
② 호칭법 : 사용 볼트나 너트의 대변 길이
③ 장점 : 볼트나 너트 모서리를 마모시키지 않는다.
좁은 공간에서 작업이 용이하다.

해설 더블 오프셋 스패너는 분해, 조립 공구로 사용처가 다양하다.

16. 다음의 기계요소에 대한 정확한 명칭과 ㉮, ㉯, ㉰, ㉱, ㉲의 명칭을 쓰시오.

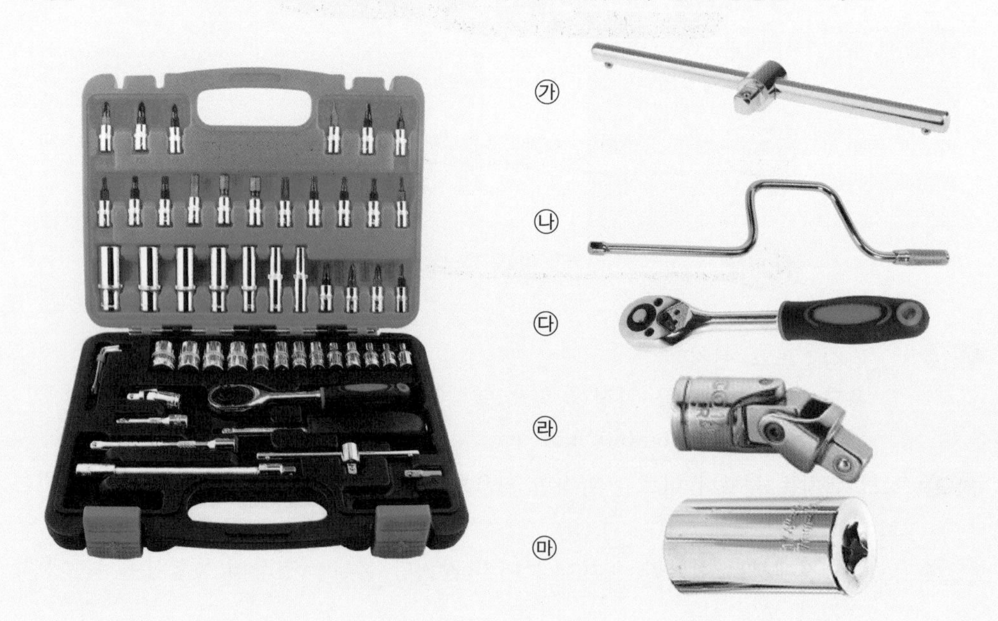

정답 명칭 : 소켓 렌치 세트

㉮ 슬라이딩 T 핸들　　　㉯ 스피드 핸들

㉰ 래칫 핸들　　　㉱ 유니버설 조인트

㉲ 팁 소켓

해설 소켓 렌치 세트는 자동차나 각종 기계의 분해 조립용 공구이다.

17. 다음 공구의 정확한 명칭을 쓰시오.

정답 베어링 풀러

해설 베어링 풀러는 베어링을 보호하기 위한 분해용 공구이다.

18. 다음 공구의 정확한 명칭을 쓰시오.

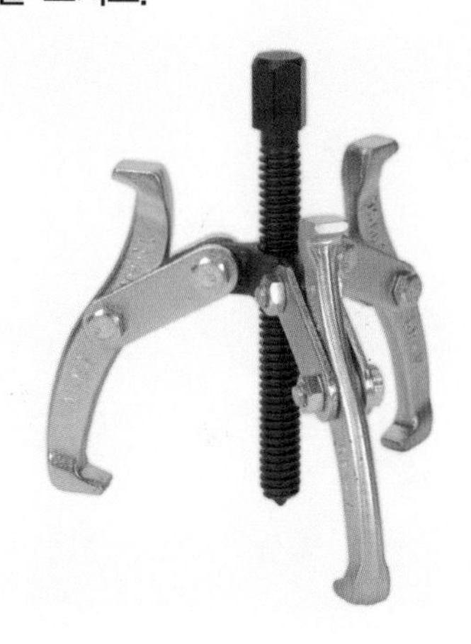

정답 기어 풀러

해설 기어 풀러는 풀리 풀러 또는 풀러라고도 한다.

19. 다음 공구의 명칭과 ㉮, ㉯의 확관 명칭을 각각 쓰시오.

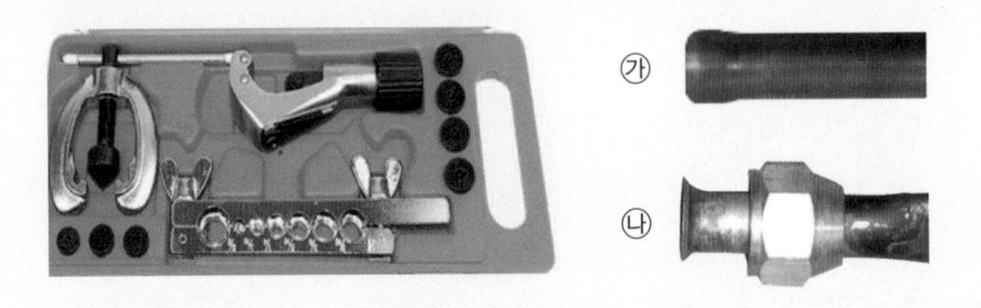

정답 ① 공구 명칭 : 플레어링 툴 세트

② 확관 명칭 : ㉮ 일반 확관 ㉯ 플레어 확관

해설 플레어링 툴 세트는 동관용 작업 공구로 사용된다.

20. 다음 공구의 정확한 명칭을 쓰시오.

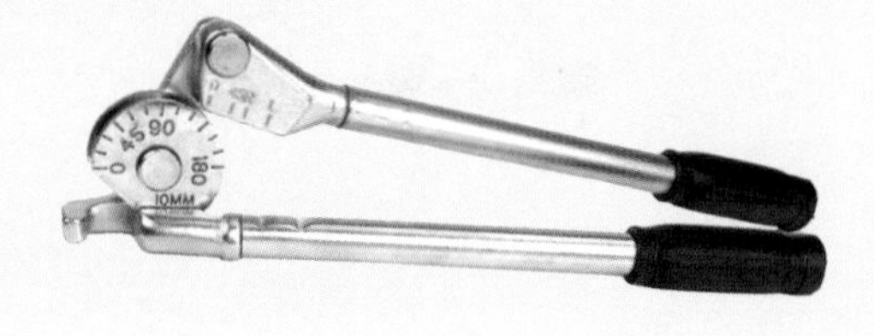

정답 튜브 벤더

해설 튜브 벤더는 동관이나 스테인리스 주름관을 구부릴 때 사용한다.

21. 다음 공구의 정확한 명칭을 쓰시오.

정답 강관 벤더

해설 강관 벤더의 강관을 구부릴 때 사용한다.

22. 다음 기기의 정확한 명칭과 ㉮, ㉯, ㉰의 명칭을 각각 쓰시오.

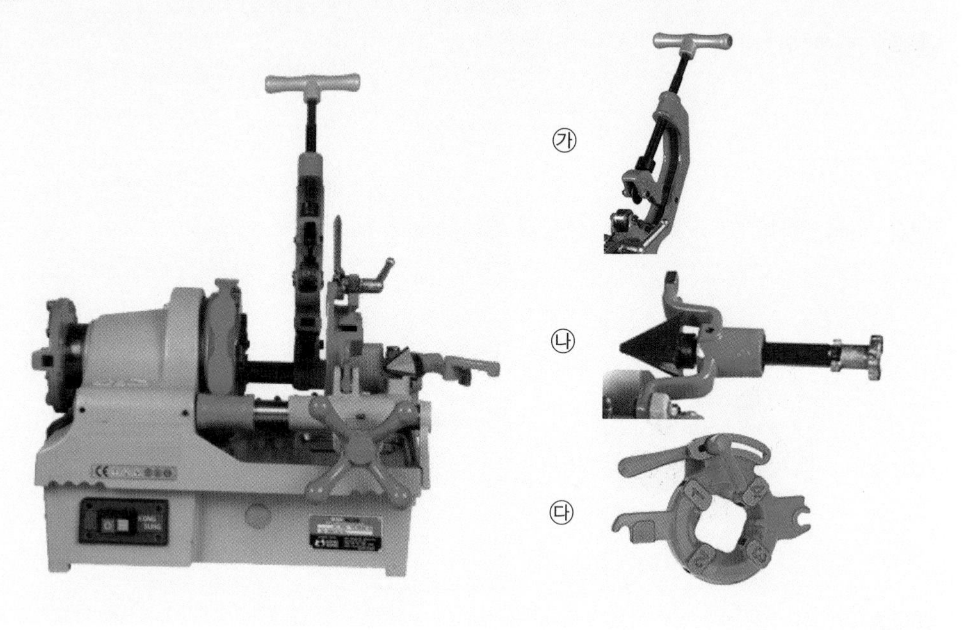

정답 명칭 : 전동식 나사 절삭기
㉮ 파이프 커터 ㉯ 파이프 리머 ㉰ 다이 헤드

해설 전동식 나사 절삭기는 일명 파이프 머신이라고도 하며 강관에 나사를 가공할 때 사용된다.

23. 다음 지시하는 기계요소(㉮, ㉯)의 정확한 명칭 및 ㉠, ㉡, ㉢의 번호를 쓰시오.

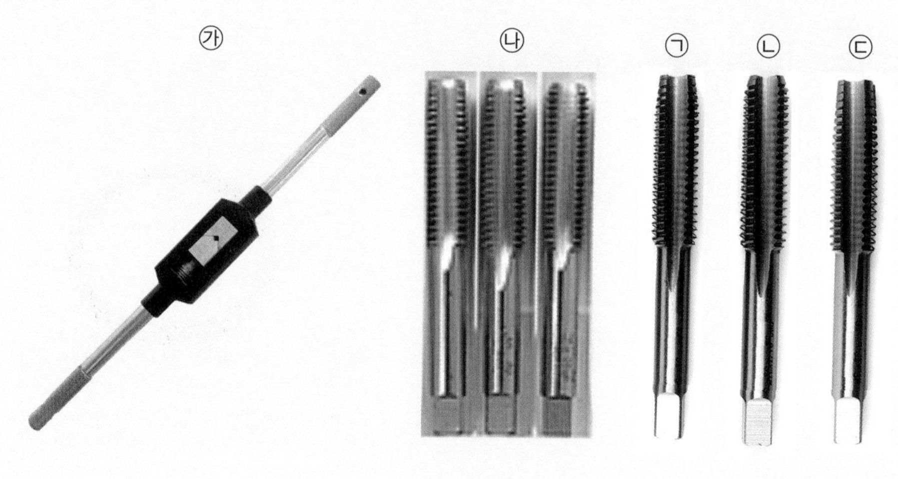

정답 ① 명칭 : ㉮ 탭 핸들 ㉯ 탭
② 탭 번호 : ㉠ 2번 탭 ㉡ 3번 탭 ㉢ 1번 탭

해설 탭은 암나사를 가공할 때 사용한다.

24. 다음 지시하는 기계요소(㉮, ㉯)의 명칭과 용도 및 규격을 쓰시오.

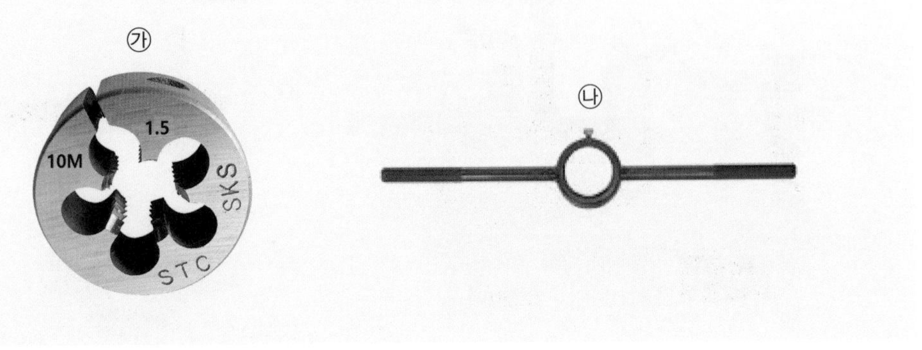

정답 ① 명칭 : ㉮ 다이스 ㉯ 다이스 핸들
② 용도 : 수나사 가공
③ 규격 : M10 P1.5

해설 다이스는 볼트 등 수나사를 가공할 때 사용하며, 규격에서 나사의 종류에 따른 기호를 앞에 먼저 쓰고, 호칭지름을 그 다음에 표기한다. 피치도 기호 P를 먼저 쓰고 숫자를 표기한다.

25. 다음 지시하는 ㉮, ㉯의 명칭을 쓰시오.

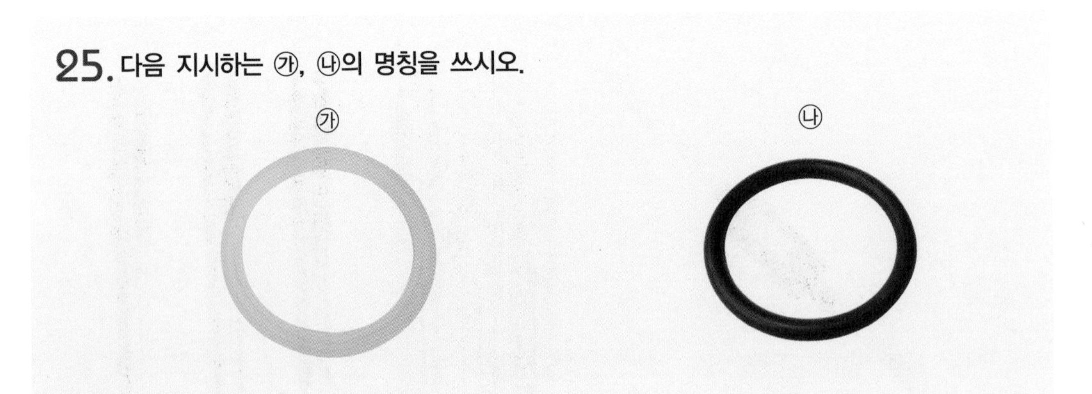

정답 ㉮ 백업링 ㉯ O-링

해설 백업링과 O-링은 밀봉 요소이다.

26. 다음 지시하는 ㉮, ㉯의 명칭을 쓰시오.

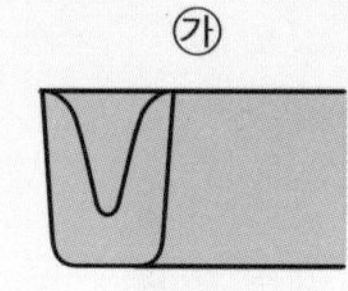

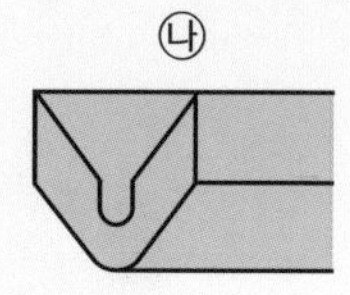

정답 ㉮ U패킹 ㉯ V패킹

해설 패킹은 동적 밀봉 장치인 실의 한 종류이다.

27. 다음 요소의 명칭을 쓰시오.

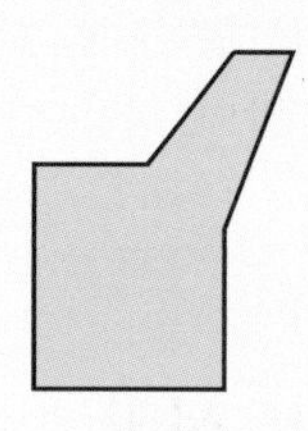

정답 더스트 실(와이퍼 실)

해설 더스트 실은 밀봉 장치로 동적 실의 한 종류이다.

28. 다음 부품의 명칭과 호칭압력, 호칭지름을 쓰시오.

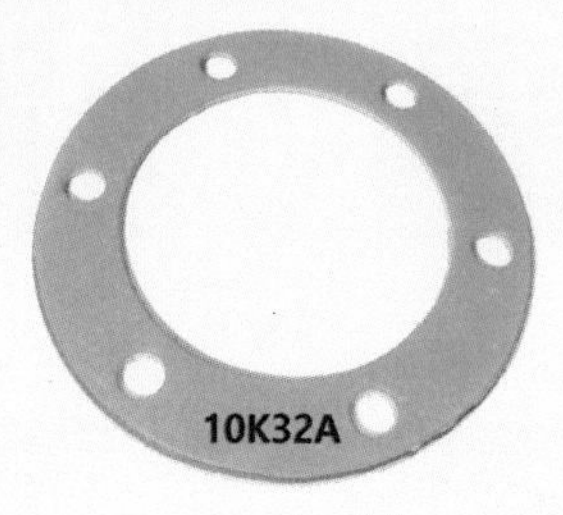

정답 ① 명칭 : 개스킷

② 호칭압력 : 10 kgf/cm^2

③ 호칭지름 : 32 A

해설 개스킷은 고정용 밀봉 장치이며, 10K32A에서 10K는 호칭압력, 32A는 호칭지름을 의미한다.

29. 다음 지시하는 요소 ㉮, ㉯의 정확한 형식 명칭과 용도를 쓰시오.

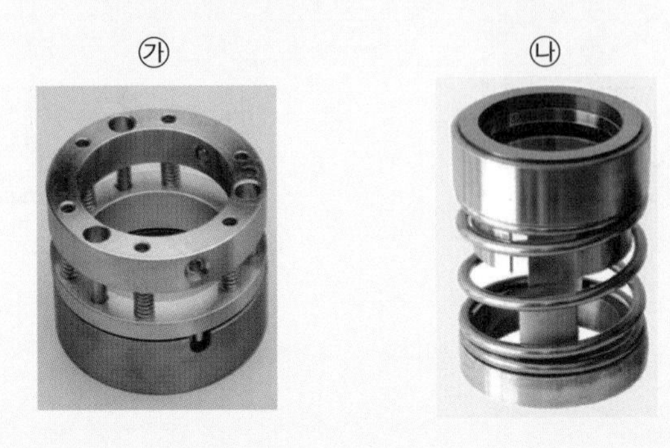

정답 ① 명칭 : ㉮ 멀티 스프링 타입 메커니컬 실 ㉯ 싱글 스프링 타입 메커니컬 실
② 용도 : 유체 누설 방지

해설 메커니컬 실은 밀봉 장치 중 누설 방지에 가장 우수한 성능을 갖는 것으로 펌프 등 고압용에 많이 사용된다.

2 체결용 요소 정비

01. 다음 지시하는 ㉮, ㉯, ㉰, ㉱의 나사 명칭을 각각 쓰시오.

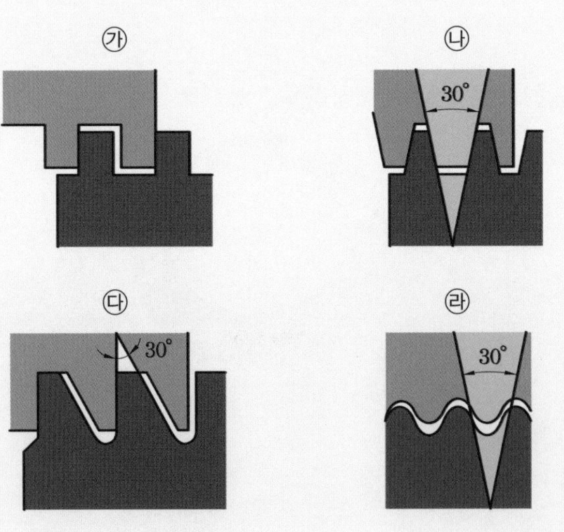

정답 ㉮ 사각 나사 ㉯ 사다리꼴 나사
㉰ 톱니 나사 ㉱ 둥근 나사(라운딩 나사)

해설 사각 나사는 운동 전달용으로 사용되고, 사다리꼴 나사는 삼각 나사와 사각 나사의 장점만을 가지고 제작한 것이며, 톱니 나사는 바이스와 같이 한쪽 방향으로만 하중이 작용하는 곳에 사용되고, 둥근 나사는 먼지, 모래 등이 많은 곳 및 전구에 사용된다.

02. 다음 기계요소의 명칭과 특성 3가지만 쓰시오.

정답 ① 명칭 : 볼 스크루

② 특성

- 나사 효율이 좋다.
- 마모가 거의 없다.
- 너트가 커진다.

해설 볼 스크루는 백래시가 없어야 할 CNC 공작기계 등에 사용된다.

03. 다음 요소 ㉮, ㉯의 인장강도는 얼마인가?

㉮

㉯

정답 ㉮ 40 kgf/mm^2 ㉯ 100 kgf/mm^2

해설 육각머리 볼트의 머리 부분 위에 있는 문자는 제조사의 이니셜이다.

04. 다음 기계요소의 정확한 명칭과 용도를 쓰시오.

정답 ① 명칭 : U 볼트
② 용도 : 배관 고정

해설 U 볼트는 벽면에 붙어 있도록 된 배관을 고정시키기 위해 사용된다.

05. 다음 기계요소의 정확한 명칭과 용도를 쓰시오.

㉮

㉯

정답 ① 명칭 : ㉮ T홈 너트 ㉯ T 볼트
② 용도 : 공작기계 테이블 위 부품 고정

해설 T홈 너트와 T 볼트는 밀링 테이블에 설치되는 바이스 등을 고정할 때 사용한다.

06. 다음 기계요소의 정확한 명칭과 역할을 쓰시오.

정답 ① 명칭 : 스테이 볼트
② 역할 : 두 부품의 일정 간격 유지

해설 스테이 볼트는 두 부품을 일정한 간격으로 유지시키기 위해 양쪽에 너트를 각 2개씩 조립하여 거리를 조절하거나, 거리에 맞게 파이프를 사용한다.

07. 다음 기계요소의 정확한 명칭과 역할을 쓰시오.

정답 ① 명칭 : 스테이 볼트
② 용도 : ㉮ 거리(폭) 조절이 가능한 곳에 사용
㉯ 거리(폭) 조절이 불가능한 곳에 사용

해설 스테이 볼트는 두 부품을 일정한 간격으로 유지시키기 위한 것으로 ㉮는 너트를 이용하여 거리 조절이 가능하고, ㉯는 볼트 몸체에 턱을 가지고 있어 거리 조절이 불가능한 곳에 사용한다.

08. 다음 기계요소의 명칭을 쓰시오.

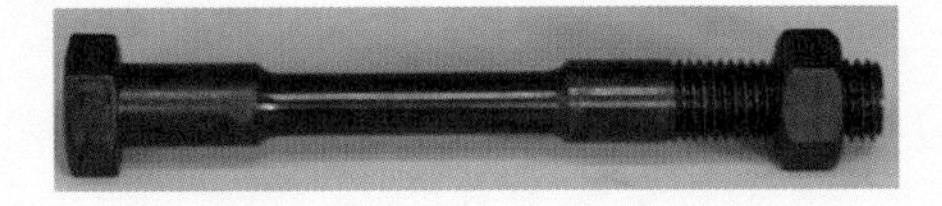

정답 충격 볼트

해설 충격하중이 작용되는 곳에 볼트 몸체를 $0.8d$로 가늘게 하거나 볼트 중심에 $0.6d$의 구멍을 뚫어 완충 작용을 하는 볼트이다. 여기서, d는 볼트의 호칭지름이다.

09. 다음 기계요소의 명칭을 쓰시오.

정답 리머 볼트

해설 볼트 구멍에 볼트와의 클리어런스를 없도록 하여 볼트에 전단하중만 받도록 구멍은 리머 가공, 볼트 자루는 h7 공차의 정밀 가공을 한 것이다.

10. 다음 기계요소의 명칭을 쓰시오.

정답 테이퍼 볼트

해설 볼트와 볼트 구멍 사이에 틈새가 있으면 전단 응력과 굽힘 응력이 동시에 발생하므로 이러한 현상을 방지하기 위해서 리머 볼트나 테이퍼 볼트를 사용하여 서로 밀착시켜 틈새를 없게 한다.

11. 다음 기계요소의 명칭과 이것을 체결하는 공구를 쓰시오.

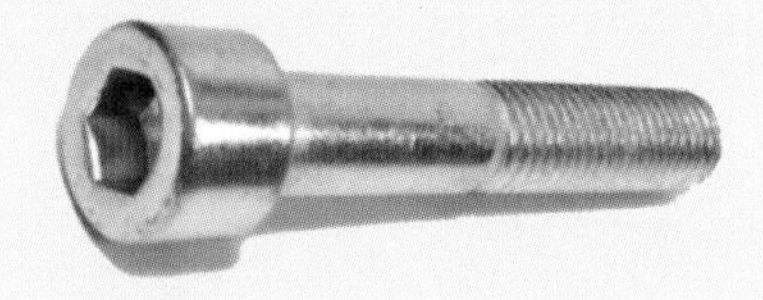

정답 ① 명칭 : 육각 구멍 붙이 볼트
② 체결 공구 : L 렌치

해설 육각 구멍 붙이 볼트는 L렌치로 분해, 조립하도록 볼트 머리에 육각 구멍이 있는 볼트로 기계 부품의 볼트 중 가장 많이 사용되고 있다.

12. 다음 기계요소의 명칭을 쓰시오.

정답 아이 볼트

해설 아이 볼트는 무거운 물체를 들어올릴 때, 로프, 체인 또는 훅 등을 걸 때 사용한다.

13. 다음 ㉮, ㉯의 총칭과 사용 공기구 명칭을 적으시오.

정답 ① 명칭 : 접시머리 볼트
② 공기구 : ㉮ L 렌치 ㉯ 십자 드라이버

해설 접시머리 볼트는 삼각형의 나사산을 가진 비교적 지름이 작은 볼트로 볼트 길이는 머리부까지 포함한다.

14. 다음 기계요소의 정확한 명칭과 용도를 쓰시오.

정답 ① 명칭 : 캡 너트
② 용도 : 기름 누설 방지(기밀 유지)

해설 캡 너트는 너트의 한쪽 부분을 막아 기름 등이 흘러나오는 것을 방지하는 너트이다.

15. 다음 기계요소의 정확한 명칭과 용도를 쓰시오.

정답 ① 명칭 : U 너트
② 용도 : 나사 풀림 방지

해설 U 너트는 나사 풀림 방지에 이용되는 것으로 나사산 일부를 U 모양만큼 작은 피치로 제작한 것이다.

16. 다음 중 로크 너트의 올바른 사용법은?

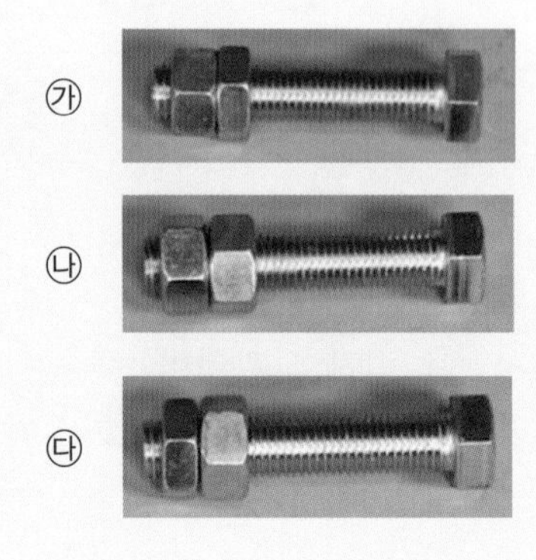

정답 ㉮

해설 아래쪽의 높이가 작은 로크 너트(lock nut)와 위쪽의 정규 너트를 충분히 죈 다음 아래 너트를 약간 풀어 놓아 2개의 너트가 서로 미는 상태를 만들어서 볼트의 죄는 힘이 감소하더라도 나사면의 접촉 압력을 잃지 않게 하여 너트가 풀어지지 않도록 한 것이다.

17. 다음 기계요소의 정확한 명칭과 용도를 쓰시오.

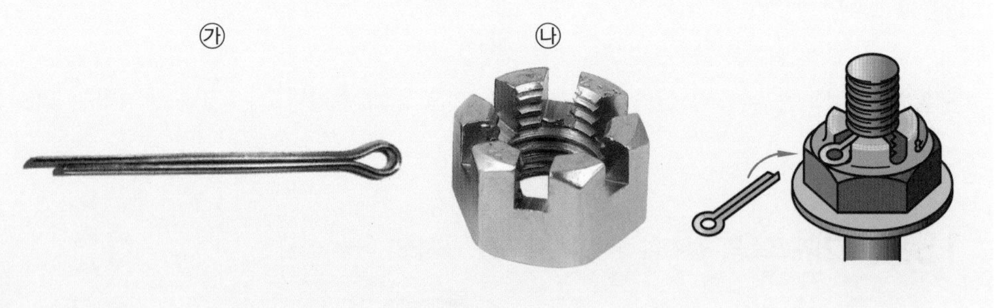

정답 ① 명칭 : ㉮ 분할 핀 ㉯ 홈붙이 육각 너트
② 용도 : 너트 풀림 방지

해설 홈붙이 육각 너트는 너트의 윗면에 6개의 홈이 파여 있으며, 이곳에 분할 핀을 끼워 너트가 풀리지 않도록 하여 사용한다. 너트가 죄어져 끝나는 위치에 제한을 받고, 볼트가 약해지는 단점이 있다.

18. 다음 ㉮, ㉯, ㉰를 1종, 2종, 3종, 4종으로 분류하시오.

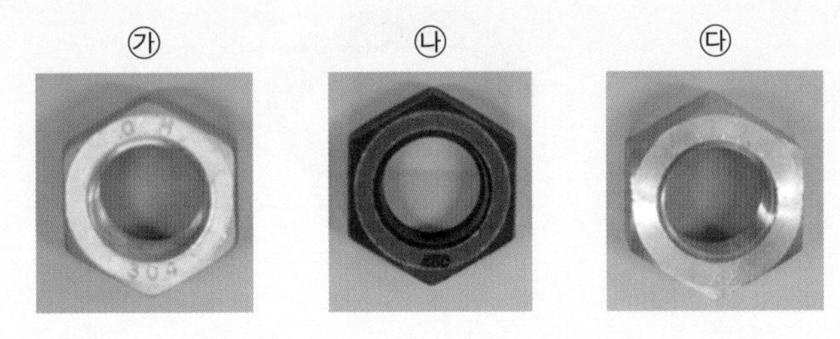

정답 ㉮ 2종 ㉯ 3종 ㉰ 1종

해설 볼트와 너트는 다듬질 정도에 따라 1종부터 4종까지 구분한다.

19. 다음 기계요소의 명칭과 ㉮, ㉯의 형식을 쓰시오.

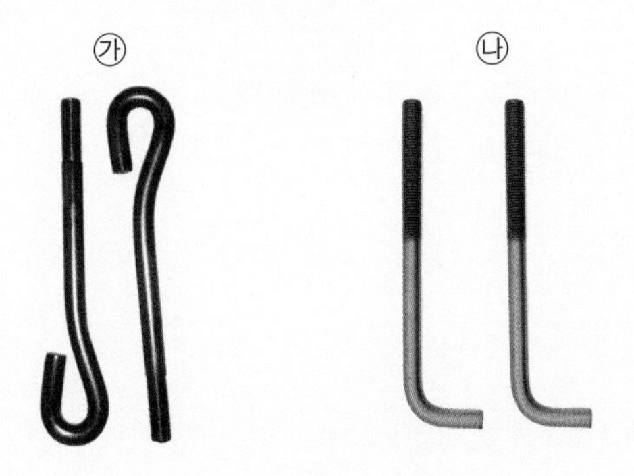

정답 ① 명칭 : 기초 볼트
② 형식 : ㉮ JA형 ㉯ L형

해설 기초 볼트는 기계 구조물을 콘크리트 기초 위에 고정시키기 편리하게 한 볼트로, 한쪽 끝은 시멘트, 콘크리트, 납, 황, 모르타르 등을 주변에 주입하고 충분히 다진 후 양생하여 사용한다.

20. 다음 기계요소의 명칭을 쓰시오.

정답 앵커 볼트

해설 기초 볼트 또는 스트롱 앵커 볼트라고도 한다.

21. 다음 기계요소의 명칭을 쓰시오.

정답 로크 너트

해설 로크 너트는 로크 와셔와 같이 나사 풀림 방지용으로 사용된다.

22. 다음 기계요소의 명칭을 쓰시오.

정답 나일론 너트

해설 마찰 계수가 다른 이종 너트로 나사 풀림 방지에 사용된다.

23. 다음 ㉮, ㉯의 부품 요소 명칭을 쓰시오.

정답 ㉮ 평와셔 ㉯ 접시 와셔

해설 평와셔는 가장 많이 사용되는 둥근 와셔이며, 접시 와셔는 스프링 와셔라고도 한다.

24. 다음 ㉮, ㉯의 부품 요소 명칭을 쓰시오.

정답 ㉮ 사각 테이퍼 와셔 ㉯ 사각 평와셔

해설 사각 와셔는 목재용으로 사용된다.

25. 다음 기계요소의 정확한 명칭을 적으시오.

정답 로크 와셔

해설 로크 와셔는 이붙이 와셔라고도 하며 로크 너트와 같이 나사 풀림 방지용으로 사용된다.

26. 다음 ㉮~㉰의 요소 명칭과 풀림 방지 효과가 가장 큰 것의 기호는 무엇인가?

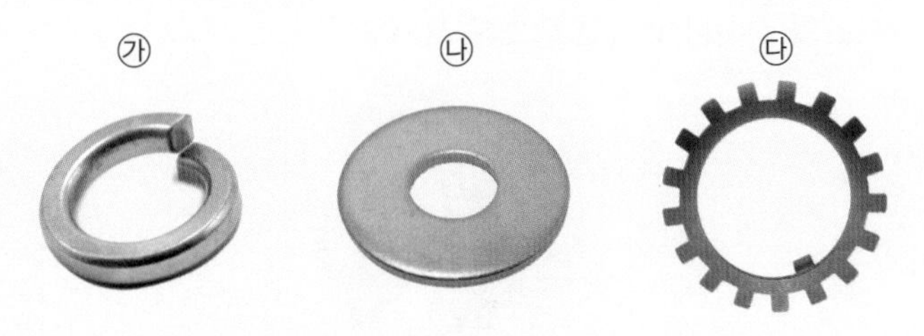

정답 ① 명칭 : ㉮ 스프링 와셔 ㉯ 평와셔 ㉰ 로크 와셔
② 풀림 방지 효과가 가장 큰 것 : ㉰

해설 스프링 와셔는 약간의 나사 풀림 방지용으로 전기 제품에 주로 사용되고 평와셔는 나사 풀림 방지용과는 관계가 없으며, 로크 와셔는 와셔 중 나사 풀림 방지용으로 가장 우수하다.

27. 다음 ㉮, ㉯의 부품 요소 명칭을 쓰시오.

정답 ㉮ 한쪽 혀붙이 와셔 ㉯ 양쪽 혀붙이 와셔

해설 혀붙이 와셔는 나사 풀림 방지용으로 사용된다.

28. 다음 기계요소의 정확한 명칭과 용도를 쓰시오.

정답 ① 명칭 : 샤클
② 용도 : 와이어 로프의 줄걸이 보조기구로 사용

해설 샤클은 기계를 운반할 때 와이어 로프 줄걸이 보조기구나 등산용 로프 줄걸이 보조기구로 사용한다.

29. 다음 기계요소의 정확한 명칭과 용도를 쓰시오.

정답 ① 명칭 : 와이어 클립
② 용도 : 와이어 로프를 결합할 때 사용

해설 와이어 클립은 와이어 로프를 이을 때의 결합용이다.

30. 다음 기계요소의 정확한 명칭과 용도를 쓰시오.

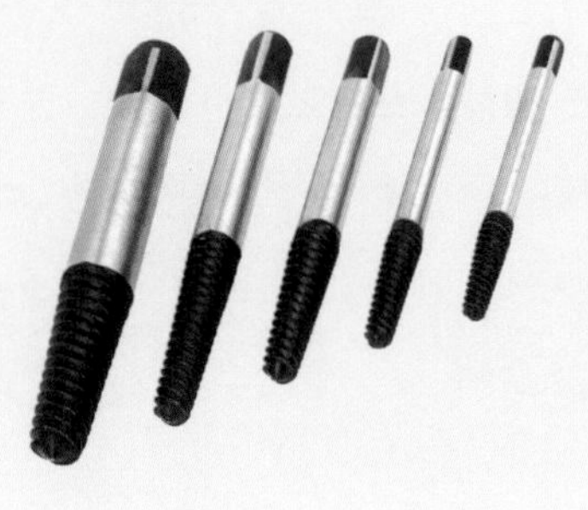

정답 ① 명칭 : 스크루 익스트랙터
② 용도 : 부러진 볼트 분해용

해설 스크루 익스트랙터는 조립된 볼트가 밑부분에서 부러져 있을 경우 사용한다.

31. 다음 장치의 좌우 나사 감김 방향이 다른 이유를 쓰시오.

정답 풀림 방지

해설 축의 양쪽 숫돌이 축에 고정되면 회전방향이 반대인 상태가 되어 나사 풀림 방지를 위해 나사 감김 방향을 반대로 한다.

32. 다음과 같은 스패너 작업을 할 때 주의사항 3가지를 쓰시오.

정답 ① 파이프를 끼워 사용하지 않도록 한다.
② 잡아당기는 위치에서 작업한다.
③ 해머로 볼트를 두드리지 않는다.
④ 스윙이 제한된 것에는 소켓 렌치 세트를 사용한다.

33. 다음 기계요소의 정확한 명칭과 용도를 쓰시오.

정답 ① 명칭 : 평행 핀
② 용도 : 부품의 위치 결정

해설 평행 핀은 끝 면의 모양에 따라 A형(45° 모따기)과 B형(평형)이 있으며, 부품의 위치 결정용으로 사용된다.

34. 다음 동영상에서 잘못된 조립 방법과 그 대책을 쓰시오.

정답 ① 볼트의 체결 순서가 잘못 : 볼트를 체결할 때는 대각선 방향으로 해야 한다.
② 체결 공구 선정이 잘못 : 오프셋 렌치나 소켓 렌치 등을 사용해야 한다.

35. 다음 기계요소의 정확한 명칭과 용도를 쓰시오.

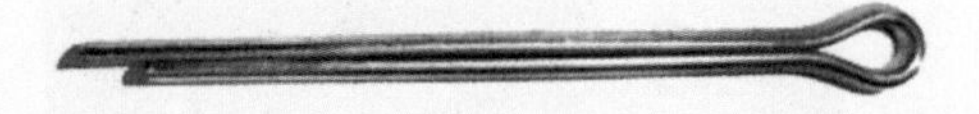

정답 ① 명칭 : 분할 핀
② 용도 : 볼트·너트의 풀림 방지

해설 분할 핀은 한쪽 끝이 두 가닥으로 갈라진 핀으로, 나사 이완을 방지하거나 축에 끼워진 부품이 빠지는 것을 막고, 핀을 때려 넣은 뒤 끝을 굽혀서 사용하며, 핀이 들어가는 핀 구멍의 지름을 호칭지름으로 하고 호칭길이는 짧은 쪽으로 한다.

36. 다음 기계요소의 정확한 명칭과 용도를 쓰시오.

정답 ① 명칭 : 스프링 핀
② 용도 : 두 부품의 위치 결정용

해설 스프링 핀은 세로 방향으로 갈라져 있으므로 바깥지름보다 작은 구멍에 끼워 넣고, 스프링의 탄성 작용을 할 수 있도록 하여 기계 부품을 결합하는 데 사용한다. 핀이 들어가는 핀 구멍의 지름을 호칭지름으로 한다.

37. 다음 기계요소의 정확한 명칭과 용도를 쓰시오.

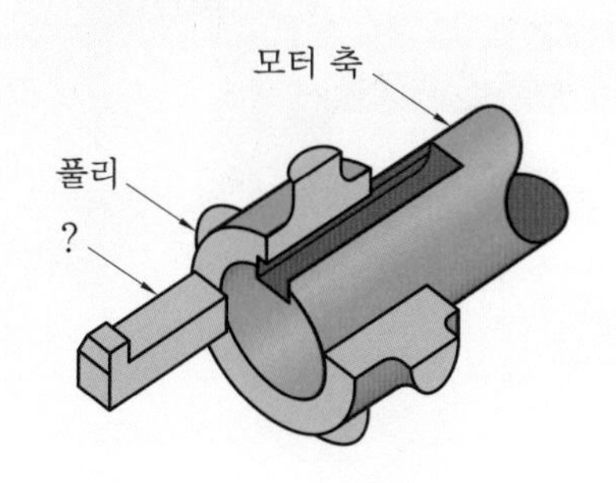

정답 ① 명칭 : 성크 키

② 용도 : 축에 기어, 풀리 등을 고정하여 회전운동 전달

해설 성크 키는 묻힘 키라고도 하며 키 중 가장 널리 사용된다. 축과 보스 양쪽에 모두 키 홈을 파고 키로 결합하여 토크를 전달시킨다.

38. 다음의 결합용 기계요소 ㉮와 축계 기계요소 ㉯ 부품의 명칭을 쓰시오.

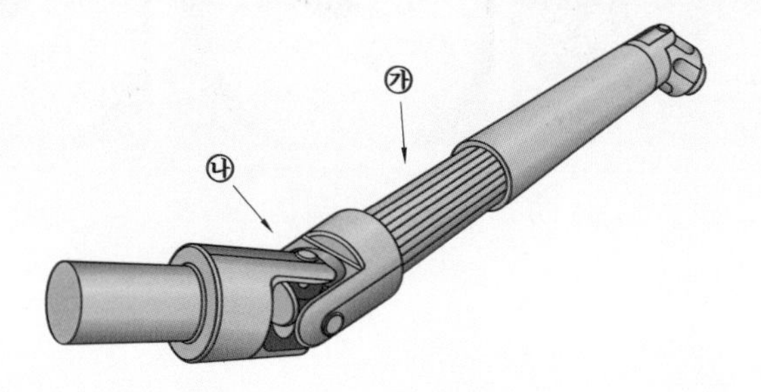

정답 ㉮ 스플라인

㉯ 유니버설 조인트

해설 ① 스플라인(spline)은 보스와 축의 둘레에 많은 키를 깎아 붙인 것과 같은 것으로서 일반적인 키보다 훨씬 큰 동력을 전달시킬 수 있고 내구력이 크다.

② 유니버설 조인트는 일명 만능 이음, 자재 이음이라고도 하며 두 축의 중심선이 어느 각도로 교차되고 그 사이의 각도가 다소 변화하여도 자유로이 운동을 전달할 수 있는 축 이음이다.

3 축계 요소 정비

01. 다음 기계요소의 정확한 명칭과 용도를 쓰시오.

정답 ① 명칭 : 크랭크 축
② 용도 : 회전 운동을 직선 운동으로 변환

해설 크랭크 축(crank shaft)은 왕복 운동 기관 등에서 직선 운동과 회전 운동을 상호 변환시키는 축으로 사용된다.

02. 다음은 무엇을 하는 작업인지 그 작업명을 쓰고, 실제 휨량을 구하시오.

정답 ① 작업명 : 축 휨 측정 작업
② 휨량 : 0.02 mm

해설 $\text{휨량} = \dfrac{0.01+0.03}{2} = \dfrac{0.04}{2} = 0.02\ \text{mm}$

03. 다음 기계요소의 정확한 명칭과 용도를 쓰시오.

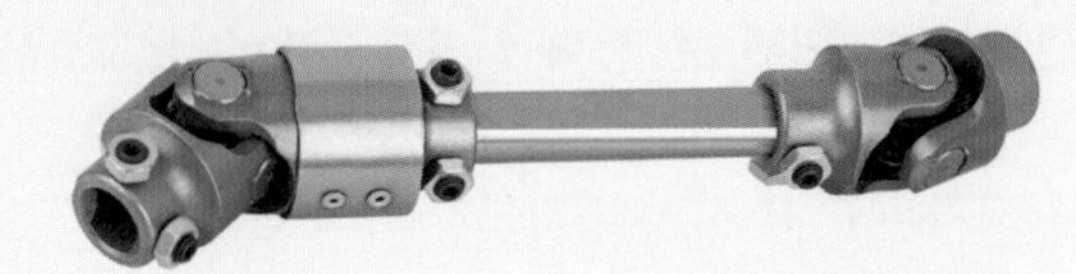

정답 ① 명칭 : 유니버설 조인트
② 용도 : 두 축이 어느 각도로 어긋나 있을 때 사용

해설 유니버설 조인트는 만능 이음, 자재 이음이라고도 하며 두 축의 중심선이 어느 각도로 교차되고 두 축의 각도가 다소 변화하여도 자유로이 운동을 전달할 수 있는 축 이음이다.

04. 다음은 무엇을 하는 작업인가?

정답 축의 흔들림(run-out) 측정 작업

해설 공작기계나 커플링을 회전시켰을 때 흔들림을 측정하는 작업이다.

05. 다음 부품의 명칭과 특성 3가지를 쓰시오.

정답 ① 명칭 : 플랜지 플렉시블 커플링
② 특성
- 정비가 필요 없다.
- 설치 분해가 용이하다.
- 큰 토크 전달이 가능하다.

해설 플랜지 볼트의 몸체가 고무로 두껍게 코팅되어 있어 비틀림 강성이 우수하다.

06. 다음 기계요소의 명칭과 특성 2가지를 쓰시오.

정답 ① 명칭 : 체인 커플링

② 특성

- 분해, 조립이 쉽다.
- 수명이 길다.

해설 체인 커플링은 분해, 조립이 용이하고 수명이 긴 커플링이다.

07. 다음 기계요소의 명칭과 특성 2가지를 쓰시오.

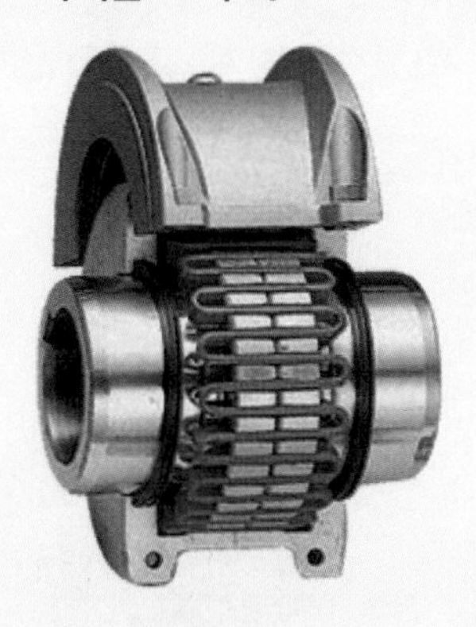

정답 ① 명칭 : 그리드 커플링

② 특성

- 편심 오차가 2~3 mm 이내일 때 무리 없이 동력 전달이 가능하다.
- 각도 오차가 2~3° 이내일 때 무리 없이 동력 전달이 가능하다.

해설 그리드 커플링은 플렉시블 커플링의 한 종류로 축 중심이 다소 어긋나도 사용이 가능하다.

08. 다음 기계요소의 명칭과 특성 3가지를 쓰시오.

정답 ① 명칭 : 기어 커플링

② 특징

- 점 접촉을 한다.
- 수명이 길다.
- 평행 오차, 각도 오차, 축 유동 오차를 허용한다.

해설 기어 커플링은 크라운 기어이며, 각종 오차를 허용한다.

09. 다음 기계요소의 정확한 명칭과 특성 3가지를 쓰시오.

정답 ① 명칭 : 조 커플링

② 특성

- 충격을 감소시킨다.
- 스파이더가 파손되어도 가동한다.
- 윤활이 필요 없다.

해설 조 커플링은 플렉시블 커플링의 한 종류이다.

10. 커플링과 축의 얼라인먼트 작업에 필요한 공구 3가지를 쓰시오.

정답 스트레이트 에지, 다이얼 게이지, 두께 게이지

해설 이외에도 테이퍼 게이지, 두께 게이지, 다이얼 게이지 고정용 마그넷 등이 있다.

11. 다음 작업의 명칭을 쓰시오.

정답 축정렬 작업

해설 센터링 작업, 정밀 축정렬 작업, 얼라인먼트 작업이라고도 한다.

12. 다음 ㉮, ㉯의 명칭과 용도를 쓰시오.

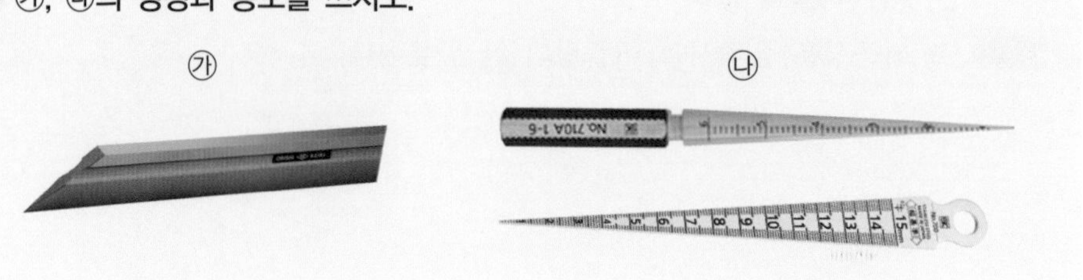

정답 ① 명칭 : ㉮ 스트레이트 에지 ㉯ 테이퍼 게이지
② 용도 : ㉮ 평면도 검사 ㉯ 플랜지 면 간극 측정

해설 스트레이트 에지는 나이프 에지 또는 직선 자라고도 하며, 두 가지 다 센터링 작업에도 사용된다.

13. 다음 작업의 명칭과 ㉮, ㉯, ㉰의 공기구 명칭을 쓰시오.

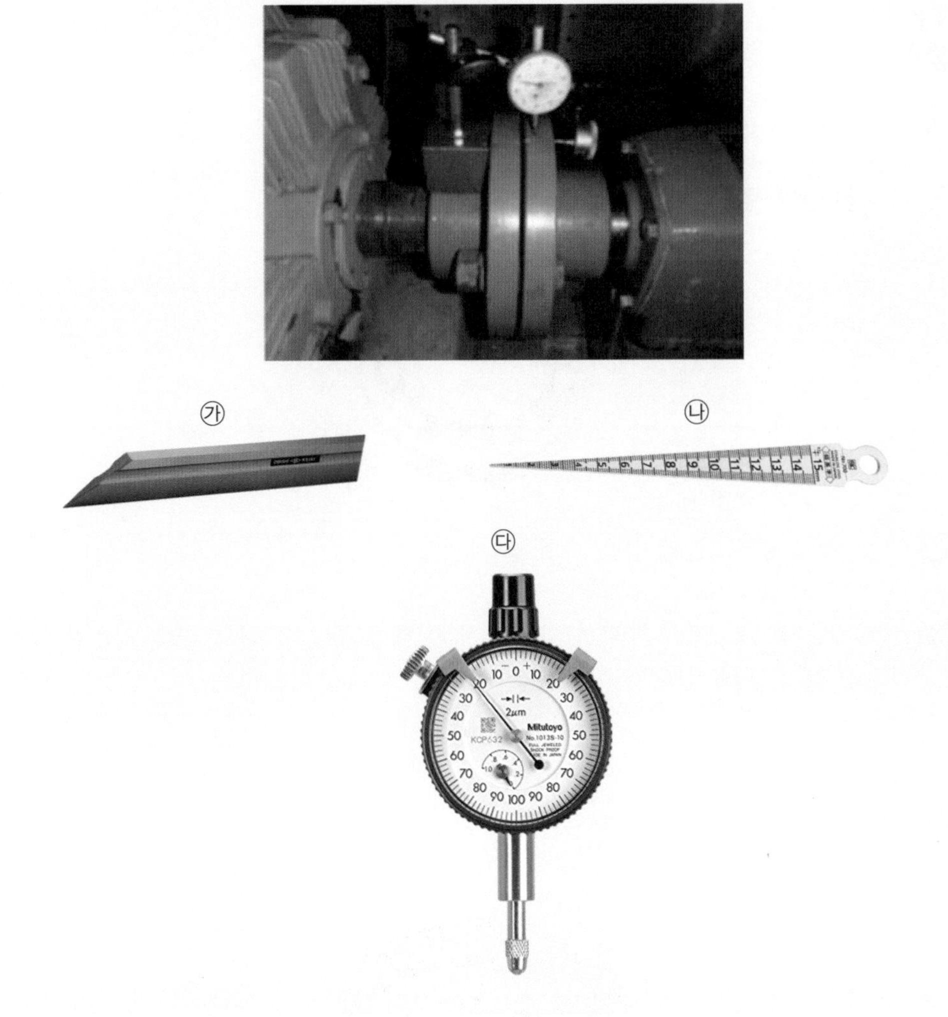

정답 ① 작업 명칭 : 축정렬 작업
② 공기구 명칭 : ㉮ 나이프 에지 ㉯ 테이퍼 게이지 ㉰ 다이얼 게이지

해설 축정렬 작업은 센터링 작업, 정밀 축정렬 작업, 얼라인먼트 작업이라고도 하며, 스트레이트 에지는 나이프 에지 또는 직선 자라고도 한다.

14. 다음 공기구의 명칭을 쓰시오.

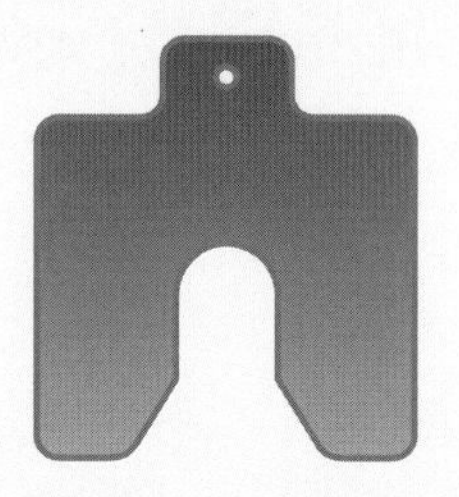

정답 심

해설 심은 심 플레이트 또는 라이너라고도 한다.

15. 다음 베어링의 종류와 안지름을 쓰시오.

6312

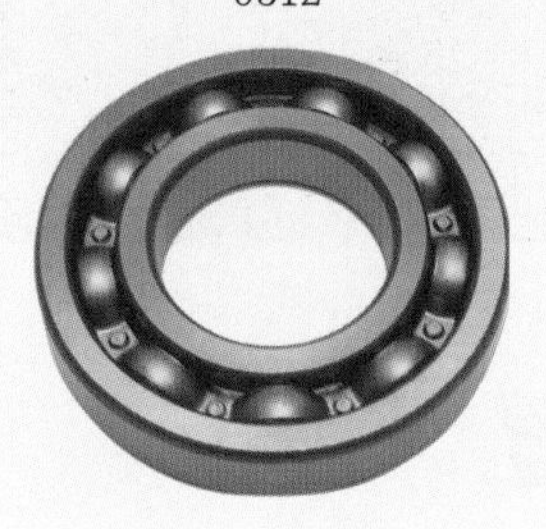

정답 ① 베어링 종류 : 단열 깊은 홈형 볼 베어링
② 안지름 : 60 mm

해설 베어링 번호 6312 중 6은 단열 깊은 홈형 볼 베어링을 의미하고, 12는 안지름 번호로 안지름은 번호×5=12×5=60 mm이다.

16. 다음 베어링의 종류와 안지름을 쓰시오.

NU412

정답 ① 베어링 종류 : 원통 롤러 베어링
② 안지름 : 60 mm

해설 베어링 번호 NU412 중 N은 원통 롤러 베어링을 의미하고, 안지름은 번호×5=12×5=60 mm이다.

17. 다음 베어링의 종류와 안지름을 쓰시오.

N212

정답 ① 베어링 종류 : 원통 롤러 베어링
② 안지름 : 60 mm

해설 실린드리컬 베어링이라고도 하며 안지름은 번호×5=12×5=60 mm이다.

18. 다음 기계요소의 명칭과 안지름을 쓰시오.

7313B

정답 ① 베어링 종류 : 앵귤러 볼 베어링
② 안지름 : 65 mm

해설 베어링 번호 7313 중 7은 앵귤러 볼 베어링을 의미하고, 안지름은 번호×5=13×5=65 mm이다.

19. 다음 베어링의 종류와 안지름을 쓰시오.

23120E

정답 ① 베어링 종류 : 자동 조심형 롤러 베어링

② 안지름 : 100 mm

해설 베어링 번호 23120 중 23은 자동 조심형 롤러 베어링을 의미하고, 안지름은 번호 ×5=20×5=100 mm이다.

20. 다음 베어링의 종류와 안지름을 쓰시오.

2212

정답 ① 베어링 종류 : 자동 조심 볼 베어링

② 안지름 : 60 mm

해설 베어링 번호 2212 중 22는 자동 조심형 볼 베어링을 의미하고, 안지름은 번호×5 =12×5=60 mm이다.

21. 다음 베어링의 종류와 안지름을 쓰시오.

31312

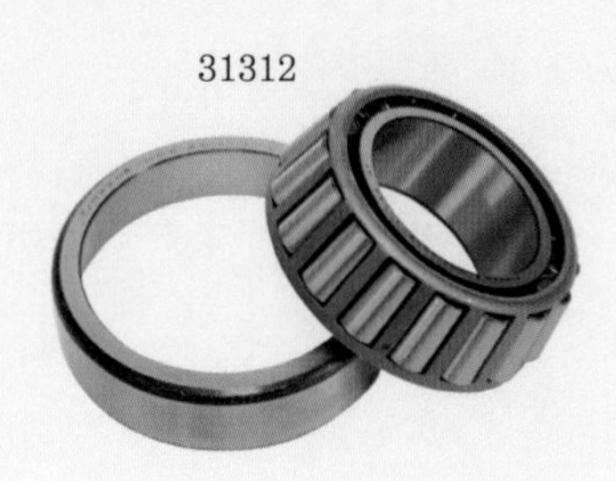

정답 ① 명칭 : 테이퍼 롤러 베어링
② 안지름 : 60 mm

해설 베어링 번호 31312 중 3은 테이퍼 롤러 베어링을 의미하고, 안지름은 번호×5=12×5=60 mm이다.

22. 다음 베어링의 종류와 안지름을 쓰시오.

32214

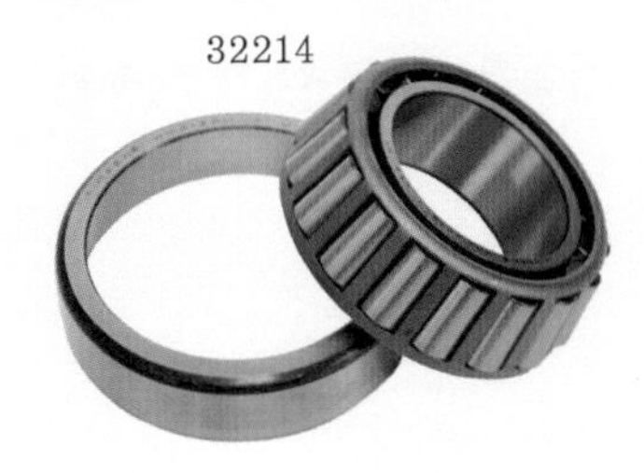

정답 ① 명칭 : 테이퍼 롤러 베어링
② 안지름 : 70 mm

해설 베어링 번호 32214 중 3은 테이퍼 롤러 베어링을 의미하고, 안지름은 번호×5=14×5=70 mm이다.

23. 다음 ㉮, ㉯, ㉰의 베어링에서 보조 기호 의미를 쓰시오.

㉮ 6310　　㉯ 6310D　　㉰ 6310Z

정답 ㉮ 없음　㉯ 한쪽면 접촉실　㉰ 한쪽면 실드

해설 DD는 양쪽 접촉실, ZZ는 양쪽 실드이다.

24. 다음 베어링의 종류를 쓰시오.

정답 니들 베어링

해설 니들 베어링은 기존의 롤러를 대신하여 니들(바늘) 형태의 가는 롤러를 조립한 베어링이다.

25. 다음 베어링의 종류를 쓰시오.

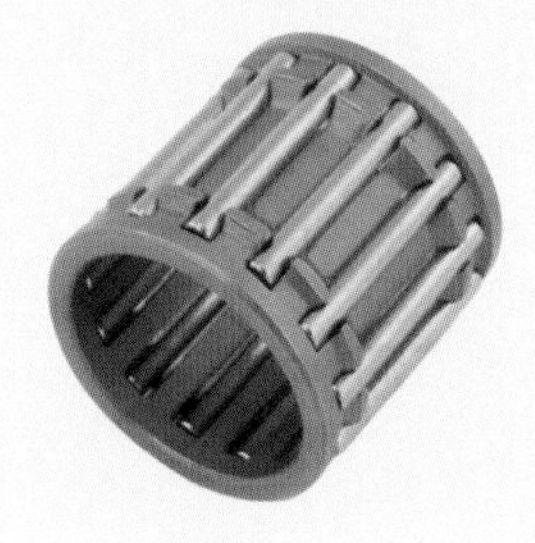

정답 케이지 니들 베어링

해설 니들 베어링은 롤러 베어링보다 큰 하중을 견딜 때 사용한다.

26. 다음 베어링의 종류와 안지름을 쓰시오.

51112

정답 ① 명칭 : 스러스트 볼 베어링

② 안지름 : 60 mm

해설 베어링 번호 51112 중 5는 스러스트 볼 베어링을 의미하고, 안지름은 번호×5=12×5=60 mm이다.

27. 다음 베어링의 종류를 쓰시오.

정답 복식 스러스트 볼 베어링

해설 스러스트 베어링은 축방향 하중인 추력을 받는 곳에 사용한다.

28. 다음 동영상에서 축방향 추력이 발생할 때 사용하는 것의 기호와 명칭은?

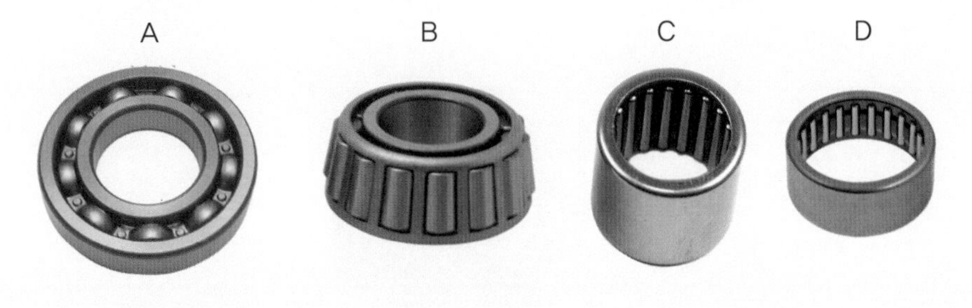

정답 ① 기호 : B
② 명칭 : 테이퍼 롤러 베어링

해설 A는 깊은 홈형 볼 베어링, C와 D는 니들 베어링으로 레이디얼 하중, 즉 축 직각 하중을 받는 곳에서만 사용된다.

29. 다음 부품의 명칭을 쓰시오.

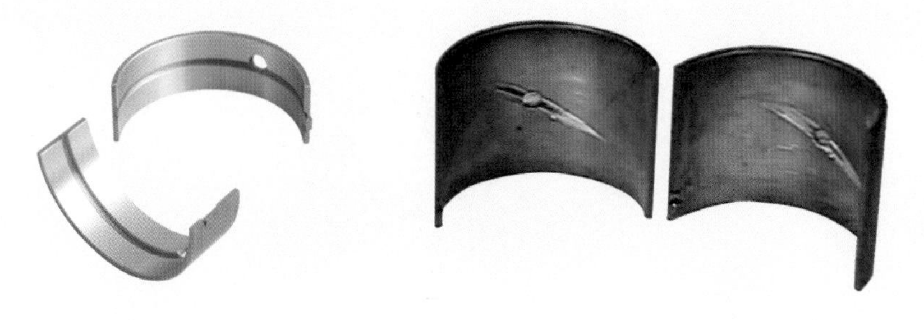

정답 슬라이딩 베어링

해설 슬라이딩 베어링은 메탈 베어링, 슬리브 베어링, 미끄럼 베어링이라고도 한다.

30. 다음 구면 미끄럼 베어링의 안지름을 쓰시오.

GEF70ES

정답 70 mm

해설 슬라이딩 베어링은 호칭번호가 호칭지름이다.

31. 다음 부품의 명칭을 쓰시오.

정답 베어링 유닛

해설 테이크업형 베어링 유닛이다.

32. 다음 부품의 명칭을 쓰시오.

정답 베어링 유닛

해설 필로형 베어링 유닛이다.

33. 다음 부품들의 명칭을 쓰시오.

정답 베어링 유닛

해설 각 플랜지형 베어링 유닛이다.

34. 다음 부품에서 F210 중 F가 나타내는 형식 명칭과 안지름을 쓰시오.

정답 ① 명칭 : 각 플랜지형
② 안지름 : 50 mm

해설 F는 각 플랜지형을 의미하고, 안지름은 $10 \times 5 = 50$ mm이다.

35. 다음 부품에서 FL212 중 FL이 나타내는 형식 명칭과 안지름을 쓰시오.

정답 ① 명칭 : 마름모 플랜지형
② 안지름 : 60 mm

해설 FL은 마름모 플랜지형을 의미하고, 안지름은 $12 \times 5 = 60$ mm이다.

36. 다음 부품에서 P210 중 P가 나타내는 형식 명칭과 안지름을 쓰시오.

정답 ① 명칭 : 필로형
② 안지름 : 50 mm

해설 P는 필로형을 의미하고, 안지름은 $10 \times 5 = 50$ mm이다.

37. 다음 부품에서 T210 중 T가 나타내는 형식 명칭과 안지름을 쓰시오.

정답 ① 명칭 : 테이크업형
② 안지름 : 50 mm

해설 T는 테이크업형을 의미하고, 안지름은 $10 \times 5 = 50$ mm이다.

38. 다음 요소의 명칭을 쓰시오.

정답 슬라이드 해머 풀러

해설 슬라이드 해머 풀러는 하우징에 베어링 외륜이 조립되어 있는 것을 분해할 때 사용된다.

39. 다음 동영상에서 보여주는 작업의 명칭과 이 작업을 하는 목적 3가지를 쓰시오.

정답 ① 작업 명칭 : 베어링 정압 예압 작업
② 작업 목적
• 회전 정밀도 향상
• 베어링 강성 향상
• 축의 소음 진동 방지

해설 베어링 정압 예압 작업을 하면 베어링이 자동조심 작용을 하면서 매우 우수한 성능의 운전이 된다.

40. 다음의 베어링 분해 작업 방식의 명칭을 쓰시오.

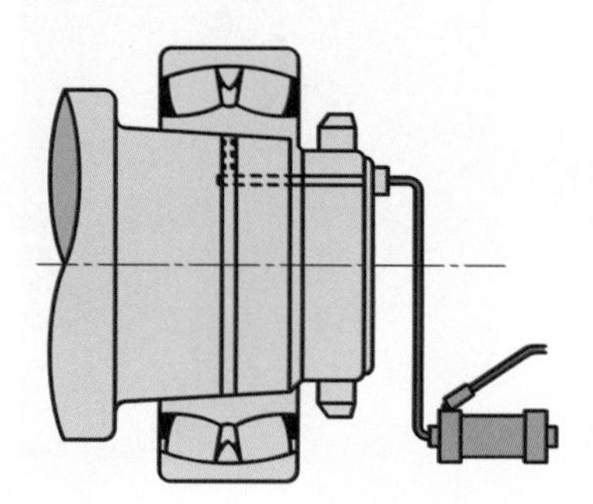

정답 유압법

해설 유압법은 베어링의 내륜이 테이퍼로 되어 있는 경우 분해할 때 이용되는 방법으로 오일 인젝션법이라고도 한다.

41. 다음 베어링 조립 방법의 잘못된 점과 해결책을 쓰시오.

정답 ① 잘못된 점 : 핀, 펀치나 해머로 베어링 삽입
② 해결책 : 정압 프레스로 삽입하거나 전용 공구 사용

해설 베어링을 베어링 유닛에 조립할 때 정이나 줄, 핀, 해머 등으로 타격하는 것은 매우 부적합한 방법이며 전용 치공구를 사용하여 정압 프레스로 조립해야 한다.

42. 다음과 같이 작업을 할 때 베어링에 발생될 수 있는 현상 2가지와 올바른 작업 방법을 쓰시오.

정답 ① 현상
- 윤활유 탄화
- 재질의 변화

② 올바른 방법 : 유도 가열법

해설 베어링을 축에 가열하여 억지 끼움 조립을 할 때 산소 아세틸렌 가열기나 절단 토치로 가열하면 국부적인 가열로 인한 베어링의 변형이 발생되고, 베어링 내 윤활유가 탄화되며, 베어링 가열 한계 온도를 초과하여 재질의 변화가 발생되므로 고주파 유도 가열기나 유조에 의한 유욕법으로 가열, 조립해야 한다.

43. **다음과 같은 결함이 발생된 원인을 쓰시오.**

정답 축과 베어링 내륜의 틈새 과다

해설 이 결함은 축과 베어링의 클리어런스 불량으로 발생된 것이다.

44. **다음 장비의 명칭과 작업 시 주의사항 3가지를 쓰시오.**

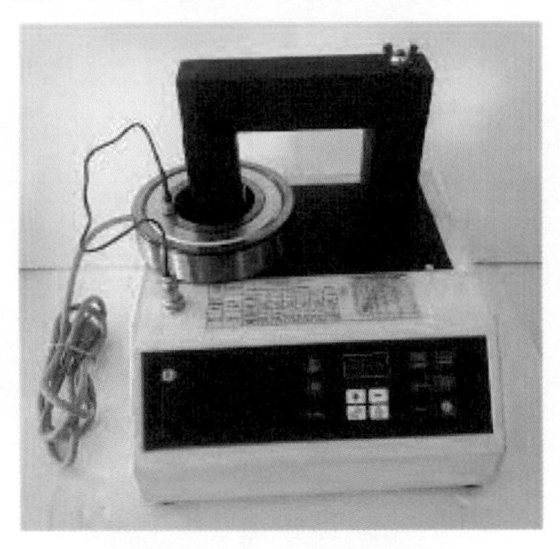

정답 ① 명칭 : 베어링 유도 가열기

② 주의사항

- 접지를 시킨다.
- 절연 장갑을 착용한다.
- 금속 제품 착용을 금지한다.

해설 베어링 유도 가열기는 일명 인덕션이라 하며, 고주파를 이용하므로 가열기에 접지를 하고 취급 시 절연 장갑을 사용하며, 반지 등 금속 제품을 몸에 지니면 화상의 염려가 있다.

45. 다음 장비의 명칭과 작업 시 가열한계온도를 쓰시오.

정답 ① 명칭 : 베어링 유도 가열기
② 가열한계온도 : 120℃

해설 베어링은 130℃가 넘으면 강도가 급격히 저하되므로 120℃를 초과하지 않도록 하며, 사용온도는 100℃ 이하로 한다.

4 전동 장치 요소 정비

01. 다음 부품의 명칭을 쓰시오.

정답 스퍼 기어

해설 스퍼 기어는 평치차라고도 하며, 기어 열에서 큰 쪽 기어는 기어, 작은 쪽 기어는 피니언이라고 한다.

02. 다음 부품 Ⓐ, Ⓑ의 명칭과 운동 변환 방식을 쓰시오.

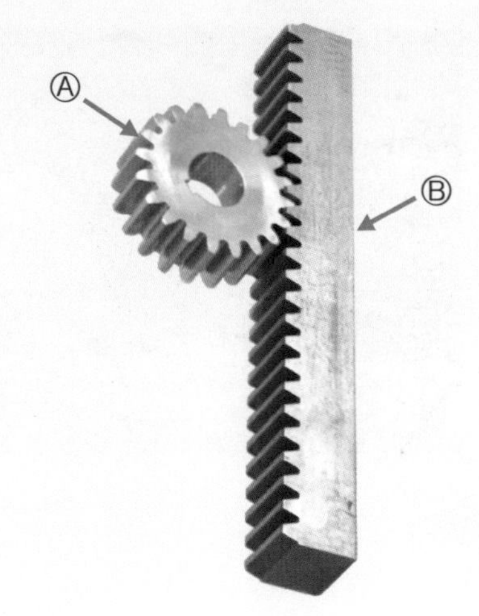

정답 ① 명칭 : Ⓐ 피니언 Ⓑ 래크
② 변환 방식 : 회전 운동을 직선 운동으로 변환

해설 래크는 회전 운동을 직선 운동으로 변환시켜 주며, 피치원 지름이 무한대인 기어이다.

03. 다음 요소의 명칭을 쓰시오.

정답 내접 기어

해설 내접 기어는 두 축이 평행한 기어 중 감속비가 최대인 기어로 두 기어의 회전 방향이 같다.

04. 다음에서 보여주는 기계요소의 명칭과 특성 3가지를 쓰시오.

정답 ① 명칭 : 헬리컬 기어

② 특성

- 이가 부드럽게 맞물린다.
- 큰 힘을 전달할 수 있다.
- 스러스트가 발생한다.

해설 헬리컬 기어는 스퍼 기어에 비해 큰 동력을 전달하고 소음도 적으나 추력이 발생하는 단점이 있다.

05. 다음 기계요소의 명칭을 쓰시오.

정답 유성 기어

해설 유성 기어는 중심에 태양(sun) 기어, 그 주위에 유성(planet) 기어 및 바깥에 링(ring) 기어가 있다.

06. 다음 부품의 명칭과 특성 2가지를 쓰시오.

정답 ① 명칭 : 스파이럴 베벨 기어
② 특성
- 잇줄이 나선 모양이다.
- 운동이 부드럽다.

해설 스파이럴 베벨 기어는 직선 베벨 기어 잇줄이 나선 모양으로 된 베벨 기어로 한 번에 접촉하는 물림 길이가 크기 때문에 운동이 부드럽고, 고속 회전 시 진동, 소음이 적다.

07. 다음은 무엇을 하는 작업이며, 행하는 이유 3가지는?

정답 ① 작업명 : 백래시 측정 작업
② 이유
- 각 부품간 간섭 제거
- 진동, 충격 방지
- 가공상 오차 등으로 인한 변형 방지

해설 백래시 측정 방법에는 문제의 원주 백래시를 측정하는 방법과 실납을 기어 사이에 끼운 후 회전시켜 실납의 두께를 측정하는 방법 두 가지가 있다.

08. 다음은 무슨 작업인가?

정답 치합 측정 작업

해설 헬리컬 기어 치면에 블루 잉크를 도포한 후 회전시켜 측정하는 것으로 이 닿기 측정 작업, 콘택트(contact) 측정 작업이라고도 한다.

09. 다음 부품의 크기 중 5가지를 쓰시오.

정답 M, A, B, C, D, E 중 5가지

해설 V벨트 단면의 크기에는 M, A, B, C, D, E 6가지가 있으며, E형의 폭이 제일 크다.

10. 다음 기계요소의 명칭을 쓰시오.

정답 풀리

해설 V벨트 풀리

11. **다음의 V벨트 호칭에서 A와 B가 나타내는 것은?**

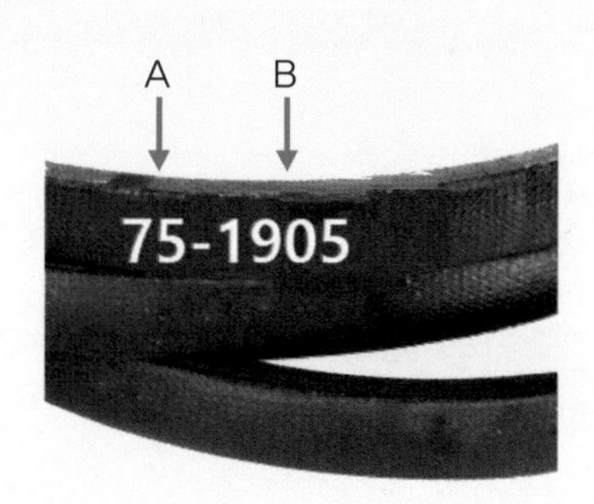

정답 A : 호칭 번호, B : 벨트 길이

해설 V벨트 호칭은 단면 기호-호칭 번호-호칭 길이 순으로 나타낸다.

12. **다음 요소의 명칭과 특성 3가지를 쓰시오.**

정답 ① 명칭 : 타이밍 벨트

② 특성

- 동기 전동이 가능하다.
- 미끄럼이 없다.
- 정확한 속도비로 회전수를 전달한다.

해설 타이밍 벨트는 평벨트의 단점인 미끄럼을 없애고자 제작된 것으로 속도비가 일정하다.

13. 다음 요소의 명칭과 특성 3가지를 쓰시오.

정답 ① 명칭 : 체인
② 특성
- 정확한 속도비로 전동한다.
- 두 축이 평행할 때 사용한다.
- 큰 동력을 전달한다.

해설 체인의 단점은 소음, 진동이 발생하는 것이다.

14. 다음 요소의 명칭과 특성 3가지를 쓰시오.

정답 ① 명칭 : 사일런트 체인
② 특성
- 소음과 진동이 없다.
- 제작이 어렵고 무거우며, 비싸다.
- 고속 및 정숙한 운전이 가능하다.

해설 사일런트 체인은 소음, 진동이 발생하는 롤러 체인의 단점을 보완한 것으로 소음, 진동이 거의 없지만, 제작이 어렵고 무거우며 가격이 비싸다.

15. 다음 부품의 명칭을 쓰시오.

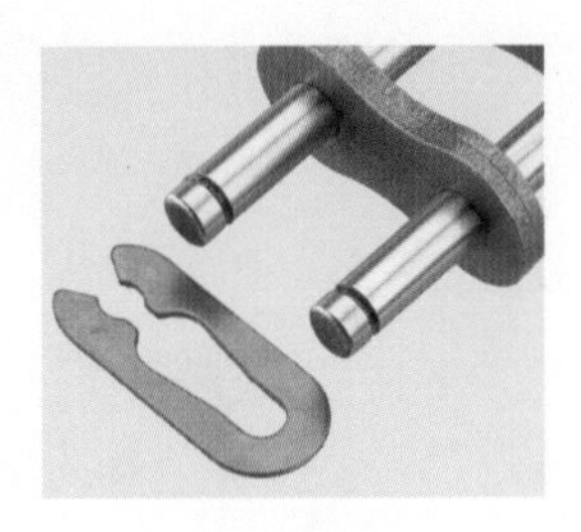

정답 스프링 클립

해설 스프링 클립은 롤러 링크에 삽입된 핀 링크를 판 링크에 고정시킬 때 사용한다.

16. 다음에서 지시하는 부품의 명칭을 쓰시오.

정답 ㉮ 롤러 체인 ㉯ 스프로킷

해설 체인을 회전시키는 기어와 같은 형상의 회전체를 스프로킷이라 한다.

5 관계 요소 정비

01. 다음에서 배관 기호 ㉮ STS, ㉯ SPP, ㉰ KS C 8401의 정확한 명칭을 쓰시오.

정답 ㉮ 배관용 스테인리스 강관 ㉯ 배관용 탄소 강관 ㉰ 강제 전선관

해설 STS는 배관용 스테인리스 강관, SPP는 배관용 탄소 강관, KS C 8401은 강제 전선관이다.

02. 다음 기계요소의 명칭을 쓰시오.

정답 T

해설 배관용 부품으로 정 T이다. 줄임 T는 큰 지름과 작은 지름을 같이 표시한다.

03. 다음 부품 ㉮, ㉯, ㉰, ㉱의 명칭을 쓰시오.

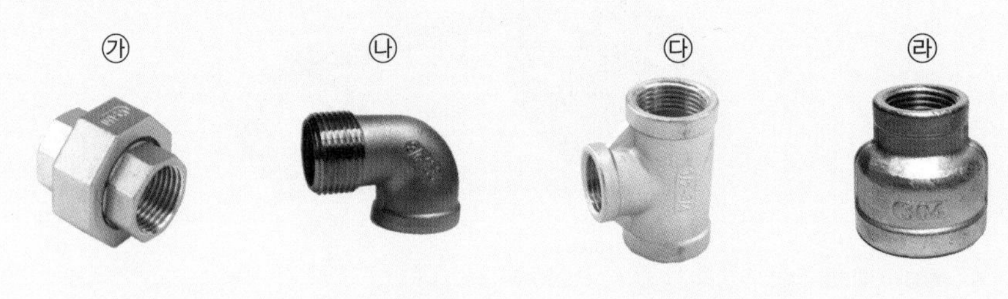

정답 ㉮ 유니언 조인트 ㉯ 줄임 엘보 ㉰ 줄임 티 ㉱ 줄임 소켓

해설 ㉮는 유니언, ㉯는 이경 엘보, ㉰는 이경 티, ㉱는 리듀서라고도 한다.

04. 다음 요소의 명칭과 정확한 세부 명칭을 쓰시오.

정답 명칭 : 유니언 조인트
㉮ 유니언 너트 ㉯ 유니언 플랜지 ㉰ 패킹 ㉱ 유니언 나사

해설 유니언 조인트의 구조

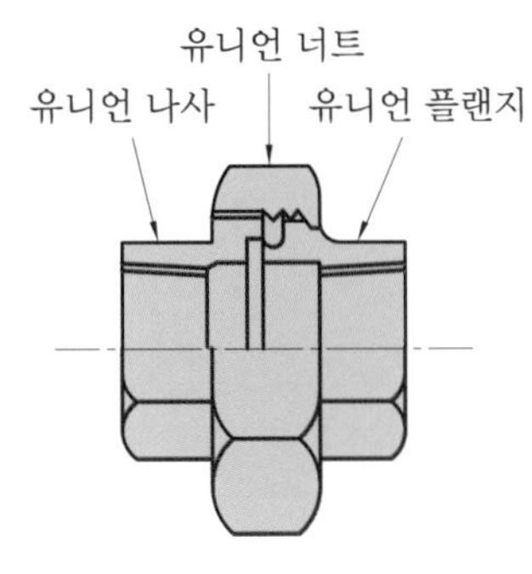

05. 다음 요소의 명칭을 쓰시오.

정답 브래킷 달림 롤러관 지지구

해설 브래킷 달림 롤러관 지지구는 가급적 지름이 큰 관에서 약간의 진동 등이 발생되는 곳에 사용된다.

06. 다음 기계요소의 명칭을 쓰시오.

정답 고정관 매달기

해설 고정관 매달기는 여러 개의 전선관 등을 천장에 매달 때 사용한다.

07. **다음에서 보여주는 밸브의 명칭과 밸브에서 스템과 시트의 운동 형태, 사용상 단점 3가지를 쓰시오.**

정답 ① 명칭 : 게이트 밸브
② 운동 형태 : 직선 미끄럼 운동
③ 단점
- 밸브 개폐에 시간이 소요된다.
- 마멸이 쉽다.
- 수명이 짧다.

해설 게이트 밸브는 슬루스 밸브의 일종이다.

08. **다음에서 보여주는 기계요소의 명칭을 쓰시오.**

정답 글로브 밸브

해설 글로브 밸브는 보통 밸브 박스가 구형으로 만들어져 있으며 주로 교축 기구로서 쓰인다. 구조상 유로가 S형이고 유체의 저항이 커 압력 강하가 큰 단점이 있으나 개폐가 빠르고 구조가 간단하며 저렴하여 많이 사용된다.

09. 다음에서 보여주는 기계요소의 명칭을 쓰시오.

정답 앵글 밸브

해설 앵글 밸브는 L형 밸브라고도 하며, 관의 접속구가 직각으로 되어 있다.

10. 다음에서 보여주는 기계요소 ㉮, ㉯의 명칭을 쓰시오.

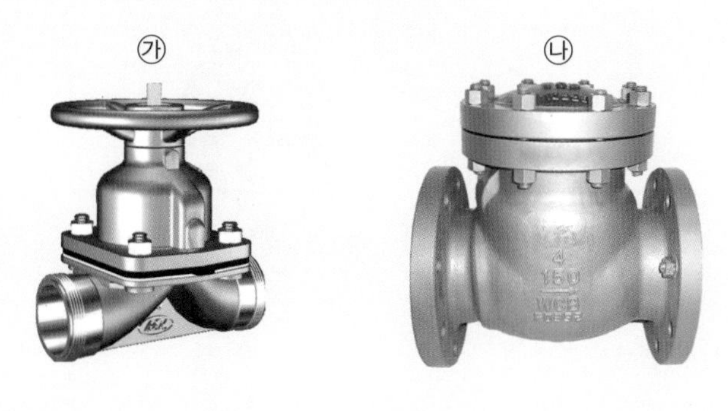

정답 ㉮ 다이어프램 밸브 ㉯ 스윙 체크 밸브

해설 다이어프램 밸브는 화학 액체 수송용이며, 스윙 체크 밸브는 역류 방지 제어용이다.

11. 다음 요소의 명칭과 장점 3가지를 쓰시오.

정답 ① 명칭 : 다이어프램 밸브

② 장점

- 내화학 약품성이 좋다.
- 유체 흐름 저항이 적다.
- 부식의 염려가 없다.

해설 다이어프램 밸브는 각종 화학류 액체 수송용으로 사용된다.

12. 다음 부품의 명칭을 쓰시오.

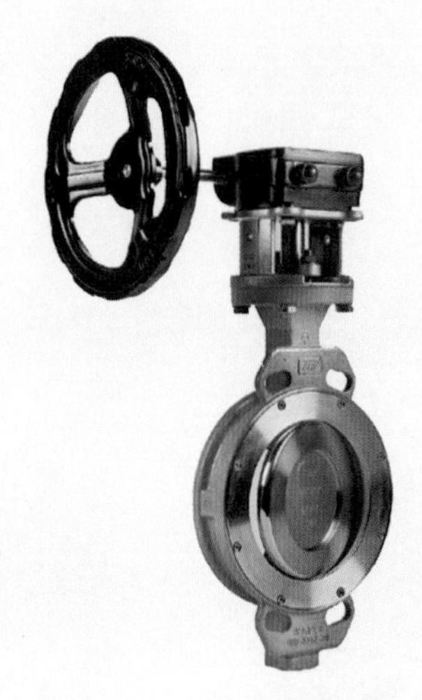

정답 버터플라이 밸브

해설 버터플라이 밸브는 원형 밸브판의 지름을 축으로 하여 밸브판을 회전시킴으로써 유량을 조절하는 밸브이나 기밀을 완전하게 하는 것은 곤란하다.

13. 다음 기계요소의 형식과 명칭을 쓰시오.

정답 스윙(식) 체크 밸브

해설 스윙(식) 체크 밸브의 밸브체는 힌지 핀에 의해 지지되는 구조이다.

14. 다음의 기계요소의 명칭과 이음 형식을 쓰시오.

정답 ① 명칭 : 볼 밸브
② 이음 형식 : 나사 이음

해설 볼 밸브는 가스 차단용, 드레인용 등으로 사용된다.

6 장치 정비

01. 다음에서 지시하는 설비 ㉮의 명칭과 부품 ㉯, ㉰의 명칭을 쓰시오.

정답 ㉮ 공기 압축기 ㉯ 흡입 필터 ㉰ 피스톤

해설 ㉮는 피스톤 공기 압축기이다.

02. 다음 부품의 명칭과 용도를 쓰시오.

정답 ① 명칭 : 흡입 필터
② 용도 : 나뭇잎 등의 흡입 방지

해설 공기 압축기에 나뭇잎 등의 흡입을 방지하기 위해 흡입 필터가 부착되어 있다.

03. 다음 ㉮, ㉯, ㉰의 부품 명칭을 쓰시오.

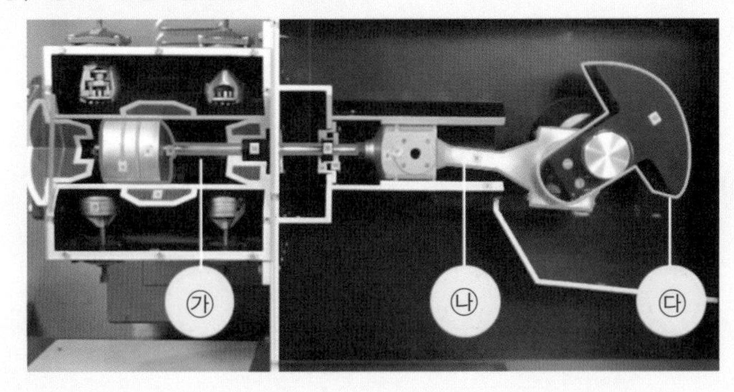

정답 ㉮ 피스톤 로드 ㉯ 커넥팅 로드 ㉰ 크로스 헤드

해설 문제의 동영상은 피스톤 공기 압축기의 내부 구조를 나타낸 것이다.

04. 다음 부품의 명칭을 쓰시오.

정답 커넥팅 로드

해설 커넥팅 로드는 연접봉이라고도 한다.

05. 다음에서 지시하는 부품의 역할을 쓰시오.

정답 밸런스 웨이트

해설 피스톤 축의 무게 중심을 평형시키기 위해 있는 것으로 플라이 휠 효과라고도 한다.

06. 다음에서 지시하는 부품 ㉮, ㉯의 명칭을 쓰시오.

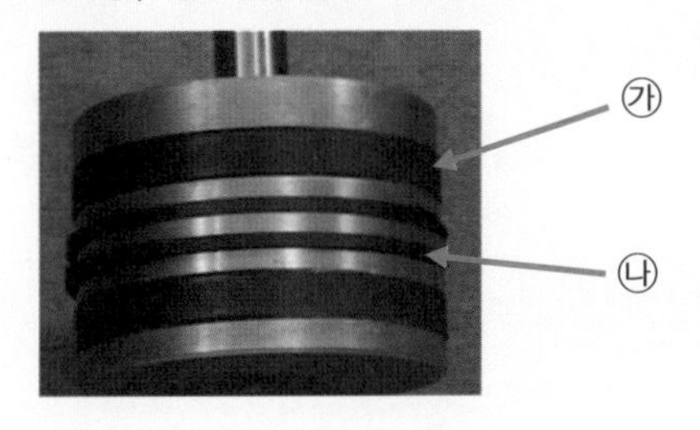

정답 ㉮ 가이드 링 ㉯ 피스톤 링

해설 문제의 동영상은 피스톤 공기 압축기에서 피스톤 축의 구조를 나타낸 것이다.

07. 다음에서 지시하는 부품 ㉮, ㉯의 명칭을 쓰시오.

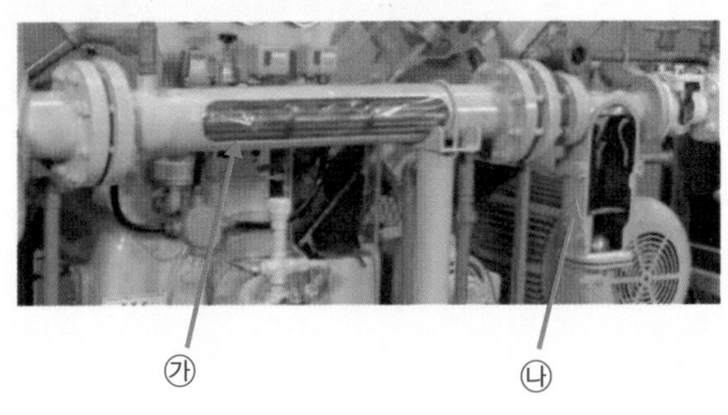

정답 ㉮ 애프터 쿨러 ㉯ 응축수 세퍼레이터

해설 애프터 쿨러는 냉각기라고도 하며, 응축수 세퍼레이터는 공기 내의 응축수를 분리하는 장치이다.

08. 다음에서 지시하는 기기의 명칭을 각각 쓰시오.

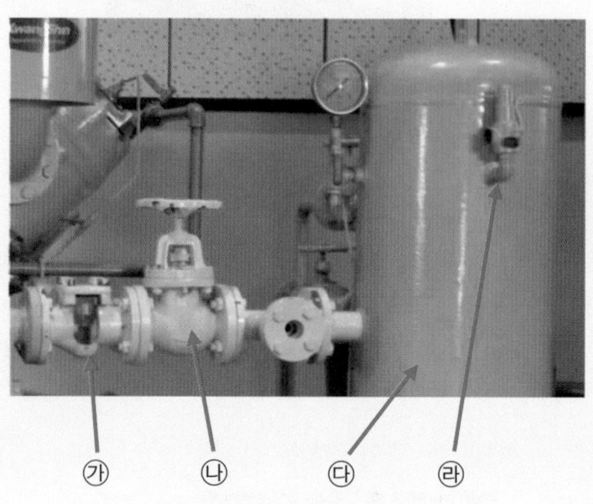

정답 ㉮ 리프트 체크 밸브 ㉯ 글로브 밸브 ㉰ 공기 저장 탱크 ㉱ 안전 밸브

해설 공기 저장 탱크는 에어 탱크라고도 한다.

09. 다음 기계 장치의 명칭을 쓰시오.

정답 헬리컬 기어 감속기

해설 문제의 동영상은 헬리컬 기어 감속기를 나타낸 것이다.

10. 다음 기계 장치의 명칭을 쓰시오.

정답 스크루 압축기

해설 스크루 압축기는 나사 압축기라고도 한다.

11. 다음 기계 장치의 명칭을 쓰시오.

정답 송풍기

해설 송풍기는 공기 기기로 블로어(blower)라고도 한다.

12. 다음 부품의 명칭과 특성 3가지를 쓰시오.

정답 ① 명칭 : 기어 모터

② 특성
- 구조가 간단하다.
- 가격이 비교적 싸다.
- 저압에 많이 이용되고 있다.

해설 기어 모터는 구조가 간단하고 가격이 저렴하며, 저압에 이용된다.

13. 다음 기계 장치 ㉮, ㉯의 명칭을 쓰시오.

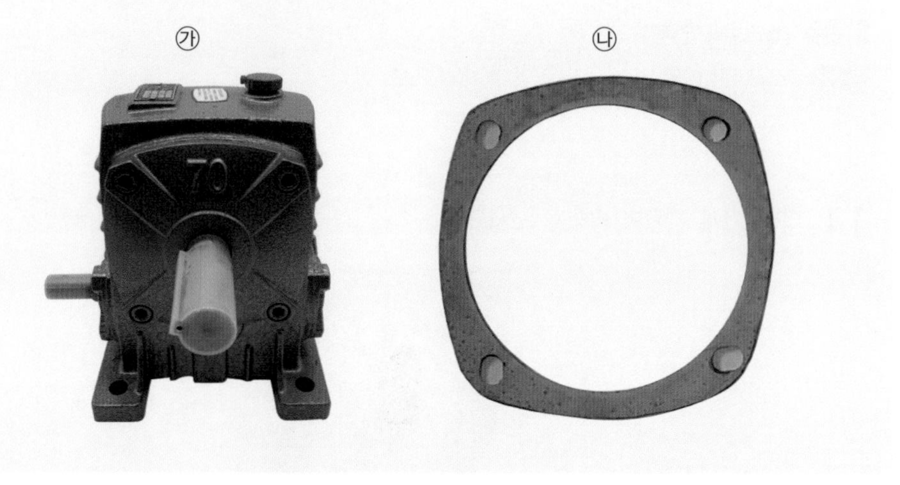

정답 ㉮ 웜 감속기 ㉯ 개스킷

해설 웜 감속기는 효율은 나쁘나 감속비가 매우 크며, 개스킷은 밀봉 장치이다.

14. 다음 기계요소 ㉮, ㉯의 명칭을 쓰시오.

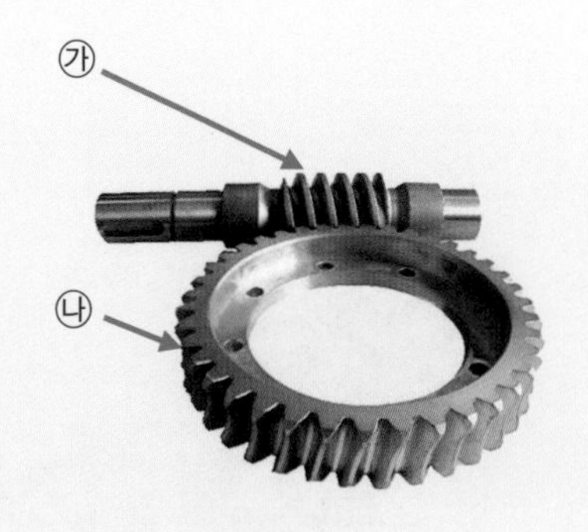

정답 ㉮ 웜 ㉯ 웜 휠

해설 웜과 웜 휠은 웜 감속기에 있다.

15. 다음 ㉮, ㉯, ㉰의 명칭을 쓰시오.

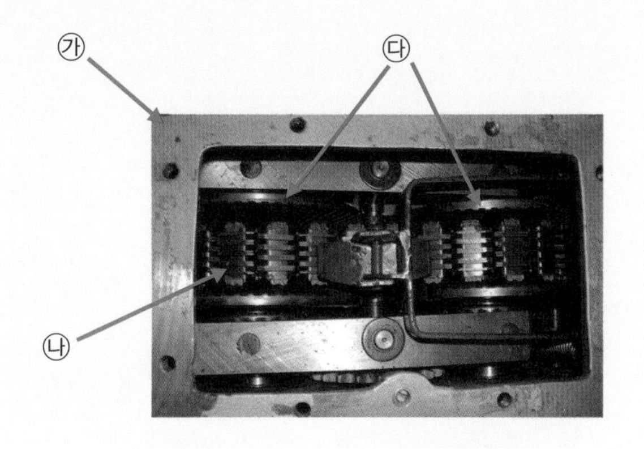

정답 ㉮ 체인식 무단 변속기 ㉯ 사일런트 체인 ㉰ 베벨 기어

해설 체인식 무단 변속기는 PIV라고도한다.

16. 다음 기계 장치의 명칭을 쓰시오.

정답 사이클로이드 감속기

해설 사이클로이드 감속기는 내부가 매우 복잡하다.

17. 다음 기계 장치의 명칭을 쓰시오.

정답 ㉮ 축평행형 감속기 ㉯ 축직각형 감속기

해설 감속기에는 모터의 축과 평행인 것과 직각인 것이 있다.

7 펌프 정비

01. 다음 기계 장치의 명칭을 쓰시오.

정답 벌류트 펌프

해설 벌류트 펌프는 원심 펌프이다.

02. 다음 기계 장치의 명칭을 쓰시오.

정답 다단 벌류트 펌프

해설 다단 벌류트 펌프는 다단 원심 펌프이다.

03. 다음 부품 ㉮, ㉯, ㉰, ㉱, ㉲의 명칭을 쓰시오.

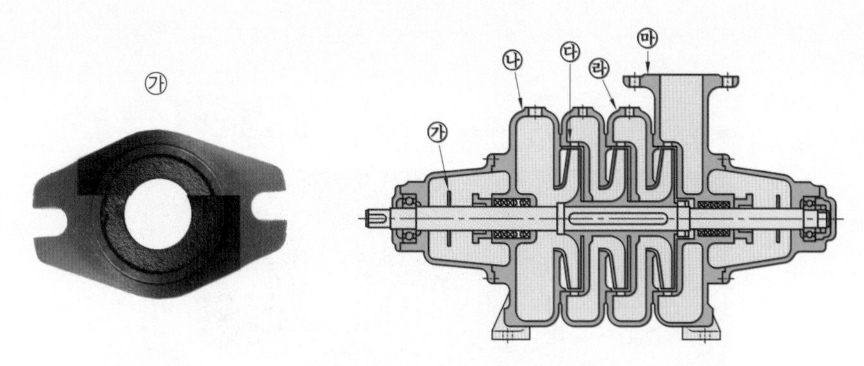

정답 ㉮ 플링거 ㉯ 흡입 케이싱 ㉰ 임펠러 ㉱ 스테이지 케이싱 ㉲ 토출 케이싱

해설 오른쪽 그림은 다단 원심 펌프의 내부 구조를 나타낸 것이다.

04. 다음 펌프 ㉮의 명칭과 부품 ㉯, ㉰의 명칭을 쓰시오.

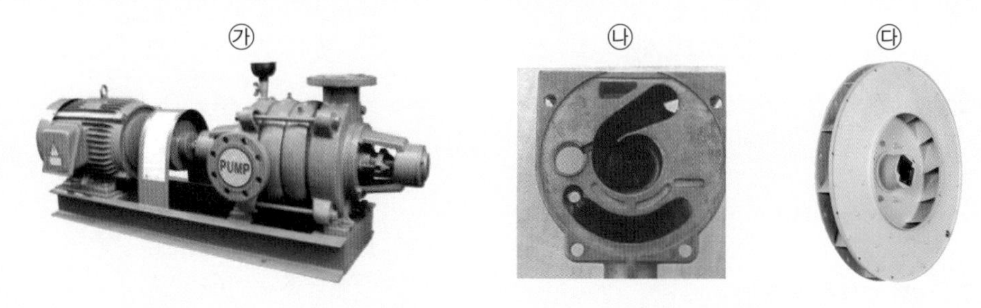

정답 ㉮ 터빈 펌프 ㉯ 안내깃(가이드 베인) ㉰ 임펠러

해설 터빈 펌프는 원심 펌프의 일종이다.

05. 다음 요소의 명칭을 쓰시오.

정답 스크루 펌프

해설 스크루 펌프는 나사 펌프라고도 한다.

06. 다음 펌프의 명칭과 흡입 구경을 ㉮, ㉯ 중 선택하여 쓰시오.

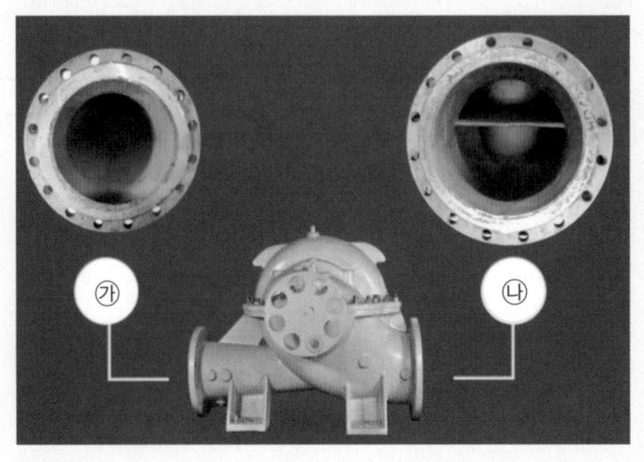

정답 ① 명칭 : 양흡입 펌프
② 흡입 구경 : ㉯

해설 한 개의 흡입 배관으로 유체가 흡입되나 ㉯에 양흡입으로 되면서 펌핑되어 ㉮로 토출된다.

07. 다음 펌프의 명칭을 쓰시오.

정답 외접 기어 펌프

해설 기어 펌프에는 불평형형과 평형형이 있다.

08. 다음 펌프의 명칭을 쓰고 모양에 대한 특징과 배출량에 대한 특징을 1가지씩 쓰시오.

정답 ① 명칭 : 트로코이드 펌프
② 모양 특징 : 안쪽 로터의 잇수가 바깥쪽 로터보다 1개 적다.
③ 배출량 특징 : 바깥쪽 로터의 모양에 따라 배출량이 결정된다.

해설 트로코이드 펌프는 내접 기어 펌프의 한 종류이다.

8 센서

01. 다음 요소의 명칭과 용도를 쓰시오.

정답 ① 명칭 : 온도 센서 ② 용도 : 온도 측정용

해설 문제의 온도 센서는 바이메탈형으로 온도를 감지하기 위한 것이다.

02. 다음 요소의 명칭과 용도를 쓰시오.

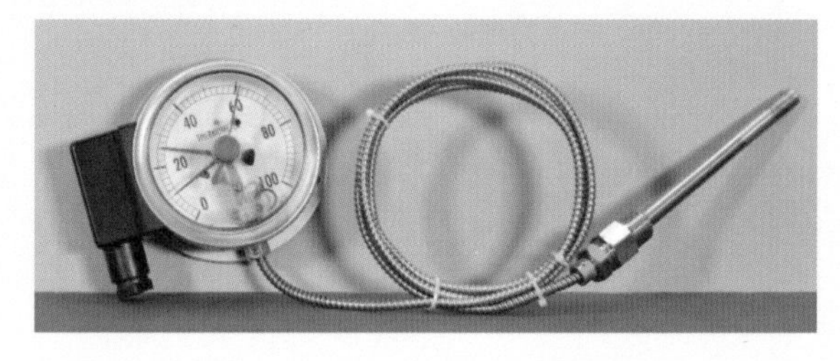

정답 ① 명칭 : 온도 센서 ② 용도 : 온도 측정용

해설 문제의 온도 센서는 액체 봉입형으로 온도를 감지하기 위한 것이다.

03. 다음 요소의 명칭과 용도를 쓰시오.

정답 ① 명칭 : 오발 기어식 유량계 ② 용도 : 유량 측정용

해설 오발 기어형은 용적식 유량계로 케이스 안에 2개의 타원형 기어가 서로 맞물려 조립되어 있다.

04. 다음 센서의 정확한 명칭과 용도를 쓰시오.

정답 ① 명칭 : 타코미터 ② 용도 : 회전수 측정

해설 타코미터는 회전 속도를 측정하는 센서이다.

05. 다음 센서의 정확한 명칭을 쓰시오.

정답 압력 게이지

해설 이 기기는 유체의 압력을 측정하는 압력 게이지이다.

06. 다음 센서의 정확한 명칭을 쓰시오.

정답 토크 센서

해설 토크 센서는 토크 미터라고도 한다.

07. 다음 센서의 정확한 명칭을 쓰시오.

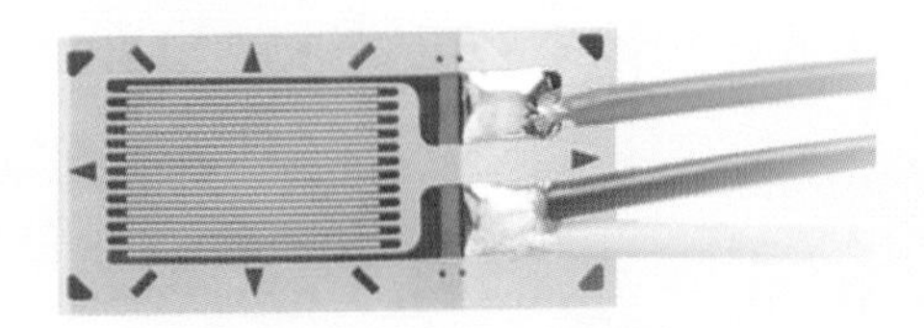

정답 스트레인 게이지

해설 스트레인 게이지는 압력 센서 또는 응력 센서라 하며, 소자가 압력을 받으면 전기적 성질이 변화하는 것을 이용한 센서이다.

08. 다음 센서의 정확한 명칭을 쓰시오.

정답 ㉮ 정전 용량형 센서
㉯ 유도형 센서

해설 정전 용량형 센서는 금속과 비금속 전부 감지하는 근접 센서이며, 유도형 센서는 금속만 감지하는 근접 센서이다.

09. 다음 센서의 정확한 명칭과 구조적인 분류의 명칭을 쓰시오.

정답 ① 명칭 : 광 센서
② 분류명 : 직접 반사형

해설 광 센서는 광학 센서, 광전 센서, 포토 센서 등 명칭이 많으며, 문제의 센서는 발광부와 수광부가 한 몸체에 있는 직접 반사형(확산 반사형)이다.

10. 다음 센서의 정확한 명칭을 쓰시오.

정답 유량 센서

해설 이 센서는 전자 유량계이다.

9 윤활

01. 다음과 같이 탱크에서 윤활유를 채취할 때 탱크의 어느 지점에서 채취하는 것이 가장 좋은가?

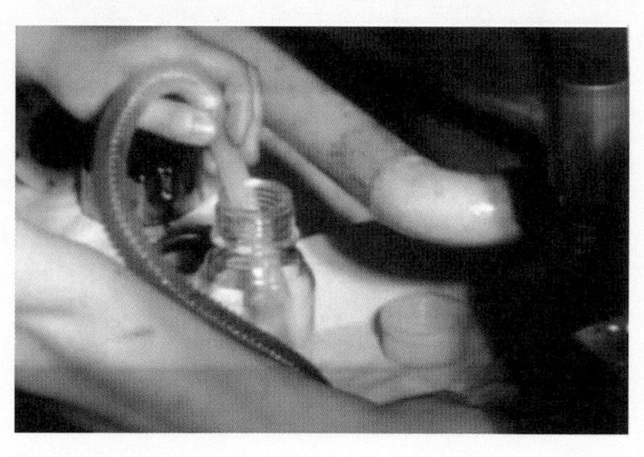

정답 탱크 바닥과 유면의 중간 지점

해설 윤활유를 검사할 때 윤활유 탱크 바닥과 유면의 중간 위치의 윤활유를 채취한다.

02. 유욕 급유법을 사용하고 있는 장치에서 유면은 어느 위치에 있도록 해야 하는가?

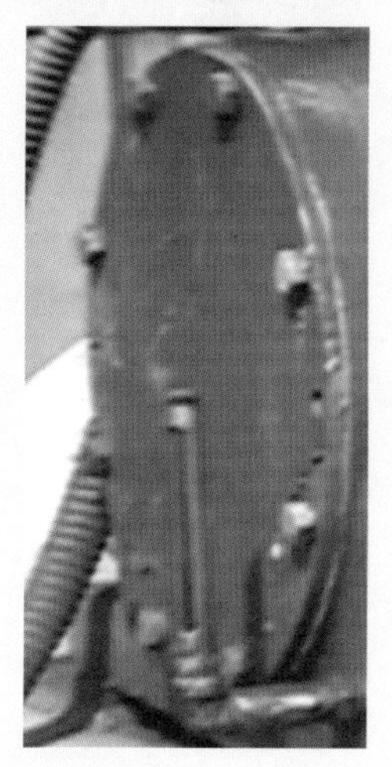

정답 가장 낮은 위치에 있는 전동체의 중심에 위치하도록 한다.

해설 기어 박스의 유욕 윤활법에서 최저 유면은 가장 밑에 있는 축(베어링)의 중심까지 있어야 한다.

03. 다음은 무슨 급유법인가?

정답 분무 급유법

해설 분무 급유법은 오일 미스트(oil mist) 급유법이라고도 하며, 공기 압축기에서 나온 공기압이 윤활유의 흐름을 결정한다.

04. 다음의 윤활유 급유법은?

정답 강제 순환 급유법

해설 강제 순환 급유법은 윤활유 급유법 중 가장 효율적인 급유법이다.

05. 다음 중 올바른 드럼 보관 방법은 어느 것인가?

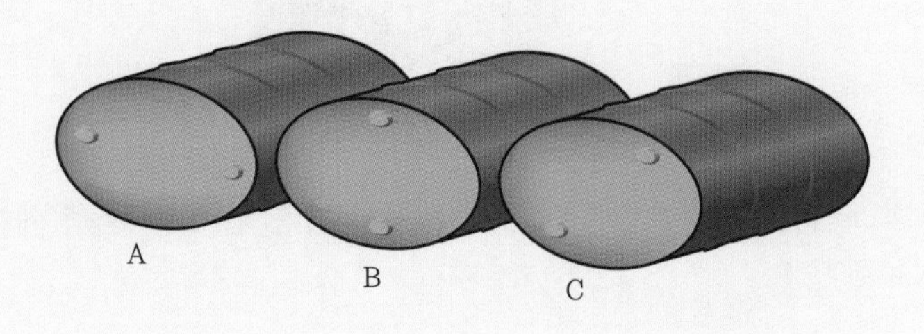

정답 A

해설 윤활유의 드럼 구멍과 공기 구멍이 지면과 평행이 되도록 보관한다.

06. 필터의 입자가 1~3μm인 것을 사용했을 때 문제점은?

정답 윤활유에 포함되어 있는 첨가제를 제거하는 역효과를 가져올 수 있다.

해설 보통 필터의 입자는 60 μm 이상이다.

07. 다음과 같은 필터에서 보여주는 "60G"는 무엇을 나타내는가?

정답 60 μm

해설 60G는 입자 크기가 60 μm라는 뜻이다.

08. 유압 파워 유닛에서 화살표가 지시하는 A, B 부품의 명칭과 용도를 쓰시오.

정답 Ⓐ 명칭 : 마그넷, 용도 : 철분 이물질 제거

Ⓑ 명칭 : 온도 센서, 용도 : 유압 작동유의 온도 측정

해설 영구 자석은 윤활유 내 철 성분의 이물질을 제거시키며, 온도 센서는 탱크 내 윤활유 온도를 측정하여 적정 온도를 유지시키는 자료가 된다.

09. 다음 화살표가 지시하는 장치의 명칭과 용도를 쓰시오.

정답 ① 명칭 : 드레인 밸브

② 용도 : 오일 및 이물질 배출

해설 드레인 밸브는 유압 탱크 또는 감속기나 변속기 장치 내에 있는 윤활유와 슬러지 등의 이물질을 배출하는 데 사용된다.

10. 다음은 강제 순환 급유 장치이다. 화살표가 지시하는 부품의 명칭과 역할을 쓰시오.

정답 ① 명칭 : 냉각기

② 역할 : 오일의 점도를 일정하게 유지하기 위해 온도 상승을 예방한다.

해설 문제의 부품은 열교환기 중 냉각기로 애프터 쿨러라 하며, 유압 시스템 내 유압 작동유의 온도 상승으로 인한 점도 변화를 막기 위해 사용된다.

11. 다음에서 Ⓐ, Ⓑ의 유압 작동유 냉각 방식을 쓰시오.

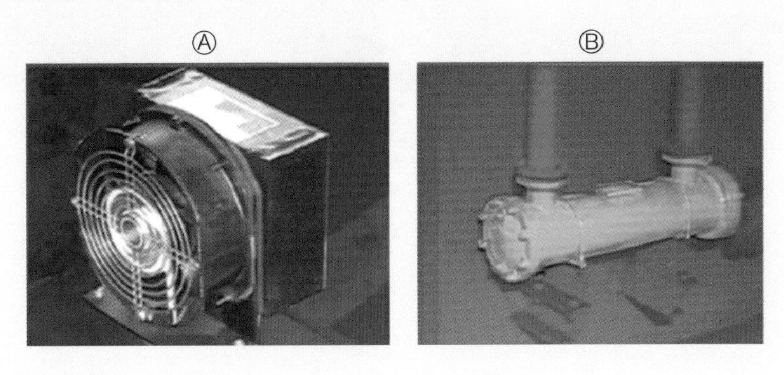

정답 Ⓐ : 공랭식, Ⓑ : 수랭식

해설 냉각 방식에는 공랭식, 수랭식 외 강제식이 있다.

12. 오일 탱크에서 다음 부품의 명칭과 역할을 쓰시오.

정답 ① 명칭 : 에어 브리더
② 역할 : 탱크 내로 흡입되는 공기 중 이물질을 제거한다.

해설 에어 브리더는 공기 청정기(필터) 또는 에어 통기구라고도 하며, 탱크 내의 압력을 일정하게 유지시켜 유증기 발생을 억제시킨다. 탱크 내로 이물질의 흡입을 억제하고, 통기 용량은 유압 펌프 토출량의 2배 이상으로 한다.

13. 다음 요소의 명칭과 역할을 쓰시오.

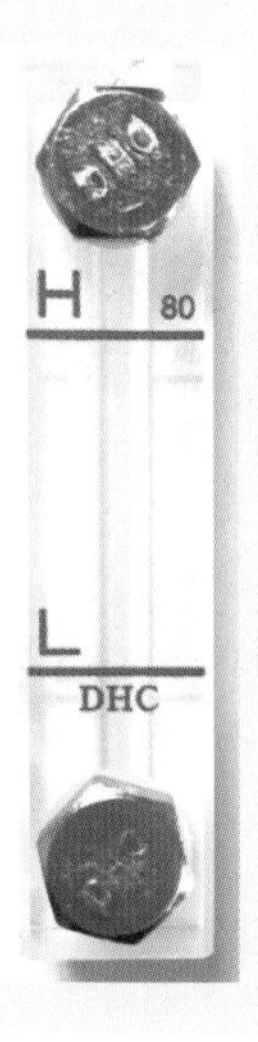

정답 ① 명칭 : 유면계
② 역할 : 오일 탱크 내의 윤활유량 점검

해설 오일 탱크 내의 윤활유량을 확인하기 위해 유면계를 설치한다.

14. 다음은 강제 순환 급유 장치이다. 화살표가 지시하는 부품의 명칭과 용도를 쓰시오.

정답 ① 명칭 : 사이트 피트
② 용도 : 급유 장치에서 급유 상태를 눈으로 확인할 수 있다.

해설 사이트 피트는 윤활유 유량계라고 하며, 급유 장치에서 급유되는 것을 눈으로 확인할 수 있다.

15. 다음은 유압 작동유의 오염도를 측정하기 위한 시험이다. 이 시험법은 무엇인가?

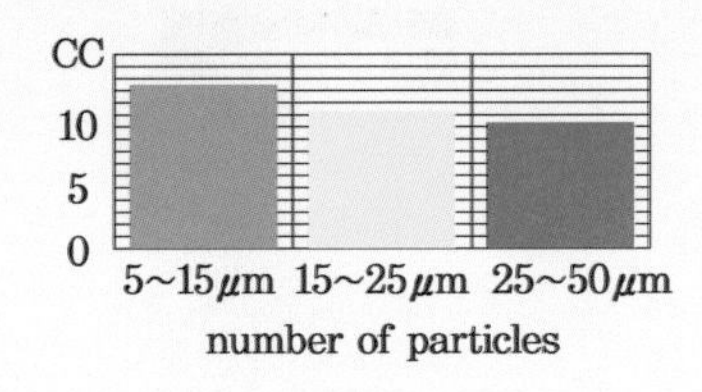

정답 계수법

해설 계수법은 유압 작동유의 오염도를 측정하는 시험으로 오염 물질의 크기에 따른 개수를 표시해 준다.

16. 다음은 윤활유의 무슨 시험이며, 무엇을 알기 위한 것인지 설명하시오.

정답 ① 명칭 : 크래클 시험
② 용도 : 수분 유무를 알기 위해

해설 크래클 시험은 윤활유에 혼입되어 있는 수분의 유무를 알기 위한 시험이다.

17. 다음 중 수분이 혼입된 윤활유는 어느 것인가?

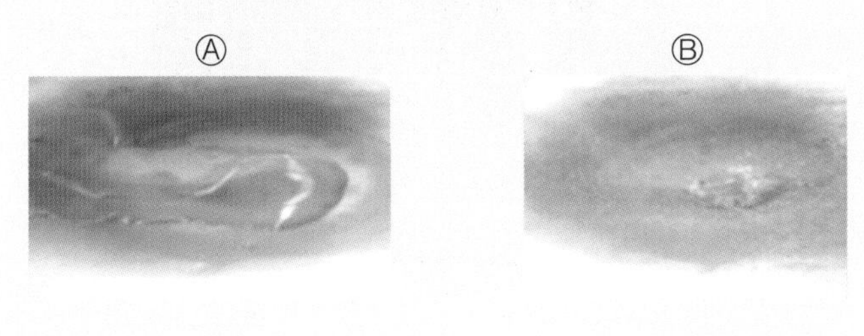

정답 Ⓑ

해설 순수한 윤활유는 끓지 않고, 수분이 함유된 윤활유는 끓는다.

18. 다음은 윤활유의 무슨 현상인가?

정답 유화 현상

해설 윤활유와 물이 섞인 현상을 유화 현상이라 한다.

19. 유압 작동유와 수분이 혼합되지 않으려는 성질을 무엇이라 하는가?

정답 항유화성

해설 윤활유에 물이 섞이지 않으려는 성질을 항유화성이라 한다.

20. 다음은 윤활유의 무슨 시험인가?

정답 항유화성 시험

해설 항유화성 시험은 시험관에 증류수를 먼저 넣고, 윤활유를 넣은 다음 시험 장치에 열을 가하면서 교반시켜 유화되는 시간을 측정한다.

21. 일반 광유계 작동유의 수분 혼입 관계치는 얼마인가?

정답 0.2% 이하

해설 윤활유 등 광유계 제품의 허용 수분 함유량은 0.2%를 초과하지 않아야 한다.

22. 다음 중 수분이 혼입된 것은?

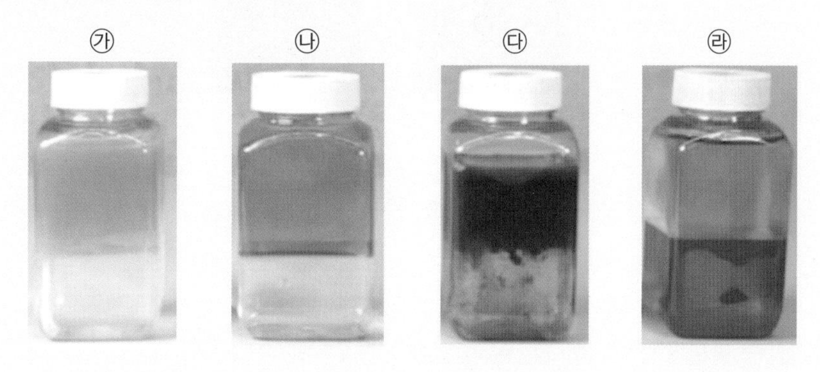

정답 ㉰

해설 유화 현상은 ㉰와 같이 윤활유를 오염시킨다.

23. 다음 중 금속 성분의 오염물질이 혼입된 것은 어느 것인가?

정답 ㉯

해설 금속 성분이 윤활유에 혼입되면 금속 성분은 슬러지화되고, 윤활유는 오염된다.

24. 다음 중 열화가 진행된 기어 윤활유는 어느 것인가?

정답 ㉮

해설 기어 윤활유가 열화되면 함유된 슬러지가 침전물로 된다.

25. 다음 중 마모가 진행되어 침전물이 함유된 윤활유는 어느 것인가?

정답 ㉮

해설 침전물이 함유된 윤활유 용기를 뒤집으면 슬러지 형태의 침전물이 눈으로 확인된다.

26. 기포를 제거하는 윤활유 첨가제를 쓰시오.

정답 소포제

해설 윤활유의 기포는 캐비테이션(cavitation) 발생의 원인이 되므로 실리콘유 등의 소포제를 첨가한다.

27. 다음 중 내열 그리스와 유압 작동유를 쓰시오.

정답 ① 내열 그리스 : ㉮
② 유압 작동유 : ㉰

해설 유압 작동유는 붉은색의 색소를 넣어 다른 오일과 구별한다.

28. 다음에서 지시하는 것 중 이종유를 쓰시오.

정답 ㉱

해설 이종유는 열화를 촉진시키므로 절대적으로 피하여야 한다.

29. 다음과 같이 윤활유가 변한 이유를 쓰고, 사용 여부를 판정하시오.

정답 ① 이유 : 윤활유 고온
② 판정 : 투명도 유지 시 양호, 반투명 시 시험 분석, 불투명 시 즉시 교체

해설 윤활유가 고온이 되면 탄화 현상이 일어난다. 윤활유가 투명이면 양호하고, 반투명이면 시험 분석을 통해 판정하며, 불투명이면 즉시 교체한다.

30. 유압 장치 배관 계통에 작동유를 넣어 세정하는 작업명과 목적을 쓰시오.

정답 ① 작업명 : 플러싱 작업
② 목적 : 유압 장치 내의 이물질 제거

해설 플러싱은 유압 장치를 새로 설치하거나 작동유를 교환할 때 관내의 이물질 제거 목적으로 실시하는 파이프 내의 청정 작업이다.

31. 다음 기기의 명칭을 쓰시오.

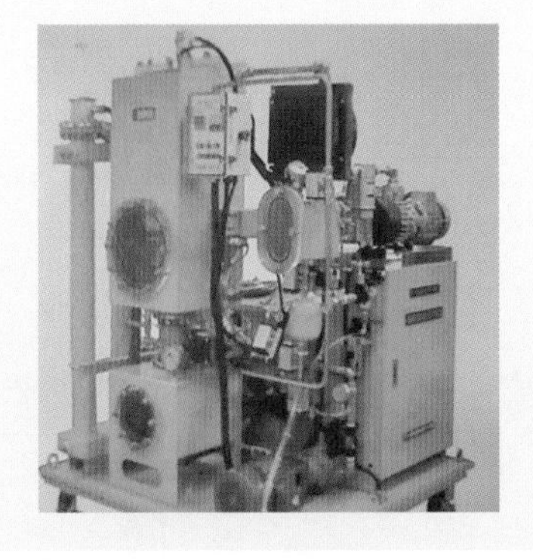

정답 오일 플러싱 머신

해설 오일 플러싱 머신은 유압 장치 내의 이물질을 제거시키는 장치이다.

32. 다음 기기에서 ㉮, ㉯, ㉰의 명칭은?

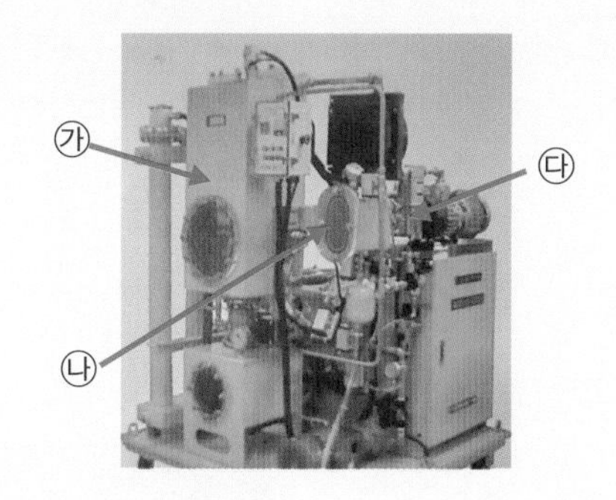

정답 ㉮ 상부 진공 탱크 ㉯ 응축 탱크 ㉰ 오일 세퍼레이터

해설 ㉮ 상부 진공 탱크는 진공 펌프에 의해 진공을 유지시켜 흡입되는 오일의 수분을 증발시킨다.
㉯ 응축 탱크는 냉각기에 의해 응축된 수분을 자동으로 배출시킨다.
㉰ 오일 세퍼레이터는 진공 펌프로 유입되는 수분을 제거한다.

33. 다음은 그리스의 무슨 시험인가?

정답 주도 시험

해설 주도 시험은 그리스의 단단한 정도를 측정하는 시험이다. 주도는 NLGI 기준에 따라 000, 00, 0, 1, 2, 3, 4, 5, 6의 9등급으로 분류하며, 000 등급은 거의 액체, 6등급은 거의 고체 상태이다.

34. 다음 그리스의 시험 명칭과 목적을 쓰시오.

정답 ① 명칭 : 혼화 안정도 시험
② 목적 : 그리스의 전단 안정성 평가

해설 혼화 안정도 시험은 그리스의 전단 안전성, 즉 기계적 안정성을 평가하는 데 목적이 있다. 그리스를 피스톤으로 60회 혼화한 후 주도 시험을 통하여 혼화 주도를 측정한다.

35. 다음은 그리스의 무슨 시험인가?

정답 수세내수도 시험

해설 수세내수도 시험은 그리스가 물과 접촉된 경우의 물에 대한 저항성을 확인하는 시험이다. 베어링 내 그리스를 제거한 후 전자저울에 넣고 중량을 0으로 조정한 다음 베어링에 그리스를 도포하고 베어링의 중량을 측정하면 그리스 중량만 표시된다. 이 베어링을 밀폐된 용기에 넣고 베어링에 물을 고압으로 쏜 후 베어링의 중량을 다시 측정하여 그리스의 중량이 물에서 얼마나 감소되었는가로 측정한다.

36. 다음 그리스의 시험 명칭과 목적을 쓰시오.

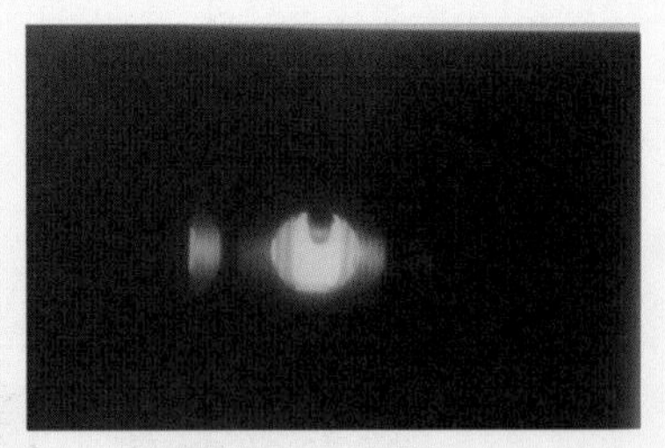

정답 ① 명칭 : 적하점 시험, ② 목적 : 그리스의 열 안정성 평가

해설 적하점 시험은 그리스의 열에 대한 안정성을 측정하는 것으로 구멍이 뚫려 있는 용기에 그리스를 넣은 다음 시험관에 이 용기를 투입하고 열을 가하여 그리스가 녹는 온도를 측정하는 것이다.

37. 다음에서 화살표가 지시하는 부품의 명칭은?

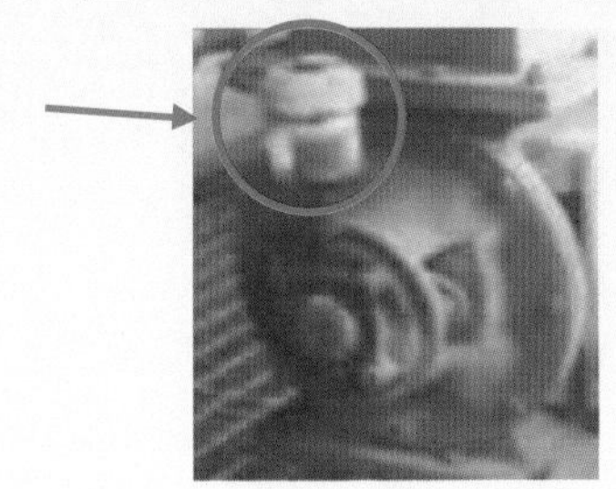

정답 그리스 컵

해설 그리스 주유법 중의 하나로 캔 형태 또는 플라스틱 용기에 그리스를 넣고 스프링 등으로 그리스를 주유하는 방법이다.

38. 다음과 같이 자동으로 그리스를 주입할 때 적정한 주도 범위는 얼마인가?

정답 주도 0, 1, 2 등급

해설 소형 그리스 펌프로는 NLGI 0, 1, 2 등급으로 주유하는 것이 적당하다.

39. 그리스 A(주도 0), B(주도 1), C(주도 2)일 때 범위를 쓰시오.

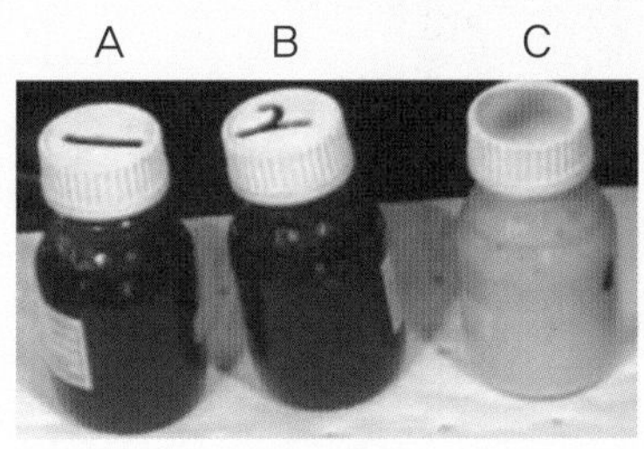

정답 0등급 : 355~385, 1등급 : 310~340, 2등급 : 265~295

해설 NLGI 주도 0등급은 주도 355~385, 1등급은 주도 310~340, 2등급은 주도 265~295이다.

40. 다음 장치는 무슨 급유 장치인가?

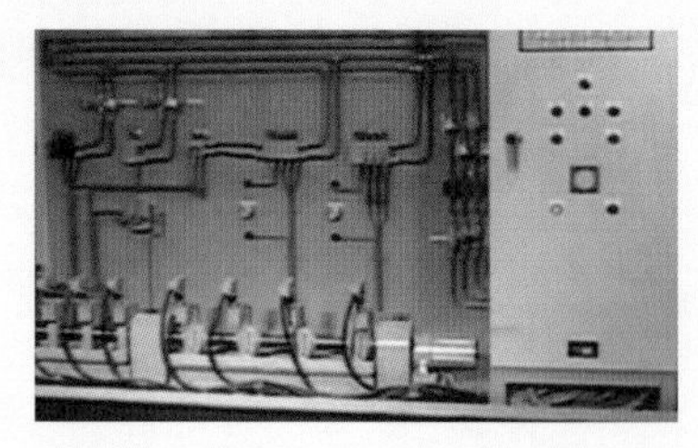

정답 집중 그리스 윤활 장치

해설 집중 그리스 윤활 장치는 한 곳에서 여러 장소에 그리스를 공급하고자 할 때 사용한다.

41. 다음에서 화살표가 지시하는 부품의 명칭은?

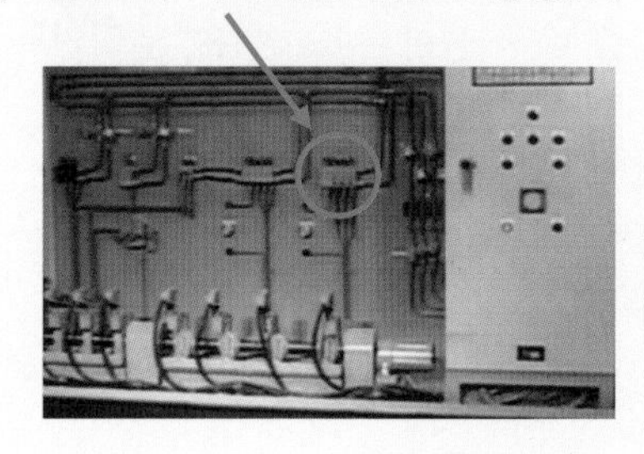

정답 분배 밸브

해설 분배기 또는 그리스 분배 밸브라고도 한다.

42. 다음에서 화살표가 지시하는 부품의 명칭과 역할을 쓰시오.

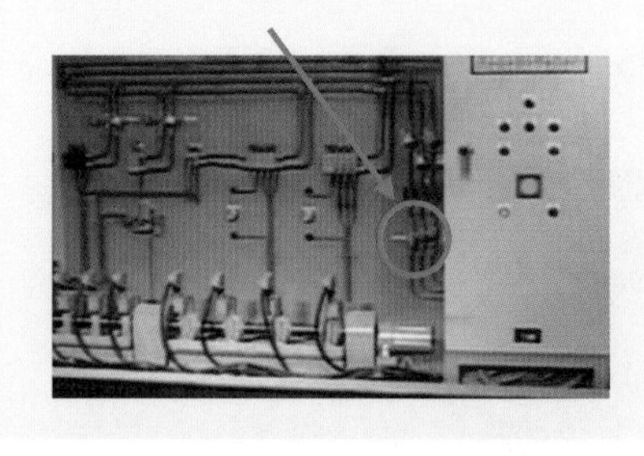

정답 ① 명칭 : 스트레이너

② 역할 : 이물질 여과

해설 문제의 동영상은 Y형 스트레이너이다.

43. 다음에서 화살표가 지시하는 부품의 명칭은?

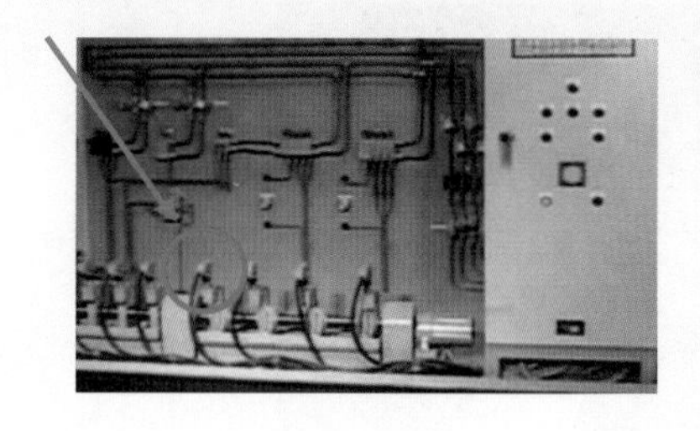

정답 플로 스위치

해설 플로 스위치의 조작에 의해 그리스 공급 유무가 결정된다.

44. 다음의 윤활용 급유 기구는?

정답 수동 그리스 펌프

해설 수동 그리스 펌프는 작업자가 레버를 조작, 펌프를 작동시켜 그리스를 주입시키는 기구이다.

45. 다음 윤활기기의 명칭은?

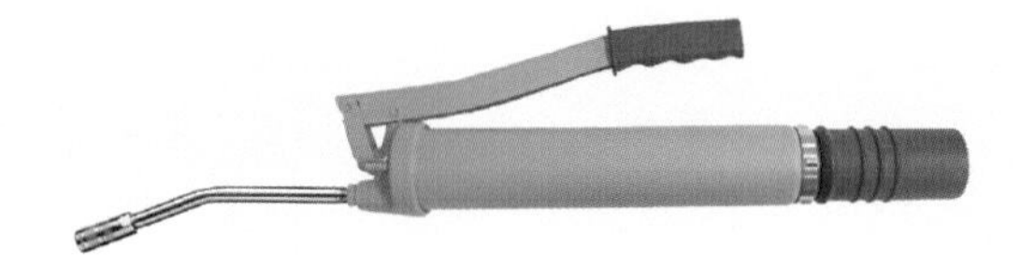

정답 그리스 건

해설 레버를 조작하면 주유가 직접 이루어진다.

46. 다음에서의 그리스 주입법을 무엇이라 하는가?

정답 손급지법

해설 그리스는 손으로 직접 주유하지 않고 그리스 주걱 또는 그리스 칼을 이용해야 하므로 문제의 동영상은 잘못된 방법이다.

10 소음

01. 게이지 측정값을 판독하여 적으시오.

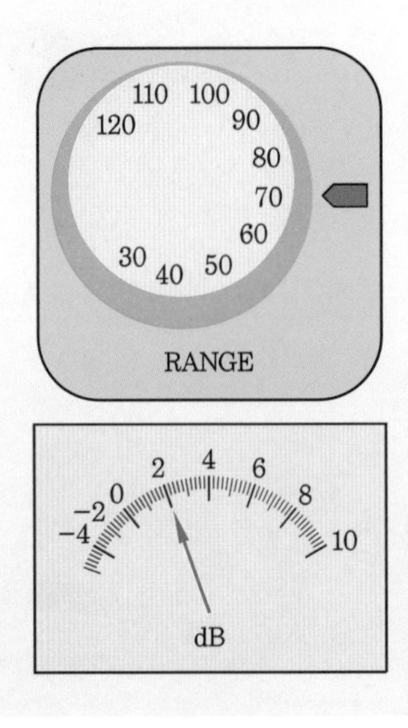

정답 72 dB

해설 RANGE 값(70) + 아날로그 값(2) = 72 dB

02. 다음 두 측정값 A와 B의 합성 소음레벨을 구하시오.

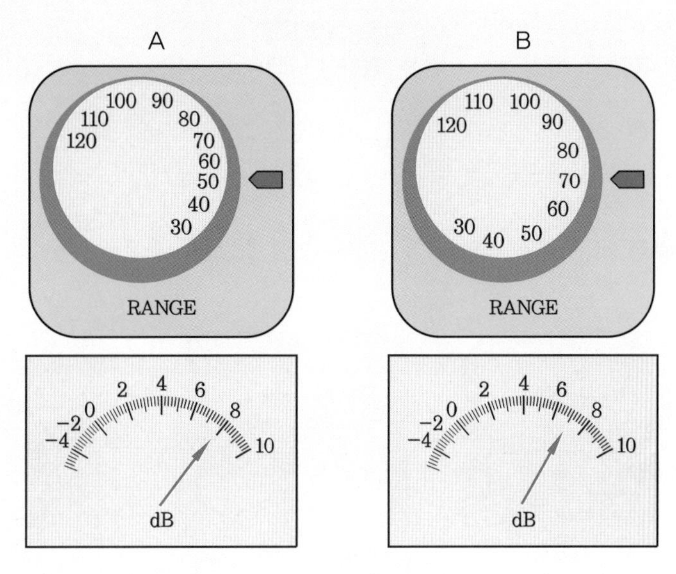

정답 ① 계산 과정 : $10\log(10^{\frac{58}{10}}+10^{\frac{77}{10}})=77.05$

② 합성값 : 77.05 dB

해설 계산 과정과 합성값 2가지를 전부 기재해야 한다.

03. 다음 두 측정값 A와 B의 합성 소음레벨을 구하시오.

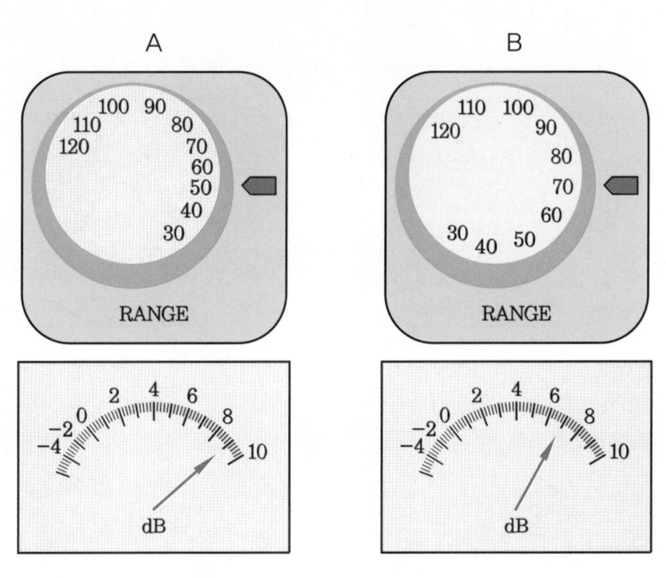

정답 ① 계산 과정 : $10\log(10^{\frac{59}{10}} + 10^{\frac{77}{10}}) = 77.07$

② 합성값 : 77.07 dB

해설 계산 과정과 합성값 2가지를 전부 기재해야 한다.

04. 소음 측정 시 사람의 귀와 가장 가까운 보정 회로는?

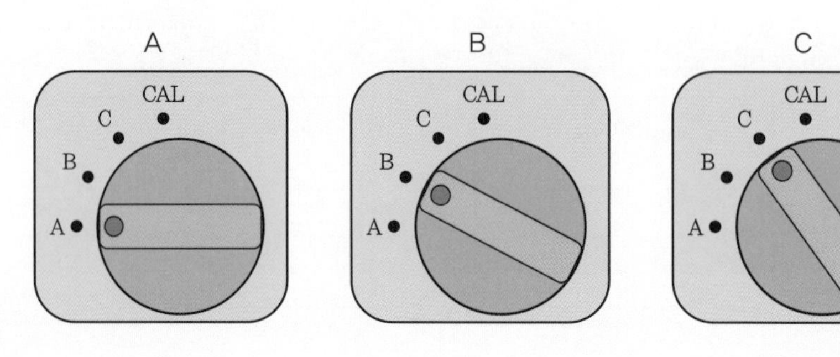

정답 A 보정 회로

해설 A는 사람의 귀와 가장 가까운 보정 회로, C는 시끄러운 기계 소음 보정 회로, B는 기계 중간 소음 보정 회로이다.

05. 소음 측정 시 소음 변동량이 작을 때 사용되는 검파기의 위치는?

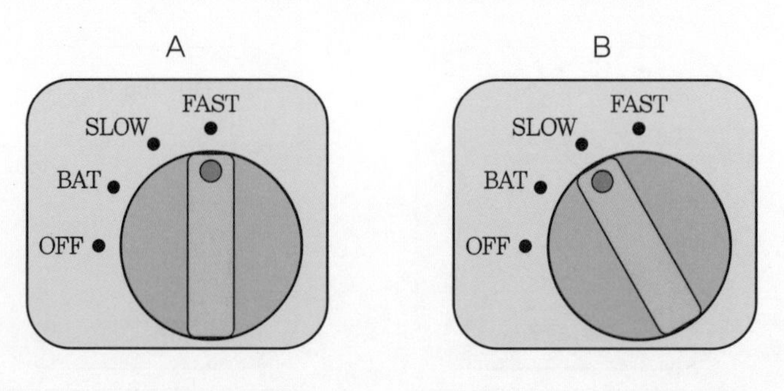

정답 B(SLOW)

해설 소음 변동량이 작을 때는 SLOW, 소음 변동량이 클 때는 FAST에 놓는다.

06. 소음 측정 시 소음 변동량이 클 때 사용되는 검파기의 위치는?

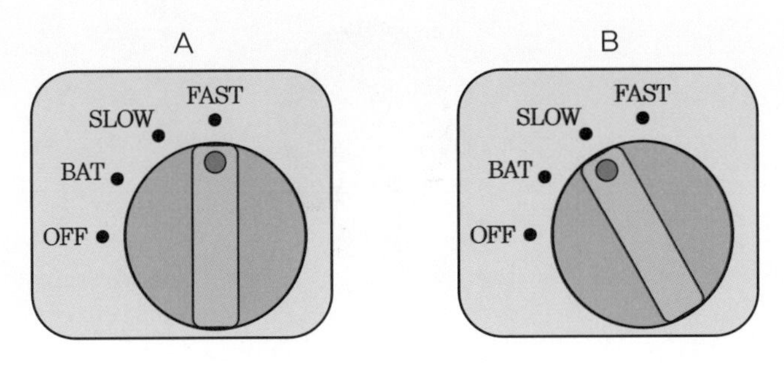

정답 A(FAST)

해설 소음 변동량이 작을 때는 SLOW, 소음 변동량이 클 때는 FAST에 놓는다.

07. 다음 동영상과 같은 암소음의 영향에 대한 보정값은 얼마인가?

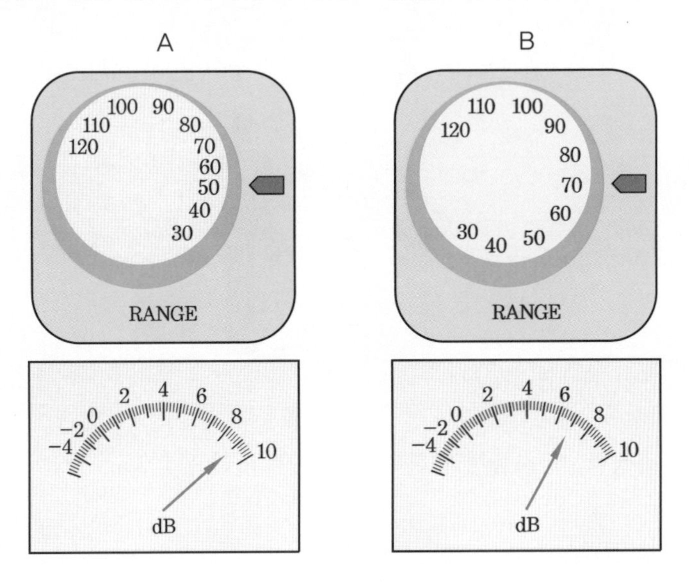

정답 0

해설 두 소음 측정값의 차(77－59＝18dB)가 보정하기에 너무 커 보정할 필요가 없다.

08. **다음 부품의 명칭과 용도 2가지를 쓰시오.**

정답 ① 명칭 : 방풍망

② 용도

- 소음 측정 시 바람의 영향 감소
- 습기 등 이물질로부터 소음 측정기 보호

해설 방풍망은 윈드 스크린(wind screen)이라 하며, 노이즈를 감소시키고 이물질로부터 소음 측정기를 보호한다.

09. **소음 측정 시 소음계와 관측자 사이의 거리는 몇 m 이상이 적합한가?**

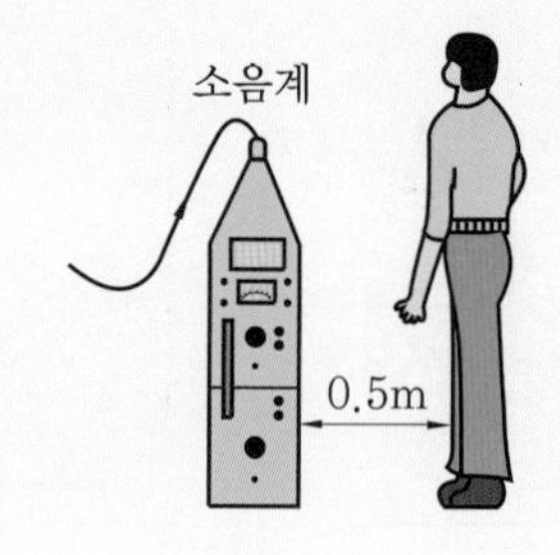

정답 0.5m 이상

해설 소음을 측정할 때 소음계와 관측자 사이의 거리는 0.5 m 이상이어야 한다.

11 진동

01. 가속도 센서의 설치 방법 중 가장 반복성이 뛰어나고 주파수 응답 특성이 우수한 방법은?

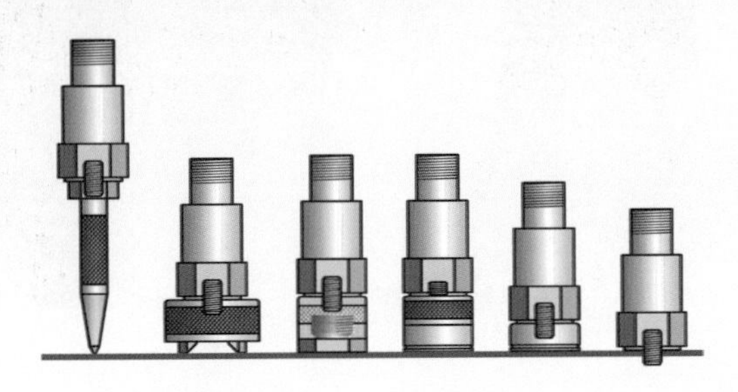

정답 나사 고정 방법

해설 나사 고정 방법은 스터드 마운트라고도 한다.

02. 다음과 같이 두 위치에서 동시에 진동을 측정하는 이유를 쓰시오.

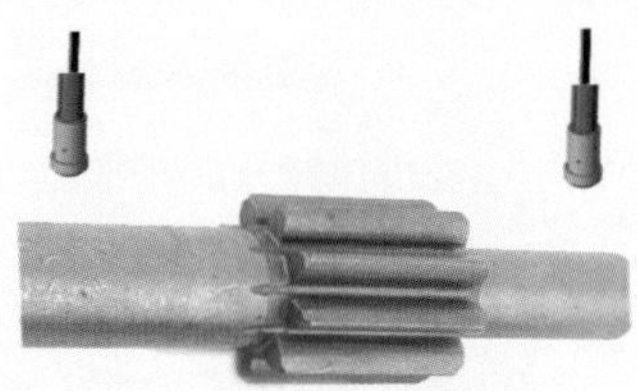

정답 두 측정 위치의 상대 위상을 측정하기 위해

해설 문제의 동영상은 비접촉 진동 센서이므로 변위 센서이다.

03. 다음과 같이 두 진동 센서에서 높은 진동량과 동일한 위상을 보일 때 대표적인 결합 형태는 무엇인가?

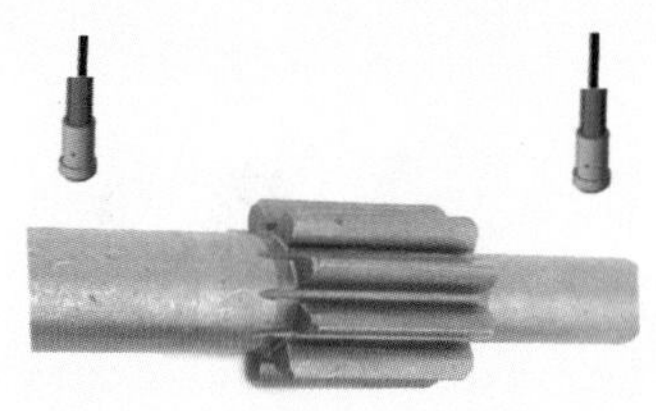

정답 언밸런스

해설 언밸런스는 질량 불평형이라고도 한다.

04. 터보 컴프레서에 주로 고속 회전체의 축 진동을 측정하기 위해 설치되는 센서의 명칭을 쓰시오.

정답 변위 센서

해설 센서가 45°로 부착되어 있고, 센서에 너트가 2개인 로크 너트가 체결되어 있으므로 변위 센서이다.

05. 다음에서 보여주는 센서는?

정답 가속도 센서

해설 너트가 없으므로 가속도 센서이다.

06. 다음에서 보여주는 센서 중 구름 베어링의 진동을 측정할 때 사용되는 센서는?

정답 A

해설 구름 베어링의 진동은 가속도 센서로 측정한다.

07. 센서를 부착할 때 부착 방법 3가지를 쓰시오.

정답 수평, 수직, 축방향

해설 H, V, A방향이라고도 한다.

08. 다음 동영상과 같이 센서를 부착할 때, 이 부착 방법의 장점 3가지를 쓰시오.

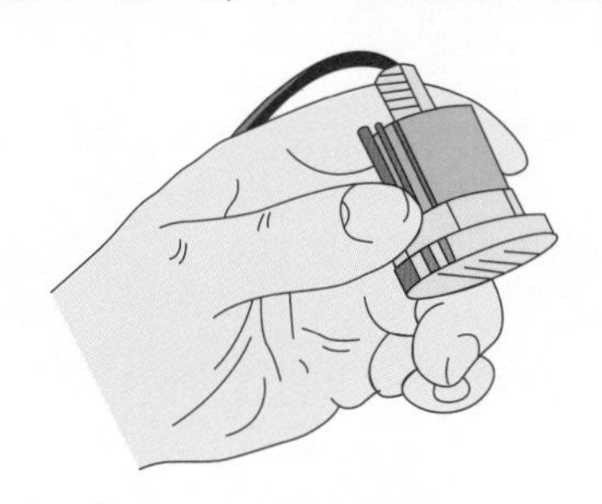

정답 ① 여러 측정점을 쉽고 빠르게 이동하며 측정할 수 있다.
② 습기에 큰 영향을 받지 않는다.
③ 측정 대상물에 손상을 주지 않는다

해설 문제의 동영상은 마그네틱에 의한 부착 방법이다.

09. 진동 측정 시 측정 부위로 선정이 잘못된 것은?

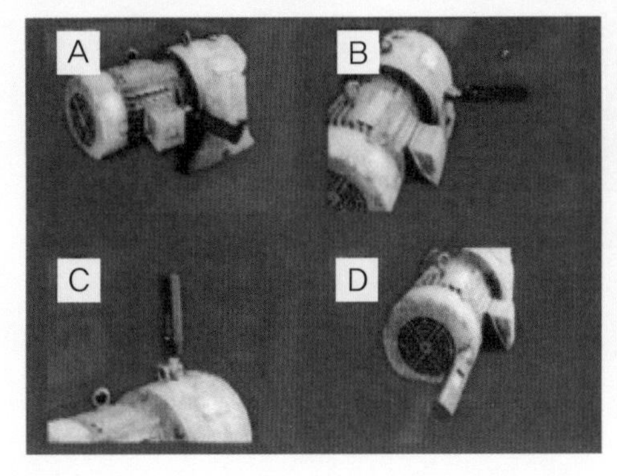

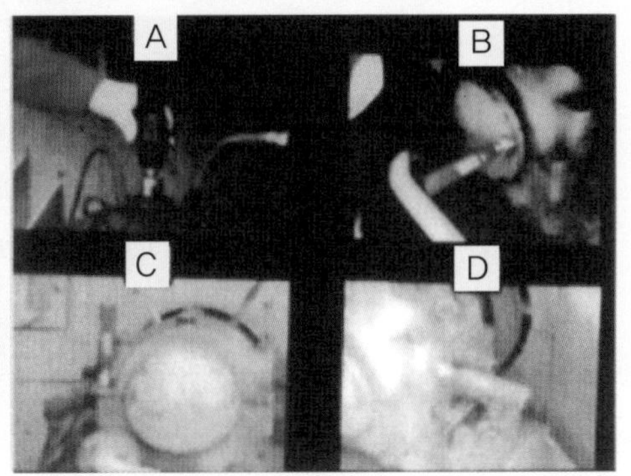

정답 D, B

해설 진동 센서는 커버에 설치하지 않는다.

10. 다음 동영상과 같이 회전체의 회전속도를 측정하는 계측기의 명칭을 쓰시오.

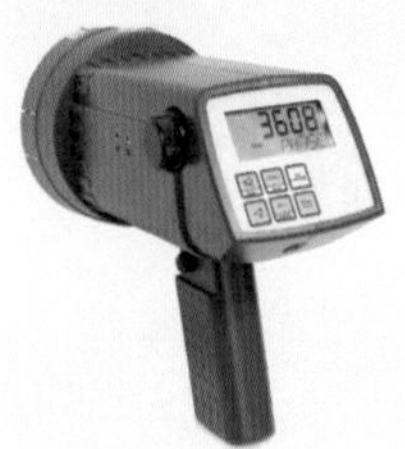

정답 스트로보스코프

해설 스트로보스코프는 비접촉 RPM 측정기이다.

11. 다음 동영상에서 게이지 측정값을 판독하여 적으시오.

정답 718 rpm

12. 다음 동영상에서 제시하는 것은 무엇을 하는 것인가?

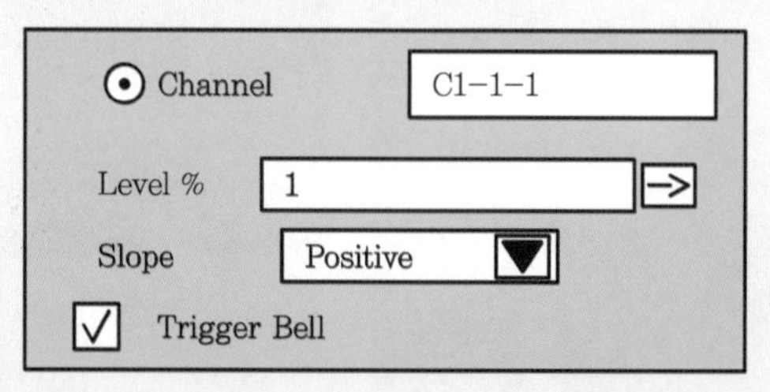

정답 트리거 레벨 조절

13. 시간 영역 데이터를 주파수 영역 데이터로 변환시키는 것을 무엇이라 하는가?

정답 푸리에 변환

해설 FFT라고도 한다.

14. 다음 동영상에서 지시하는 A, B의 명칭을 쓰시오.

A

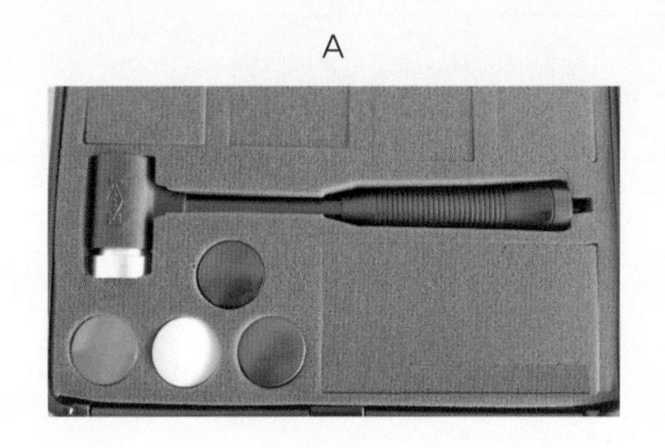

B

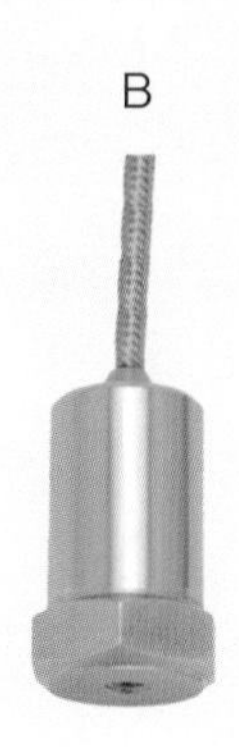

정답 A : 충격 망치, B : 가속도 센서

해설 A는 대상물에 충격을 주는 망치이며, B는 진동 센서 중 가속도 센서이다.

15. 다음과 같이 tip을 교체하는 이유를 기술하시오.

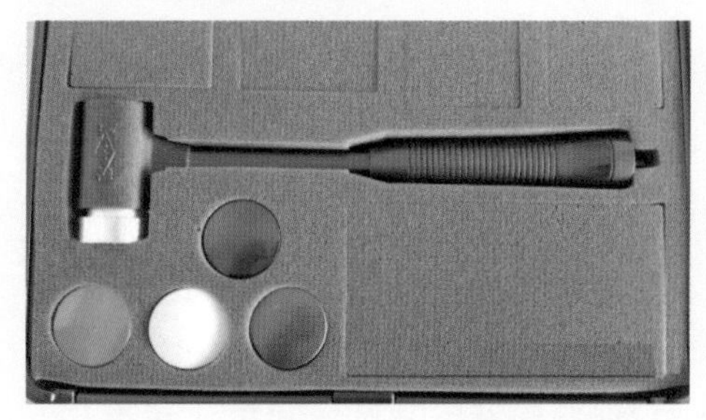

정답 충격 신호의 주파수 범위를 조절(선택)하기 위해

16. 다음 동영상은 무엇을 찾는 것인가?

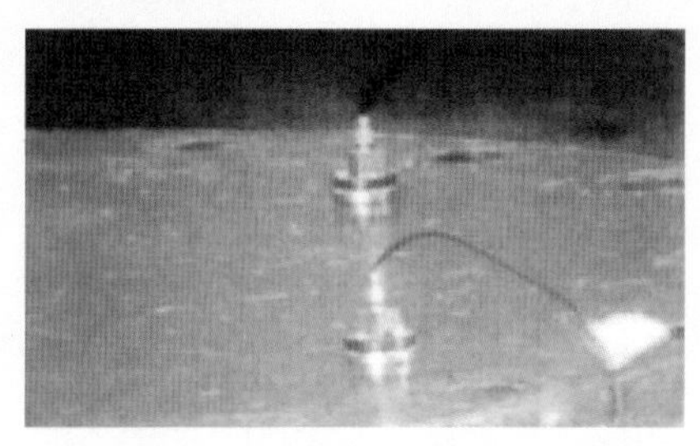

정답 노드(node)점을 피하기 위함

해설 원판에 센서를 2개 설치하는 것은 진동 모드에서 노드(node)점을 피하기 위함이다.

17. **다음 스펙트럼에서 2개의 화면은 무엇을 위한 것인가?**

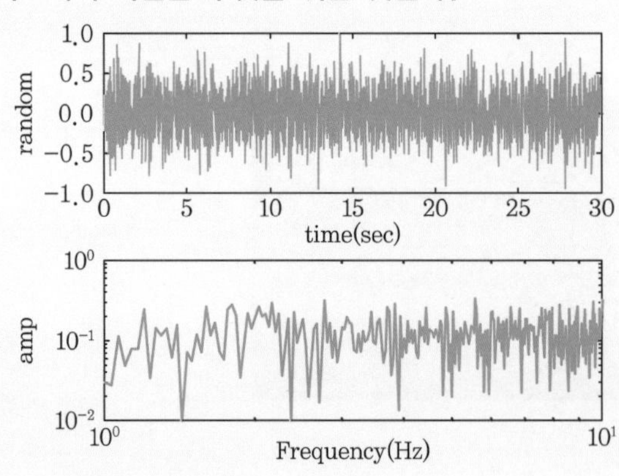

정답 대상물에 가해지는 충격 신호와 대상물의 응답 신호와의 연관성을 확인하기 위해

해설 2개의 진동 스펙트럼을 디스플레이 하는 이유는 충격 망치의 충격 신호와 대상물의 응답 신호의 연관성을 확인하기 위함이다.

18. **다음 동영상과 같은 시간 파형과 주파수 파형을 보이는 진동 특성을 무엇이라 하는가?**

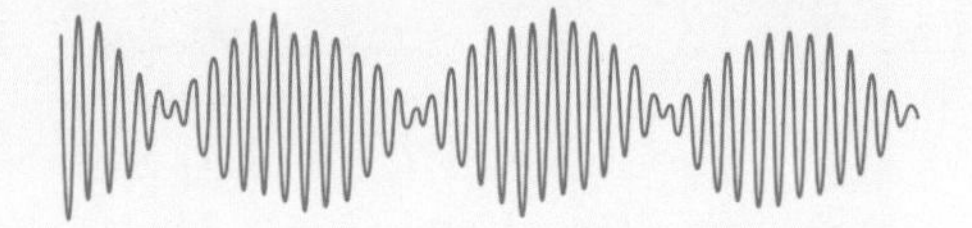

정답 맥놀이

해설 비트(beat)라고도 하며, 똑같은 패턴의 파형이 연속적으로 반복되는 특성으로 맥놀이 수는 두 음원의 주파수 차와 같다.

19. **고유 진동수 측정 시 그래프에서 표시되고 있는 A, B가 나타내는 의미를 구체적으로 기술하시오.**

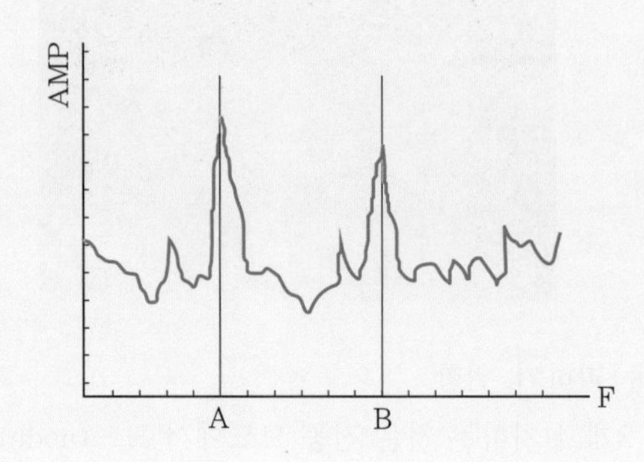

정답 A : 1차 고유 진동수
B : 2차 고유 진동수

해설 진동 시스템의 고유 진동수는 시스템을 외부 힘에 의해서 평형 위치로부터 움직였다가 그 외부 힘을 끊었을 때 시스템이 자유 진동을 하는 진동수로 정의한다.

20. **기어 박스에서 입력측은 상단 기어이고, 회전속도는 1770 rpm이다. 각 기어의 잇수가 다음과 같을 때 기어 맞물림 주파수를 계산하시오.**

Ⓐ 상단 기어 잇수 : 256개, Ⓑ 중간 기어 잇수 : 157개, Ⓒ 하단 기어 잇수 : 94개

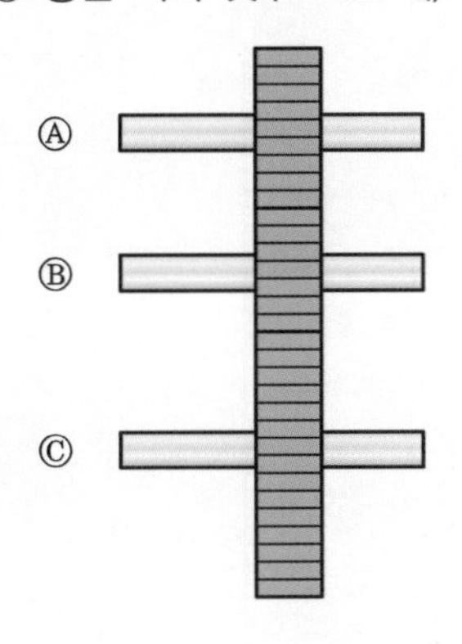

정답 기어 맞물림 주파수 $= 256 \times \dfrac{1770}{60} = 7552\,\text{Hz}$

해설 기어 맞물림 주파수 = 기어 잇수 × 기어 회전 주파수

21. **다음 동영상은 모터(motor)의 수직 방향에서 측정한 진동의 시간 파형이다. 진동의 주기는 모터의 회전 주기와 일치하고 있다. 이 모터의 회전수를 구하시오.**

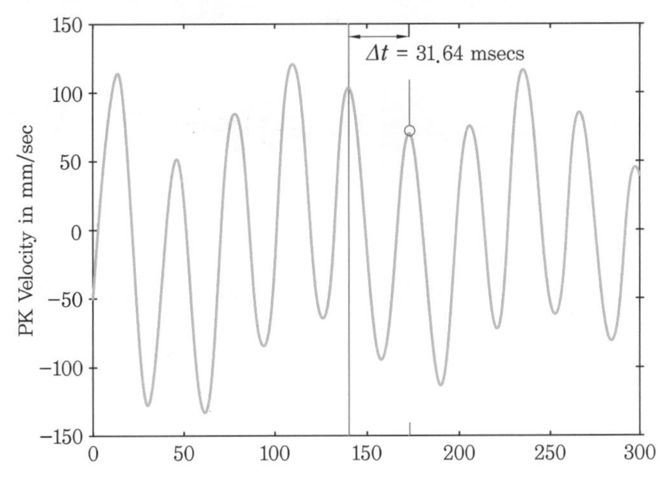

정답 $\frac{1}{0.03164}\times 60 = 1896\ \text{rpm}$

해설 $\text{rpm} = \frac{1}{T}\times 60$

22. 다음과 같은 결함의 명칭은?

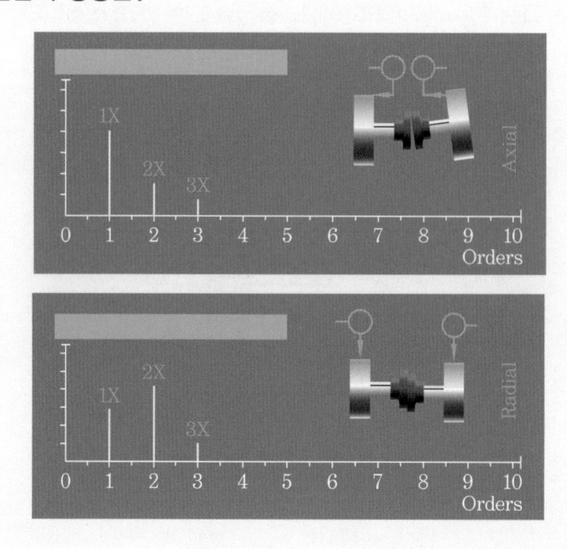

정답 축 오정렬

해설 축방향으로 1X, 2X, 3X 성분으로 전동이 나타나므로 결함은 축 오정렬이다.

23. 다음과 같은 축 오정렬 결함의 종류는?

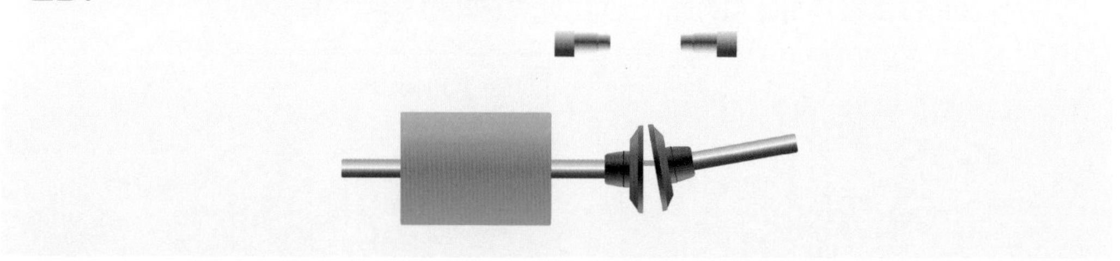

정답 편각 축 오정렬

해설 축 오정렬 중 두 축이 편각으로 중심 불일치이므로 편각 축 오정렬(angular misalignment)이 되며 커플링의 갭(간극) 축 오정렬(gap misalignment)로도 나타난다.

24. 미끄럼(슬리브) 베어링에서 발생하는 결함 현상은?

정답 오일 휠

해설 미끄럼 베어링에 대한 오일 휠 결함이다.

25. 다음과 같은 결함의 명칭은?

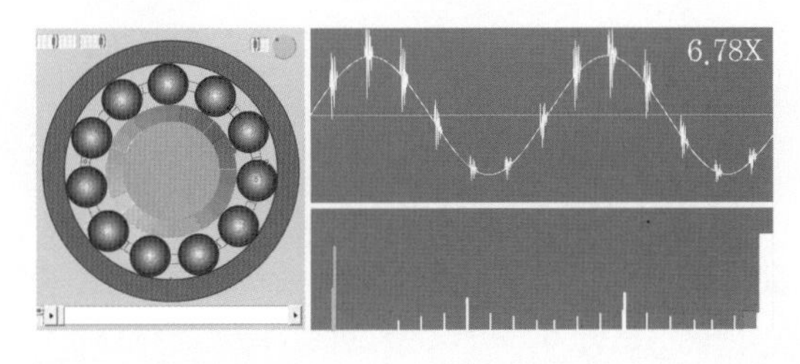

정답 베어링 내륜 결함

해설 외륜은 고정, 내륜이 회전하면 볼은 공전하면서 자전운동을 하게 되며, 이때 베어링의 내륜에 결함이 되는 스펙트럼을 나타내고 있다.

26. 다음과 같은 결함의 현상 명칭은?

정답 베어링 외륜과 하우징 틈새 과다

해설 하우징과 베어링 외륜의 틈새가 커 회전 헐거움(rotating looseness)이 발생되는 결함이다.

27. 모터(motor)의 수평 방향 진동이 기준값을 초과하여 높게 발생하고 있다. 수직과 축방향의 진동은 매우 낮게 나타나고 있으며, 모터의 회전속도를 약간 낮추었더니 진동이 급격히 감소하였다. 이 설비가 일으키고 있는 결함의 원인을 기술하고 적합한 대책을 기술하시오.

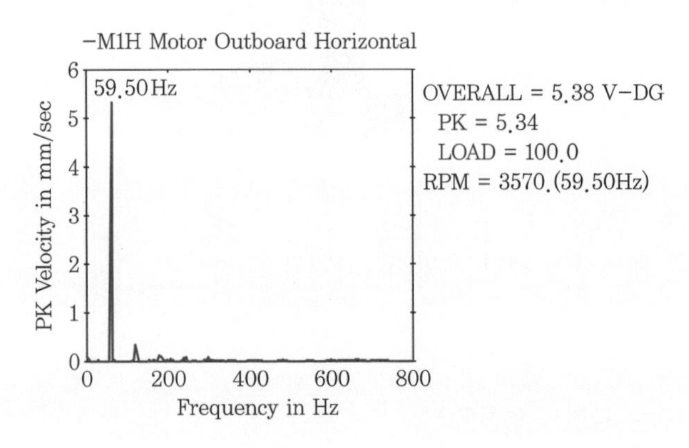

정답 ① 결함 원인 : 공진
② 대책 : 모터의 회전수를 변경하여 고유 진동수와 일치하지 않게 한다.

해설 수평 방향의 진동값이 크므로 언밸런스라고 볼 수 있으나 모터의 회전수를 변경하였더니 진동값이 급격히 감소된 것이라면 이것은 주파수 중첩, 즉 공진 현상이며, 공진에 대한 대책은 모터의 회전수를 변경하는 것이다.

28. 다음 벨트의 결함은 무엇인가?

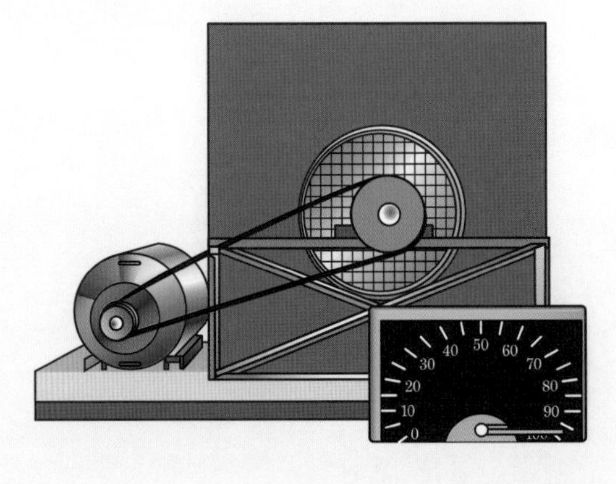

정답 벨트 공진

해설 특정 회전수일 때만 파동을 일으키고, 회전수가 변하면 파동이 일어나지 않는 것은 공진이다.

설비보전기사 실기

2023년 1월 20일 1판 1쇄
2024년 1월 10일 2판 2쇄
(개정판)

저자 : 설비보전시험연구회
펴낸이 : 이정일

펴낸곳 : 도서출판 **일진사**
www.iljinsa.com

(우) 04317 서울시 용산구 효창원로 64길 6
대표전화 : 704-1616, 팩스 : 715-3536
이메일 : webmaster@iljinsa.com
등록번호 : 제1979-000009호(1979.4.2)

값 28,000원

ISBN : 978-89-429-1896-6